"十二五"职业教育国家规划教材修订版　　高等职业教育土木建筑类新形态一体化教材

建筑工程制图与识图

（第三版）

主　编　刘军旭　雷海涛

副主编　乔　琳　张志平

主　审　龚　伟

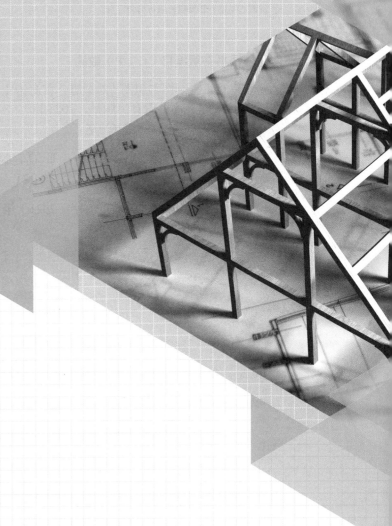

高等教育出版社·北京

内容提要

　　本书是"十二五"职业教育国家规划教材修订版，根据最新建筑制图标准并结合最新的建筑工程制图课程基本要求编写而成，是编者多年教学实践经验的总结。本书主要内容包括：制图基础与技能、投影基础与技能、立体的投影与表面交线、轴测投影与技能、组合体的投影图、建筑形体的表达方法、房屋建筑施工图、房屋结构施工图、建筑给水排水施工图 9 个教学模块共计 31 个项目，每个项目又细分为 1～4 个工作任务，最大程度地满足任务驱动教学法的要求。

　　本书内容新颖，应用范围广、实用性强，基本涵盖土建工程中涉及的识图与绘图项目。设计了"任务引入与分析＋相关知识＋训练实例＋课堂训练＋学习思考"五步的教学结构，为学生提供一种边学边练的全新学习方法，体现"教、学、练、思"一体化的思想。

　　本书适用于高等职业院校和高等专科学校土建类各专业，同时可供函授大学、网络学院等其他类型学校相关专业选用，也可供有关工程技术人员参考。

　　本书配套的数字课程已在"智慧职教"（www.icve.com.cn）平台上线，学习者可登录网站进行在线学习，也可通过扫描书中二维码观看部分教学资源，详见"智慧职教服务指南"页。

图书在版编目（ＣＩＰ）数据

　　建筑工程制图与识图／刘军旭，雷海涛主编. --3版. -- 北京：高等教育出版社，2021.11

　　ISBN 978-7-04-057163-9

　　Ⅰ.①建… Ⅱ.①刘… ②雷… Ⅲ.①建筑制图－识图－高等职业教育－教材 Ⅳ.①TU204.21

　　中国版本图书馆 CIP 数据核字（2021）第 207226 号

建筑工程制图与识图（第三版）
JIANZHU GONGCHENG ZHITU YU SHITU

策划编辑　温鹏飞	责任编辑　温鹏飞	封面设计　于　博		版式设计　徐艳妮
插图绘制　黄云燕	责任校对　高　歌	责任印制　田　甜		

出版发行	高等教育出版社	网　址	http://www.hep.edu.cn
社　址	北京市西城区德外大街 4 号		http://www.hep.com.cn
邮政编码	100120	网上订购	http://www.hepmall.com.cn
印　刷	北京市白帆印务有限公司		http://www.hepmall.com
开　本	850mm×1168mm　1/16		http://www.hepmall.cn
印　张	21.5	版　次	2014 年 8 月第 1 版
字　数	530 千字		2021 年 11 月第 3 版
购书热线	010-58581118	印　次	2021 年 11 月第 1 次印刷
咨询电话	400-810-0598	定　价	49.80 元

AR教材

内容精选，理实一体，贴近职业教育实际。
双色印刷，图文并茂，建筑模型真实直观。
AR 技术，随扫随学，即时获取三维模型。

1. 使用微信扫描右侧二维码，进入登录页面，
   完成登录、绑定。

2. 进入"资源详情"页，点击"查看资源"，
   即可进入AR模型页面，展开自己的3D学习
   之旅。

注： 教材中带有" [AR] " 标识的图片，均配套有
   对应的AR资源。

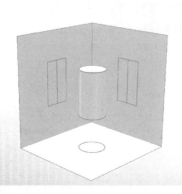

"智慧职教"（www.icve.com.cn）是由高等教育出版社建设和运营的职业教育数字教学资源共建共享平台和在线课程教学服务平台，与教材配套课程相关的部分包括资源库平台、职教云平台和 App 等。用户通过平台注册，登录即可使用该平台。

● 资源库平台：为学习者提供本教材配套课程及资源的浏览服务。

登录"智慧职教"平台，在首页搜索框中搜索"建筑工程制图与识图"，找到对应作者主持的课程，加入课程参加学习，即可浏览课程资源。

● 职教云平台：帮助任课教师对本教材配套课程进行引用、修改，再发布为个性化课程（SPOC）。

1. 登录职教云平台，在首页单击"新增课程"按钮，根据提示设置要构建的个性化课程的基本信息。

2. 进入课程编辑页面设置教学班级后，在"教学管理"的"教学设计"中"导入"教材配套课程，可根据教学需要进行修改，再发布为个性化课程。

● App：帮助任课教师和学生基于新构建的个性化课程开展线上线下混合式、智能化教与学。

1. 在应用市场搜索"智慧职教 icve"App，下载安装。

2. 登录 App，任课教师指导学生加入个性化课程，并利用 App 提供的各类功能，开展课前、课中、课后的教学互动，构建智慧课堂。

"智慧职教"使用帮助及常见问题解答请访问 help.icve.com.cn。

第三版前言

本书是"十二五"职业教育国家规划教材《建筑工程制图与识图》的修订版，也是高等职业教育新形态一体化教材。本书在沿用第二版基本结构的基础上，对教材内容进行了以下几个方面的修订：

1. 本版教材依据职业院校建筑工程制图与识图课程标准的要求，改正了上一版的不足之处，增加了新知识点内容。

2. 基于我国近几年建筑行业的飞速发展，在保持原有课程体系的同时，本版教材更注重与行业发展现状和目前教学的紧密结合，在教材更新中更多地融入了最新的教学经验和与生产实践结合的内容。

3. 将教材中每一个项目目标编排为思政目标、知识目标、能力目标、素质目标。对每个模块后的建筑故事进行了更新，并在其后增加了课程思政知识点。

4. 本书配套数字资源均可以通过登录"智慧职教"网站或者扫描书中的二维码进行在线学习。通过安装"高教 AR"App，扫描教材中的 AR 标识，即可观看三维模型和动画，并进行在线测试。

5. 本书配套的习题集按现行最新规范及标准作了更新，并补充了部分内容，便于学习者使用。

本书由刘军旭、雷海涛任主编，乔林、张志平任副主编。参加本书编写的有：陕西工业职业技术学院刘军旭（绪论，项目 7 中的任务 7.2、7.3，项目 8 ~ 9）、乔琳（项目 24、项目 28 中的任务 28.1、项目 29）、袁惊滔（项目 30、31）、黄春霞（项目 25）、孙培华（项目 27），咸阳职业技术学院雷海涛（项目 18 ~ 20）、白小斐（项目 21 ~ 23），陕西国防工业职业技术学院刘占宏（项目 14、15）、何静（项目 16、17），陕西铁路工程职业技术学院李桂红（项目 11 ~ 13），陕西能源职业技术学院张志平（项目 4、5）、杨军（项目 6），西安职业技术学院陈江玫（项目 7 中的任务 7.1）、吉海军（项目 26），陕西交通职业技术学院滕展（项目 1 ~ 3），中国建筑第八工程局有限公司杨朋超（项目 10），中铁二十一局集团有限公司吴常伟（项目 28 中的任务 28.2），全书由刘军旭统稿。

与本书配套的《建筑工程制图与识图习题集（第三版）》同时出版，可供选用。

本书由长安大学龚伟任主审，在编写过程中得到了上述院校、专家和高等教育出版社的大力支持，还参考了大量的文献资料，在此一并致谢！

由于编者水平所限且时间仓促，不妥与疏漏在所难免，恳请读者和同行批评指正。

编　者
2021 年 7 月

第二版前言

本书是在"十二五"职业教育国家规划教材《建筑工程制图与识图》的基础上,根据最新建筑制图标准并结合最新的建筑工程制图课程基本要求及近几年教学的应用反馈将教材部分内容进行了优化修订而成,是编者多年教学实践经验的总结。本书设9个教学模块计31个项目,每个项目又细分为 1 ~ 4 个工作任务,最大程度地满足任务驱动教学法的要求。

本书内容新颖、应用范围广、实用性强,基本涵盖了土建工程中所涉及的识图与绘图项目。本书的主要特色为:

1. 以教师好用、学生易学为出发点,将读图和绘图作为贯穿全书的主线,重点培养学生阅读和绘制建筑图样的能力。

2. 本书的创新在于:各教学内容均采用任务驱动的编写方式,从实际的学习任务出发,设计了"任务引入与分析 + 相关知识 + 训练实例 + 课堂训练 + 学习思考"五步的教学结构,为学生提供一种边学边练的全新学习方法。

3. 注重教学内容的实用性和继承性。本书精选的实例遵循由浅入深、循序渐进、可学习性强的原则进行组织,并将建筑制图的知识点融入各个实例中,各知识点顺序延续传统教材的逻辑顺序,易于教师的接受和选用。每个项目的实施完全模拟实际的工作学习过程,学习内容即为实际工作内容,培养学生将所学与所用结合,以所学为所用,以所用悟所学,为学生可持续发展学习奠定基础。

4. 体现"教、学、练、思"一体化的思想。每个案例项目在教学实施工程中按照"任务 + 实例 + 训练 + 思考"的教学方式进行教授、学习与练习,促使学生"学练结合",提高主动参与意识和创新意识,培养发现问题、解决问题和综合应用能力。

5. 目的是适合教学与自学——教师的好教材,学生的好老师。对教师而言,本书安排好了课时,项目中的一个任务根据内容设计为基本满足 50 分钟或 100 分钟的教学安排,替老师组织好了课前备课的内容,理清了上课思路,为每个知识点准备好了实例,为每堂课准备有练习题和思考题。对学生而言,本书的训练实例和课堂练习能有的放矢,上课有实例看、有练习做、有问题思考,课后有习题集练习,解决了学生"听不懂,没法学;听懂了,不会做"的难题。对自学者而言,本书按教学安排编写,使自学者仿佛置身于课堂中。同时,本书配备有相配套的习题集及习题解答,便于教师教学和学生自学。

6. 为提高学生学习本课程的兴趣及从事建筑行业客观性、严谨性的认识,同时也为提高学生学习的乐趣,在每一模块后增加"建筑故事"课外阅读内容。

7. 本书采用增强现实(AR)技术,使用"职路伴读"App 扫描书中图片可即时获取三维模型、动画、习题等学习资源,激发学生学习兴趣。此外,本书还配套有微课、动画、教学课件等教学资源，学生可扫描书中二维码或登录"智慧职教"网站搜索对应课程在线学习。

　　本书由刘军旭、雷海涛任主编，乔琳、张志平任副主编。参加本书编写的有：陕西工业职业技术学院刘军旭（绪论，项目 7 中的任务 7.2、7.3，项目 8 ~ 10）、乔琳（项目 24、28、29）、袁惊滔（项目 30、31）、黄春霞（项目 25）、孙培华（项目 27），咸阳职业技术学院雷海涛（项目 18 ~ 20）、白小斐（项目 21 ~ 23），陕西国防工业职业技术学院刘占宏（项目 14、15）、何静（项目 16、17），陕西铁路工程职业技术学院李桂红（项目 11 ~ 13），陕西能源职业技术学院张志平（项目 4、5）、杨军（项目 6），西安职业技术学院陈江玫（项目 7 中的任务 7.1）、吉海军（项目 26），陕西交通职业技术学院滕展（项目 1 ~ 3），全书由刘军旭统稿。

　　与本书配套的《建筑工程制图与识图习题集（第二版）》也将同时出版，可供选用。

　　本书由长安大学龚伟老师任主审，在编写过程中得到了上述院校的大力支持，参考了大量的文献资料，在此一并致谢！由于编者教学经验和学术水平所限，且编写时间仓促，本书缺点和错漏在所难免，恳请读者和同行批评指正。

編　者
2017 年 9 月

本书根据最新建筑制图标准并结合最新的建筑工程制图课程基本要求编写而成，是编者多年教学实践经验的总结。本书设 9 个教学模块计 31 个项目，每个项目模块又细分为 1 ~ 4 个工作任务，最大限度地满足了任务驱动教学法的要求。

本书内容新颖，应用范围广、应用性强，基本涵盖了土建工程中所涉及的识图与绘图项目。本书的主要特色为：

1. 以教师好用、学生易学为出发点，将读图和绘图作为贯穿全书的主线，重点培养学生阅读和绘制建筑图样的能力。

2. 本书的创新在于：各教学内容均采用任务驱动的编写方式，从实际的学习任务出发，设计了"任务引入与分析＋相关知识＋训练实例＋课堂训练＋学习思考"五步的教学结构，为学生提供一个边学边练的全新学习方法。

3. 注重教学内容的实用性和继承性。本书精选的实例遵循由浅入深、循序渐进、可学习性强的原则进行组织，并将建筑制图的知识点融入各个实例中，各知识点顺序延续了传统教材的逻辑顺序，易于教师的接受和选用。每个项目的实施完全模拟了实际的工作学习过程，学习内容即为实际工作内容，培养学生将所学与所用结合，以所学为所用，以所用悟所学，为学生可持续发展学习奠定基础。

4. 体现"教、学、练、思"一体化的思想。每个案例项目在教学实施工程中按照"任务＋实例＋训练＋思考"的教学方式进行教授、学习与练习，促使学生"学练结合"，提高主动参与意识和创新意识，培养发现问题、解决问题和综合应用能力。

5. 目的是适合教学与自学——教师的好教材，学生的好老师。对教师而言，本书安排好了课时，项目中的一个任务根据内容排布为基本满足 50 分钟的教学安排或 100 分钟的教学安排，替教师组织好了课前备课的内容，理清了上课思路，为每个知识点准备好了实例，为每堂课准备有练习题和思考题。对学生而言，本书的训练实例和课堂练习能有的放矢，上课有实例看、有练习做、有问题思考，课后有习题集做，解决了学生"听不懂，没法学；听懂了，不会做"的难题。对自学者而言，本书按教学安排编写，使学生仿佛置身于课堂中，同时配备有相配套的习题集及综合性习题解答，便于教师教学和学生自学。

6. 为提高学生对学习本课程的兴趣及从事建筑行业客观性、严谨性的认识，同时也为提高学生学习的乐趣，在每一模块后增加"建筑故事"课外阅读内容。

本书由刘军旭、雷海涛任主编，乔琳、张志平任副主编。参加本书编写的有：陕西工业职业技术学院刘军旭（绪论，项目 7 中的任务 7.2、7.3，项目 8 ~ 10）、乔琳（项目 24、28、29）、袁惊滔（项目 30、31）、黄春霞（项目 25）、孙培华（项目 27），咸阳职业技术学院雷海涛（项目 18 ~ 20）、白小斐（项目 21 ~ 23），陕西国防工业职业技术学院刘占宏（项目 14、15）、何静（项目 16、17），陕西铁路工程职业技术学院李桂红（项目 11 ~ 13），陕西能源职业技术学院张志平（项目 4、5）、杨军（项目 6），西安职业技术学院陈江玫（项目 7 中的任务 7.1）、吉海军（项目 26），陕西交通职业技术学院滕展（项目 1 ~ 3），全书由刘军旭统稿。

与本书配套的《建筑工程制图与识图习题集》同时出版，可供选用。

本书由长安大学龚伟老师任主审，在编写过程中得到了上述院校的大力支持，参考了大量的文献资料，在此一并致谢！由于编者教学经验和学术水平所限，编写时间仓促，本书缺点和错漏难免，恳请读者和同行批评指正。

编　者
2014 年 2 月

目　录

绪论

1. 本课程的性质和任务

当今各种工程建设都离不开工程图样，工程图样被誉为"工程界的语言"，它是工程技术人员表达技术思想的重要工具，也是工程技术部门交流技术经验的重要资料。识读建筑施工图是建筑工程技术人员必备的基本能力，识图能力对施工图的理解和施工组织有着直接的影响，因此识图能力的培养直接关系到学生的就业竞争力和顶岗能力。本课程作为高职土建施工类和工程管理类专业的一门专业基础课，重在培养学生运用投影原理、建筑制图知识正确识读建筑施工图的能力，培养学生严格遵守规范、标准的习惯，引导学生具备法治精神、爱国主义精神及敬业精神，为学生职业能力的发展打下良好的专业技术基础。本课程的设置具有实用性、必要性和重要性。

建筑工程制图是一门既有理论学习又有实践训练的课程，本书理论学习主要包括三部分内容：一是建筑制图的基本知识；二是投影原理；三是建筑施工图的形成及作用、图示内容、图示方法，并引入工程实例进行建筑施工图识图的指导。本书实践训练主要设置三部分内容：一是简单平面图形的几何画法训练；二是几何形体三视图的训练；三是建筑施工图识读与绘制的训练。本课程教学安排由浅入深、循序渐进、理论与实践结合，符合一般的认知规律。

本课程的主要目的是培养学生能够自觉运用各种绘图手段来构思并正确表达建筑工程形体和构造的能力，培养尺规绘图、徒手绘图和计算机绘图的能力。

本课程的主要任务是：

（1）学习、贯彻建筑制图标准及其他有关规定。

（2）学习正投影理论及其应用。

（3）掌握建筑施工图识图的基本知识。

（4）培养学生空间思维能力和空间想象能力。

（5）培养学生建筑施工图的识图与绘制能力。

（6）培养用尺规绘图、徒手绘制草图和计算机绘图的能力。

（7）培养分析问题和解决问题的能力。

（8）培养认真负责的工作态度和严谨细致的工作作风。

（9）培养学生团队意识和正确沟通表达的能力。

（10）培养学生严格遵守规范、标准的习惯，具备法治精神。

（11）培养学生良好的思想政治素质和职业道德。

2. 本课程的学习方法

本课程主要包括建筑制图的基本知识与技能、正投影原理与投影图、建筑专业图三部分。其中前两部分是理论基础，其系统性和理论性较强，学习的关键是要建立空间的概念，弄清三维形体是如何在二维图纸上表达的。建筑专业图部分是投影原理的应用，实践性比较强，是本课程的核心内容。

下面就本课程的学习方法，提出几点意见，仅供学习者参考。

（1）掌握正投影的相关知识，理解和掌握正投影原理及特性，为图示几何形体打下理论基础。

（2）必须努力培养空间想象和思维能力，并将投影分析和作图过程有机结合。注意做好三维立体和二维平面图形的相互转化训练，深入了解三维立体与二维平面图之间的转化规律，这是学好本课程的关键。

（3）要理论联系实际，解决实际问题。这就需要完成一定数量的作业，并在作业中养成作图准确、图面整洁的良好习惯。因此，学习本课程必须做到勤动手、多动脑，掌握正确的读图、绘图方法和步骤，提高绘图与识图技能。

（4）工程图是施工的依据，初学者绘图开始要养成认真负责、严谨细致的工作作风，绘制工程图必须符合国家标准和有关规定。

（5）自学能力和独立工作能力是工程技术人员必须具备的基本素质，在学习过程中，要有意识地加以培养和提高。

由于图样在建筑工程中起着重要的作用，绘图和读图的差错都会带来巨大的损失，因而在完成习题和作业时，应该养成、严谨、细致的习惯。本课程只能为学生的绘图和读图能力打下初步基础，还需在以后的专业课、顶岗实习、毕业设计中继续学习和提高。

3. 我国建筑工程制图国家标准发展概况

1956 年，国家建设委员会批准了《单色建筑图例标准》，建筑工程部设计总局发布了《建筑工程制图暂行标准》。在此基础上，建筑工程部于 1965 年批准颁布了国家标准《建筑制图标准》（GBJ 9—65）[①]，后来由国家基本建设委员会将它修订成《建筑制图标准》（GBJ 1—73）。

1986 年以来，又在《建筑制图标准》（GBJ 1—73）的基础上，将房屋建筑方面

---

① GBJ 表示我国建筑方面的国家标准，GB 表示国家标准，J 表示建筑方面的，9 表示它的编号，65 是该标准的年号，表示 1965 年颁布。

各专业的通用部分进行必要的修改和补充，由国家计划委员会批准颁布了《房屋建筑制图统一标准》（GBJ 1—86）。原标准中的各专业部分也分别另行编制配套的专业制图标准，仍由国家计划委员会批准发布，包括《总图制图标准》（GBJ 103—87）、《建筑制图标准》（GBJ 104—87）、《建筑结构制图标准》（GBJ 105—87）、《给水排水制图标准》（GBJ 106—87）、《采暖通风与空气调节制图标准》（GBJ 114—88）等。

建设部于 2000 年将《房屋建筑制图统一标准》（GB/T 50001—2001）、《总图制图标准》（GB/T 50103—2001）、《建筑制图标准》（GB/T 50104—2001）、《建筑结构制图标准》（GB/T 50105—2001）、《给水排水制图标准》（GB/T 50106—2001）和《暖通空调制图标准》（GB/T 50114—2001）[①]、《房屋建筑 CAD 制图统一规则》（GB/T 18112—2000）修订为国家标准，自 2002 年 3 月 1 日起施行。

2010 年 8 月 18 日，由国家住房和城乡建设部发布的建筑制图标准包括：《房屋建筑制图统一标准》（GB/T 50001—2010）、《总图制图标准》（GB/T 50103—2010）、《建筑制图标准》（GB/T 50104—2010）、《建筑结构制图标准》（GB/T 50105—2010）、《建筑给水排水制图标准》（GB/T 50106—2010）、《暖通空调制图标准》（GB/T 50114—2010）等，2011 年 3 月 1 日起施行。

2017 年 9 月 27 日，国家住房和城乡建设部及国家质量监督检验检疫总局联合发布《房屋建筑制图统一标准》（GB/T 50001—2017），2018 年 5 月 1 日起实施，这是我国在房屋建筑制图领域当前实施的最新标准。

随着计算机的广泛应用，大大地促进了图形学的发展，计算机图形学的兴起开创了图形学应用和发展的新纪元。以计算机图形学为基础的计算机辅助设计（CAD）技术，推动了几乎所有领域的设计革命，CAD 技术的发展和应用水平已成为衡量一个国家科技现代化和建筑业现代化水平的重要标志之一。CAD 技术从根本上改变了过去的手工绘图，必将在工程界实现制图技术的自动化，以适应现代化建设的需要。但是，应该认识到计算机绘制建筑图样，仍然需要人来指挥和操作，因而对初学者，必须认真学习、掌握本课程的投影理论、建筑制图基础和建筑制图的内容，才能应用计算机绘制出正确的建筑图样。现在，很多学校已将计算机绘图单独设立课程，各出版单位也已出版了许多有关计算机绘图的教材、手册和参考书，所以本书不予介绍。

---

① GB/T 表示推荐性的国家标准，如果"GB"后没有"/T"，则表示强制性的国家标准，以此标明国家标准的属性。标准的年号用四位数表示，鉴于部分国家标准是在国家标准清理整顿前出版的，现尚未修订，因而未标明属性，年号仅用两位数，请读者注意。

模块 1

制图基础与技能

项目 1　制图的基本标准

📍 项目目标

思政目标：以建筑制图标准为准绳，强化学生严格遵守规范与标准的习惯，
培养学生法治精神。

知识目标：熟练掌握建筑制图国家标准的基本规定，理解比例的概念和应
用，掌握尺寸的组成、标注规则和方法。

能力目标：掌握常用绘图工具及仪器的使用方法。

素质目标：培养学生认真负责的学习态度。

任务　建筑制图国家标准的基本规定及绘图仪器与工具的使用

■ 任务引入与分析 ■

如图 1-1 所示，图中线型的应用、尺寸的标注形式与要求、字符的含义等都应
符合中华人民共和国国家标准《房屋建筑制图统一标准》（GB/T 50001—2017）。通
过本项目的学习，将能正确地完成此图的绘制和标注。

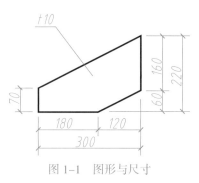

图1-1 图形与尺寸

■ **相关知识** ■

本项目主要介绍《房屋建筑制图统一标准》（GB/T 50001—2017）中的部分内容，其中 GB 表示国标即国家标准，T 表示推荐性标准。为使工程图样图形准确、图面清晰，该标准对图幅、线型、图线粗细、尺寸标注、图例、字体等都作出统一的规定。

教学课件
图幅、标题栏
和会签栏

一、图幅

图幅是指图纸宽度与长度组成的图面。图幅的大小应符合国标的规定，图纸幅面用代号 A0、A1、A2、A3、A4 表示。图纸上绘图范围的界限称为**图框**。建筑工程制图所用的图纸及图框尺寸均应按国标规定进行选用，为了便于装订和管理图纸，应尽量选用同一种规格的图纸。图纸的幅面及图框尺寸应符合表 1-1 的规定及图 1-2 的格式。从表 1-1 可看出，A1 图纸是将 A0 图纸从长边对裁，A2 是将 A1 从长边对裁，依次类推得到 A3、A4 图纸幅面。一般 A0 ～ A3 图纸宜横向放置，必要时可以竖向放置。如果图纸幅面不够，可将图纸长边加长，但短边不得加长。图纸加长后的尺寸可查阅 GB/T 50001—2017。

表 1-1　图纸幅面及图框尺寸　　　　　　　　　　mm

尺寸代号	图幅代号				
	A0	A1	A2	A3	A4
$b \times l$	841 × 1 189	594 × 841	420 × 594	297 × 420	210 × 297
c	10			5	
a	25				

注：表中 b 为幅面短边尺寸，l 为幅面长边尺寸，c 为图框线与幅面线间宽度，a 为图框线与装订边间宽度。

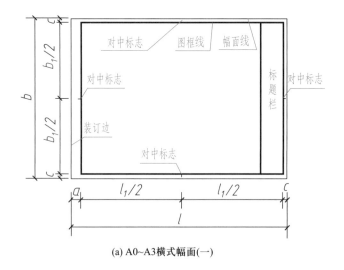

(a) A0~A3横式幅面(一)

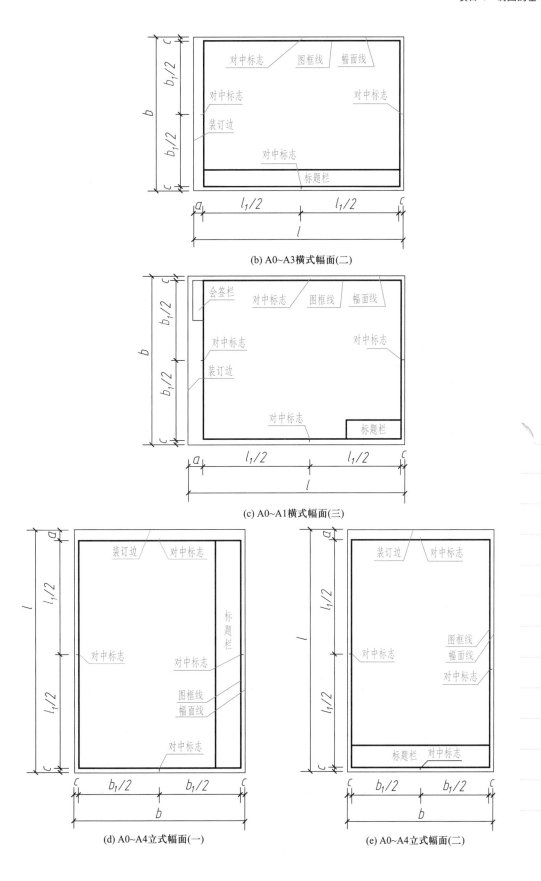

(b) A0~A3横式幅面(二)

(c) A0~A1横式幅面(三)

(d) A0~A4立式幅面(一)　　　　　　　(e) A0~A4立式幅面(二)

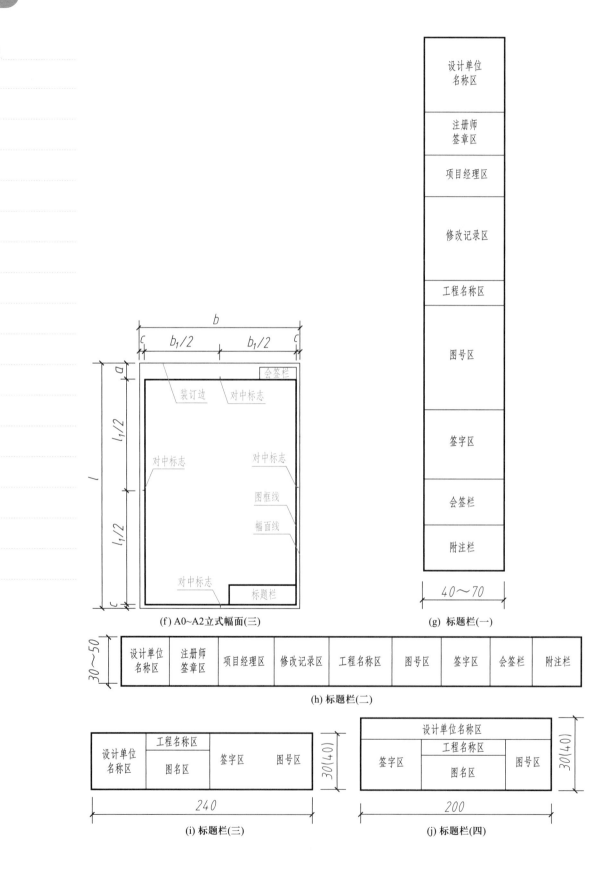

(f) A0~A2立式幅面(三)

(g) 标题栏(一)

(h) 标题栏(二)

(i) 标题栏(三)

(j) 标题栏(四)

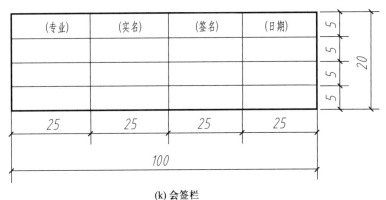

(k) 会签栏

图 1-2 图框、标题栏及会签栏格式

二、标题栏和会签栏

GB/T 50001—2017 对图纸标题栏和会签栏的尺寸、格式和内容都有规定。会签栏是指工程建设图纸上由会签人员填写所代表的有关专业、姓名、日期等内容的一个表格，不需会签的图纸可不设会签栏。应根据工程的需要选择、确定标题栏、会签栏的尺寸、格式及分区。当采用图 1-2 中的 a 图及 d 图布置时，标题栏应按 g 图布局；当采用图 1-2 中的 b 图及 e 图布置时，标题栏应按 h 图布局；当采用图 1-2 中的 c 图及 f 图布置时，标题栏应按 i 图或 j 图布局；会签栏格式如 k 图布局。

签字栏应包括实名列和签名列，并应符合下列规定：

（1）涉外工程的标题栏内，各项主要内容的中文下方应附有译文，设计单位的上方或左方，应加"中华人民共和国"字样。

（2）在计算机辅助制图文件中使用电子签名与认证时，应符合《中华人民共和国电子签名法》的有关规定。

（3）当由两个以上的设计单位合作设计同一个工程时，设计单位名称区可依次列出设计单位名称。

对于学生的制图作业图纸，不设会签栏，建议采用图 1-3 所示的标题栏。

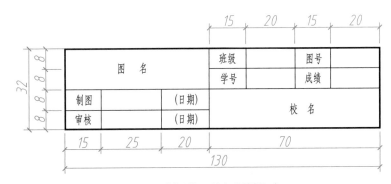

图 1-3 制图作业的标题栏格式

教学课件
图线

三、图线

（一）线型与线宽

任何工程图样都是由不同类型、不同宽度的图线绘制而成的，这些不同类型和不同宽度的图线在图样中表示不同的内容和含义，同时也使得图样层次清晰、主次分明，便于识图和绘图，也增加了图样的美感。

建筑工程制图标准中，对各类图线的线型、线宽、用途都作出了规定，如表 1-2 所示。

表 1-2　图线线型与线宽

名称		线型	线宽	用途
实线	粗		b	主要可见轮廓线
	中粗		$0.7b$	可见轮廓线、变更云线
	中		$0.5b$	可见轮廓线、尺寸线
	细		$0.25b$	图例填充线、家具线
虚线	粗		b	见各有关专业制图标准
	中粗		$0.7b$	不可见轮廓线
	中		$0.5b$	不可见轮廓线、图例线
	细		$0.25b$	图例填充线、家具线
单点长画线	粗		b	见各有关专业制图标准
	中		$0.5b$	见各有关专业制图标准
	细		$0.25b$	中心线、对称线、轴线等
双点长画线	粗		b	见各有关专业制图标准
	中		$0.5b$	见各有关专业制图标准
	细		$0.25b$	假想轮廓线、成型前原始轮廓线
折断线	细		$0.25b$	断开界线
波浪线	细		$0.25b$	断开界线

表 1-2 中的点画线和双点画线在 GB/T 50001—2017 中已改成单点长画线和双点长画线，本书仍按习惯简称为点画线和双点画线。在一般情况下，点画线和双点画线分别表示细点画线和细双点画线。在专业图内容前，如无特殊说明，本书都分别用粗实线和中虚线表示可见轮廓线和不可见轮廓线，并将细点画线、细双点画线、中虚线简称为点画线、双点画线、虚线。

图线的基本线宽 b，按照图纸比例及图纸性质从 1.4 mm、1.0 mm、0.7 mm、0.5 mm

线宽系列中选取。每个图样根据复杂程度与比例大小，先选定基本线宽 b，再选用表 1-3 中相应的线宽组。

表 1-3　线　宽　组　　　　　　　　　　mm

线宽比	线宽组			
b	1.4	1.0	0.7	0.5
$0.7b$	1.0	0.7	0.5	0.35
$0.5b$	0.7	0.5	0.35	0.25
$0.25b$	0.35	0.25	0.18	0.13

线宽注意事项：

（1）需要缩微的图纸，不宜采用 0.18 mm 及更细的线宽。

（2）同一张图纸内，各不同线宽中的细线，可统一采用较细的线宽组的细线。

（3）若绘制比较简单的图或较小的图，可以只用两种线宽，规定为 b 和 $0.25b$，即不用中粗线。

（4）同一张图纸内，相同比例的各图样应选用相同的线宽组。

图纸的图框和标题栏线可采用表 1-4 的线宽。

表 1-4　图框和标题栏线的宽度　　　　　　mm

幅面代号	图框线	标题栏外框线对中标志	标题栏分格线、幅面线
A0、A1	b	$0.5b$	$0.25b$
A2、A3、A4	b	$0.7b$	$0.35b$

（二）图线画法

要正确地绘制一张工程图，除了确定线型和线宽外，还应注意以下事项：

（1）相互平行的图例线，其净间隙或线中间隙不宜小于 0.2 mm，当间隙过小时，用示意方法局部扩大比例。

（2）虚线、单点长画线或双点长画线的线段长度和间隔，宜各自相等。

（3）单点长画线或双点长画线，当在较小图形中绘制有困难时，可用实线代替。

（4）单点长画线或双点长画线的两端，不采用点。点画线与点画线交接或点画线与其他图线交接时，采用线段交接。

（5）虚线与虚线交接或虚线与其他图线交接时，采用线段交接。虚线为实线的延长线时，不得与实线相接。

（6）图线不得与文字、数字或符号重叠、混淆，不可避免时，首先保证文字的清晰、完整并将图线断开，将文字、数字或符号书写在图线的断开处。

（7）当两种以上不同线宽的图线重合时，按粗、中、细的顺序绘制；当相同线宽的图线重合时，按实线、虚线、点画线的次序绘制。

各种图线正误画法示例见表 1–5。

表 1–5   各种图线的正误画法示例

图线	正 确	错 误	说 明
点画线与虚线			1. 点画线的线段长通常画 15～20 mm，空隙与点共 2～3 mm。点常画成很短的短画，而不是画成小黑圆点。 2. 虚线的线段长度通常画 4～6 mm，间隙约 1 mm。不要画得太短、太密
圆的中心线			1. 两点画线相交，应在线段处相交，点画线与其他图线相交，也在线段处相交。 2. 点画线的起始和终止处必须是线段，不是点。 3. 点画线应出头 3～5 mm。 4. 点画线很短时，可用细实线代替点画线
图线相交			1. 两粗实线相交，应画到交点处，线段两端不出头。 2. 两虚线或虚线与实线相交，应线段相交，不要留间隙。 3. 虚线是实线的延长线时，应留有间隙
折断线与波浪线			1. 折断线两端应分别超出图形轮廓线。 2. 波浪线画到轮廓线为止，不要超出图形轮廓线

四、字体

工程图上除了用图线绘制的图形外，文字与数字也是工程图样必不可少的组成部分：数字标明物体大小，文字说明施工的技术要求。为了让图面整洁、美观、易读而不引起误解，工程图样上的文字内容必须采用规定的字体和大小书写，同时做到字体端正、笔画清晰、排列整齐、间隔均匀，标点符号应清楚正确。

（一）汉字

图样及说明中的汉字，优先采用 True type 字体中的宋体字型，采用矢量字体时应为长仿宋体字型。同一图纸字体种类不应超过两种。矢量字体的宽高比宜为 0.7，且符合表 1-6 的规定，打印线宽为 0.2 ~ 0.35 mm；True type 字体宽高比为 1。大标题、图册封面、地形图等的汉字，也可书写成其他字体，但应易于辨认，其宽高比宜为 1。

表 1-6　长仿宋字高宽关系　　　　　　　　　　　　　　mm

字高	3.5	5	7	10	14	20
字宽	2.5	3.5	5	7	10	14

文字的字高，从表 1-7 中选用。字高大于 10 mm 的文字宜采用 True type 字体，如需书写更大的字，其高度按 $\sqrt{2}$ 的倍数递增。

表 1-7　文字的字高　　　　　　　　　　　　　　　　mm

字体种类	汉字矢量字体	True type 字体及非汉字矢量字体
字高	3.5、5、7、10、14、20	3、4、6、8、10、14、20

汉字书写示例如图 1-4 所示。

字体工整　笔画清楚　间隔均匀　排列整齐

10号汉字

横平竖直　注意起落　结构均匀　填满方格

7号汉字

徒手绘图、尺规绘图和计算机绘图都是必备的绘图技能

5号汉字

图 1-4　汉字书写示例

（二）字母和数字

拉丁字母、阿拉伯数字、罗马数字可写成斜体或直体，一般写成斜体，沿书写方向倾斜角度为 75°。具体书写规则可查阅《技术制图　字体》（GB/T 14691—1993）。图 1-5 所示为国标规定的数字和字母示例。书写字母及数字时，应注意：

（1）字母及数字的字高不小于 2.5 mm。

（2）数量的数值注写，采用正体阿拉伯数字。各种计量单位凡前面有量值的，均采用国家颁布的单位符号注写。单位符号采用正体字母。

ABCDEFGHIJKLMNOPQRSTUVWXYZ

ABCDEFGHIJKLMNOPQRSTUVWXYZ

a b c d e f g h i j k l m n o p q r s t u v w x y z

a b c d e f g h i j k l m n o p q r s t u v w x y z

1 2 3 4 5 6 7 8 9 0

1 2 3 4 5 6 7 8 9 0

I II III IV V VI VII VIII IX X

I II III IV V VI VII VIII IX X

图 1-5　字母和数字示例

（3）分数、百分数和比例数的注写，采用阿拉伯数字和数字符号。

（4）当注写的数字小于 1 时，写出个位的"0"，小数点应采用圆点，对齐基准线书写。

五、比例

比例是指图中图形与其实物相应要素的线性尺寸之比。

画图时，图形最好画成与实物一样大小，以便直接从图上看出物体的实际大小。但一般情况下，建筑物的大小及结构复杂程度不同，很难将实物按照其实际大小画在图上，一般都会按照一定的比例进行放大或缩小以便于绘图和读图。一个物体的各个视图应采用相同的比例。对物体上局部较小、较复杂的部分可采用局部放大图，同时标注放大的比例。

比例宜注写在图名的右侧，字的基准线应取平齐，图名下方应画 1.4 倍粗实线，比例的字高应比图名字高小一号或二号，如图 1-6 所示。

平面图　1 : 100　　⑤1 : 10

图 1-6　比例的注写

建筑工程图中所用的比例应根据图样的用途及所绘制对象的复杂程度进行选择，同时兼顾图面布局合理、匀称美观的原则，从表 1-8 中选择，并优先考虑从常用比例中选择。

图样不论采用何种比例，标注尺寸数字应是物体的实际大小。

表 1-8　绘　图　比　例

常用比例	1∶1、1∶2、1∶5、1∶10、1∶20、1∶30、1∶50、1∶100、1∶150、1∶200、1∶500、1∶1 000、1∶2 000
可用比例	1∶3、1∶4、1∶6、1∶15、1∶25、1∶40、1∶60、1∶80、1∶250、1∶300、1∶400、1∶600、1∶5 000、1∶10 000、1∶20 000、1∶50 000、1∶100 000、1∶200 000

注意以下事项：

（1）一般情况下，一个图样选用一种比例。根据专业制图需要，同一图样可选用两种比例。

（2）特殊情况下也可自选比例，这时除应注出绘图比例外，还应在适当位置绘制出相应的比例尺。需要缩微的图纸应绘制比例尺。

六、尺寸注法

图样上的图形只能表示物体形状，确定其大小及各部分之间相对位置还需通过尺寸标注。带有尺寸标注的图样才是一幅完整的工程图。

（一）尺寸四要素

尺寸标注由尺寸界线、尺寸线、尺寸起止符号和尺寸数字四个要素组成，如图 1-7 所示。

（二）尺寸标注的一般规则

（1）图样上所有尺寸数字的数值是物体的实际大小，与绘图比例和准确度无关。

（2）图样上的尺寸单位，除标高及总平面图以 m 为单位外，其余以 mm 为单位。图中所有尺寸数字标注后不必注写单位，但在注解及技术要求中要注明尺寸单位。

（3）一般情况下，物体每一结构的尺寸只标注一次，且标注在表示该结构最清晰的图形上为宜。

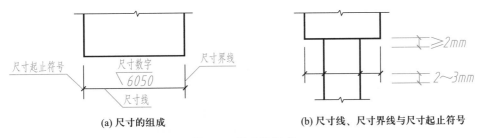

(a) 尺寸的组成　　　　　　(b) 尺寸线、尺寸界线与尺寸起止符号

图 1-7　尺寸的组成

（三）尺寸标注的具体规定

1. 尺寸界线

表示被标注对象边界的直线称为尺寸界线。由一对垂直于被标注长度的平

行线组成，用细实线绘制。平行线间的距离等于被标注对象的长度。一般情况下尺寸界线与被标注对象垂直，特殊情况可以不垂直，但尺寸界线之间应保持相互平行。

尺寸界线不应与物体的图样轮廓线相连，其间距应 ≥ 2 mm，尺寸界线另一端超出尺寸线 2 ~ 3 mm。必要时，可将图样本身的图线作为尺寸界线使用。

2. 尺寸线

表示被标注对象长度的直线称为尺寸线，用细实线绘制。尺寸线与被标注的长度尺寸平行且不超出尺寸界线。图样上任何其他图线均不得用作尺寸线。尺寸线与被标注的轮廓线的间距、相互平行的两个尺寸线的间距一般在 5 ~ 15 mm。同一图纸或同一图形上的这种间距大小应当保持一致。相互平行的尺寸线应从被标注的图形线由里到外排列，小尺寸在里面，大尺寸在外面，如图 1-8 所示。

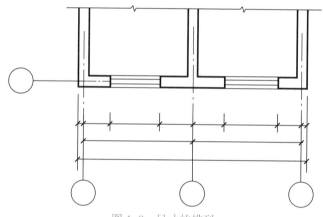

图 1-8　尺寸的排列

3. 尺寸起止符号

标注尺寸起止点的符号称为尺寸起止符号，画在尺寸线与尺寸界线的接点处。用一组倾斜的中粗斜短实线绘制，长度约 2 ~ 3 mm，倾斜角度与尺寸界线按顺时针方向成 45° 角。半径、直径、角度、弧度的尺寸起止符号，用箭头表示，箭头宽度 b 不小于 1 mm，如图 1-9a 所示。轴测图中的小圆点表示尺寸起止符号，小圆点直径 1 mm，如图 1-9b 所示。

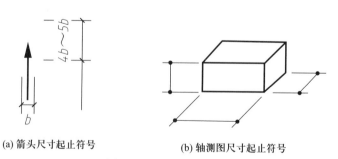

(a) 箭头尺寸起止符号　　　　(b) 轴测图尺寸起止符号

图 1-9　尺寸起止符号

4. 尺寸数字

尺寸数字的注写方向与位置如图 1–10a 所示。若尺寸数字在 30° 斜线区内时，宜按如图 1–10b 的形式注写。尺寸数字应按照规定的字体书写，字高一般是 2.5 mm 或 3.5 mm。尺寸数字一般标注在尺寸线上方中部，字头向上或向左，距尺寸线距离 1 mm 以内。尺寸均应标注在图形轮廓线以外。如果没有足够的注写位置，最外边的尺寸数字可标注在尺寸界线外侧，中间相邻的尺寸数字可上下错开注写，也可引出注写，如图 1–10c 所示。为了保证尺寸数字准确清晰，任何图线不得穿过尺寸数字，当不可避免时，应将尺寸数字处的图线断开，将数字写在图线断开处，如图 1–10d 所示。同一张图上，尺寸数字的字号大小应相同。

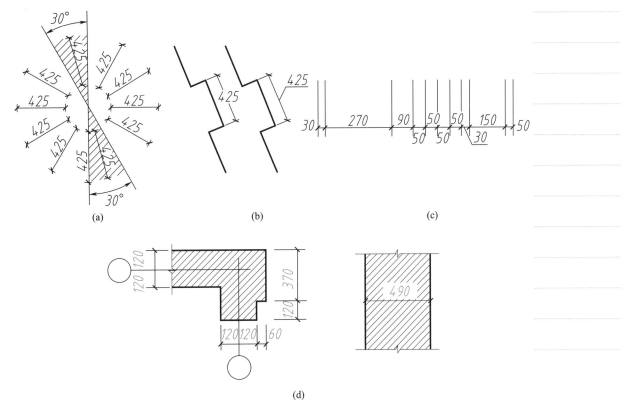

(a)　　　　　　　　(b)　　　　　　　　(c)

(d)

图 1–10　尺寸数字的注写方向与位置

（四）尺寸标注的其他规定

（1）圆的标注。在标注圆的直径尺寸数字前面，加注直径符号"ϕ"；在标注圆的半径尺寸数字前面，加注半径符号"R"，如表 1–6 所示。

（2）球的标注。标注球径时，在数字前面加注球半径符号"SR"或球直径符号"$S\phi$"。

（3）角度、弧长、坡度、连续尺寸、相同要素等的标注，如表 1–9 所示。

表 1-9　不同图形的尺寸标注

注写内容	注 法 示 例	标 注 说 明
半径	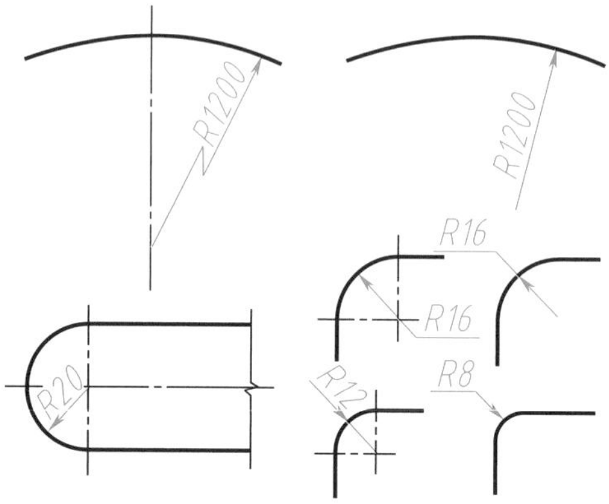	半圆或小于半圆的圆弧，应标注半径。如左下方的例图所示，所标注的尺寸线，一端应从圆心开始，另一端画箭头指向圆弧，半径数字前应加注符号"R"。 　较大圆弧的半径，可按上方两个图例的形式标注；较小圆弧的半径，可按右下方的四个例图的形式标注
直径	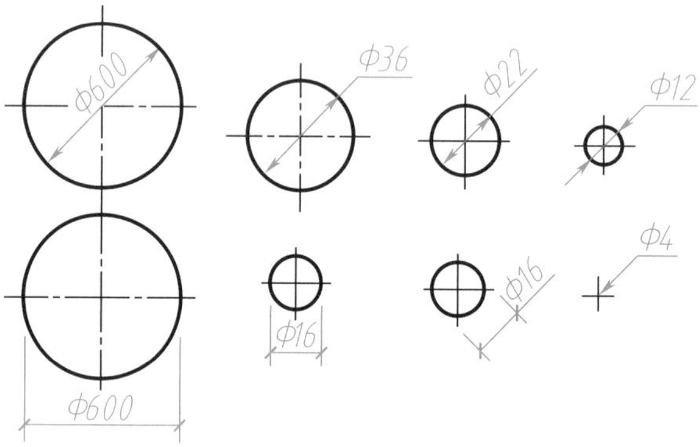	圆及大于半圆的圆弧，应标注直径，如左侧四个例图所示，并在直径数字前加注符号"ϕ"。在圆内标注的尺寸线应通过圆心，两端画箭头指至圆弧。 　较小圆的直径尺寸，可标注在圆外，如右侧 6 个例图所示
薄板厚度	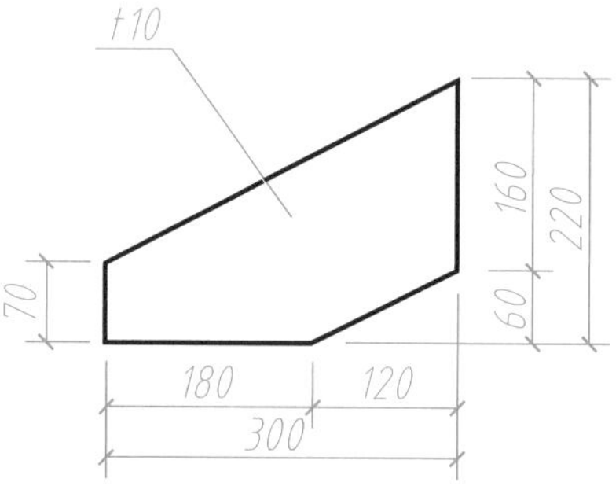	应在厚度数字前加注符号"t"
正方形	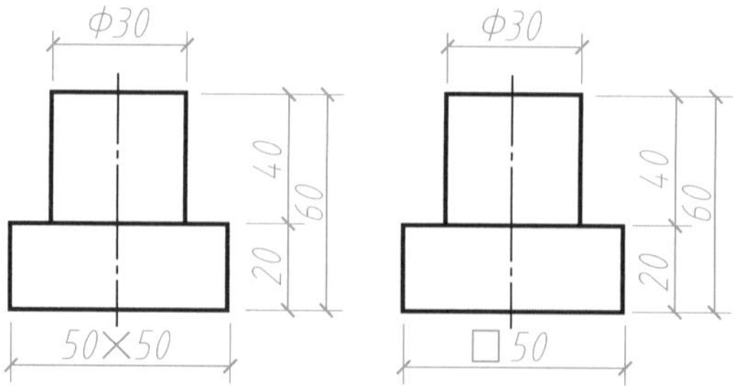	在正方形的侧面标注该正方形的尺寸，可用"边长 × 边长"的形式标注，也可在边长数字前加正方形的符号"□"

续表

注写内容	注 法 示 例	标 注 说 明
坡度	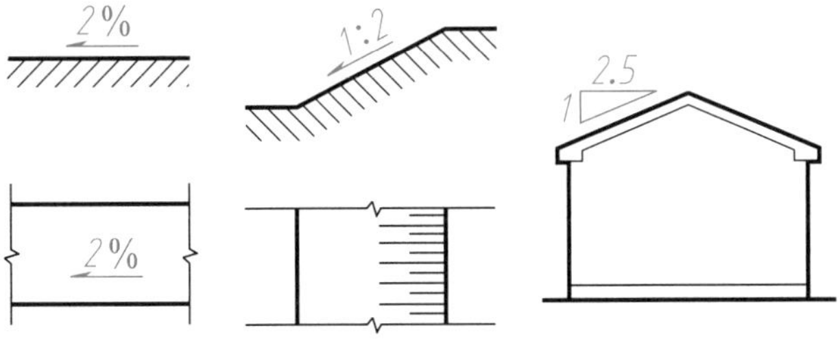	标注坡度时，在坡度数字下应加注坡度符号，坡度符号为单面箭头，箭头一般指向下坡方向。 坡度也可用直角三角形形式标注，如右侧的例图所示。 图中在坡面高的一侧水平边上所画的垂直于水平边的长短相间的等距细实线，称为示坡线，也可用它来表示坡面
角度、弧长与弦长	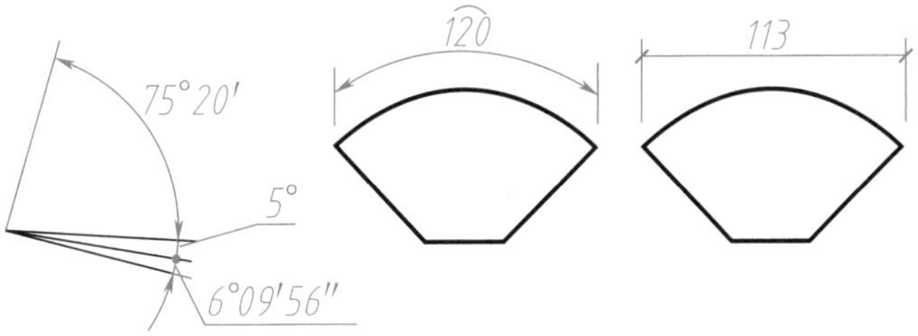	如左侧的例图所示，角度的尺寸线为圆弧，圆心是角顶，角边是尺寸界线，尺寸起止符号是箭头，如没有足够的位置画箭头，可用圆点代替。角度的数字应水平注写。 如中间例图所示，标注弧长时，尺寸线为同心圆弧，尺寸界线垂直于该圆弧的弦，起止符号用箭头，弧长数字上加圆弧符号。 如右侧的例图所示，圆弧的弦长尺寸线应平行于弦，尺寸界线应垂直于弦
连续排列的等长尺寸	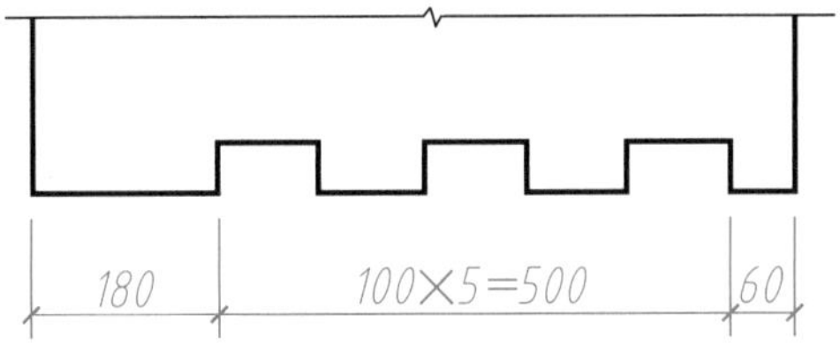	可用"等长尺寸 × 个数 = 总长"的形式标注

续表

注写内容	注法示例	标注说明
相同要素	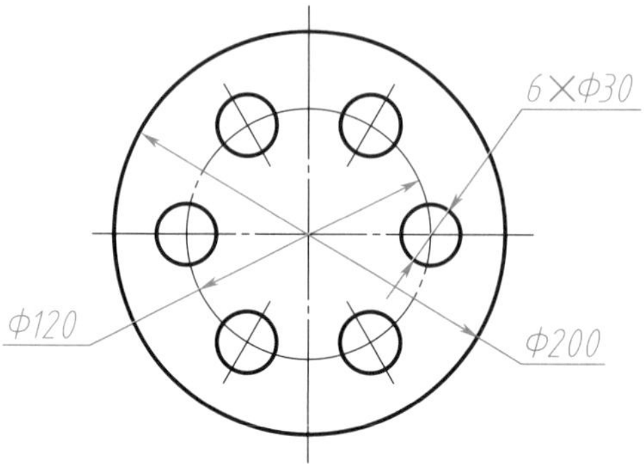	当构件、配件内的构造要素（如孔、槽）相同时，可仅标注其中一个要素的尺寸及个数
非圆曲线	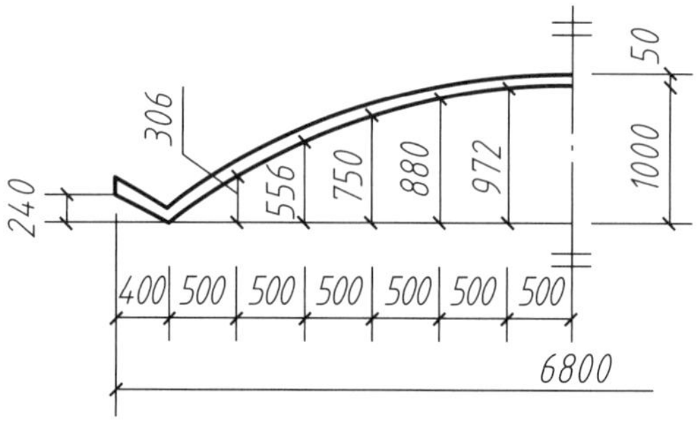	外形为非圆曲线的构件，可用坐标形式标注尺寸
复杂图形	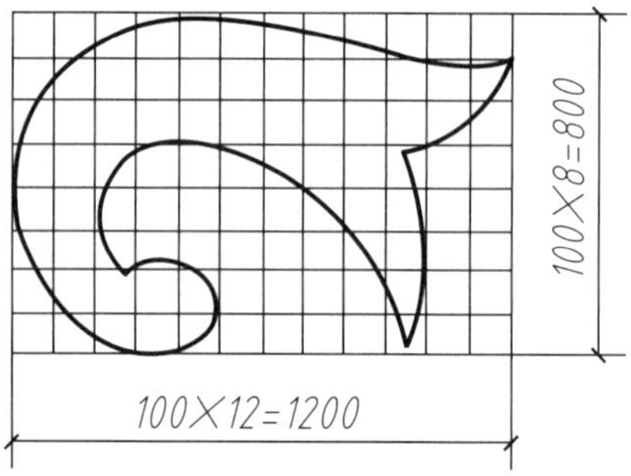	复杂的图形，可用网格形式标注尺寸
单线图形	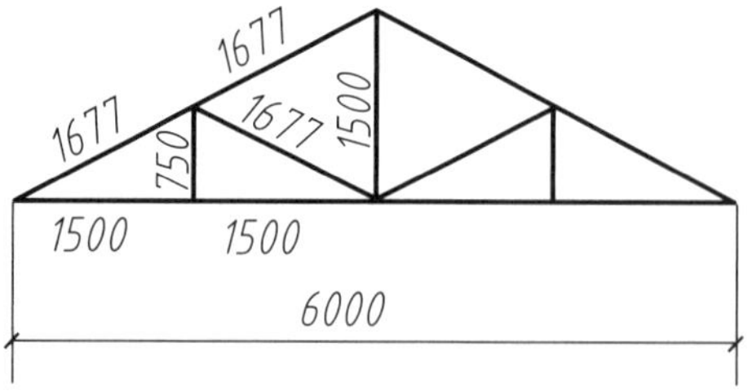 (a) 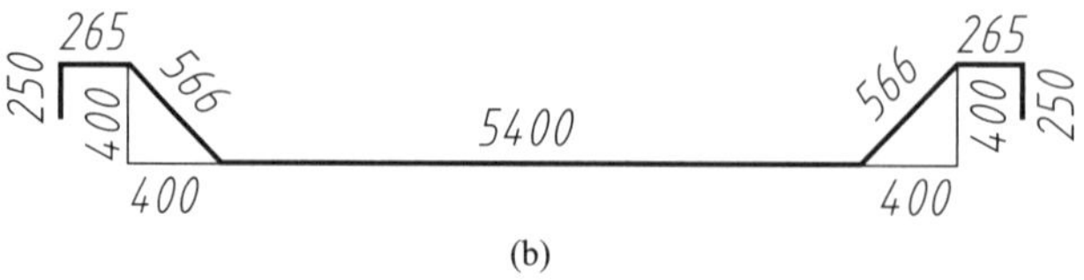 (b)	杆件或管线的长度，在单线图（桁架简图、钢筋简图、管线简图）上，可直接将尺寸数字沿杆件或管线的一侧注写

续表

注写内容	注 法 示 例	标 注 说 明
对称构件	200　　　2600 3000	对称构配件采用对称省略画法时，该对称构配件的尺寸线应略超过对称符号，仅在尺寸线的一端画尺寸起止符号，尺寸数字应按整体全尺寸注写，其注写位置宜与对称符号对齐
相似构件	 250　1600(2500)　250 2100(3 000) 构件A(构件B)	两个构配件如个别尺寸数字不同，可在同一图样中将其中一个构配件的不同尺寸数字注写在括号内，该构配件的名称也应注写在相应的括号内
相似构配件	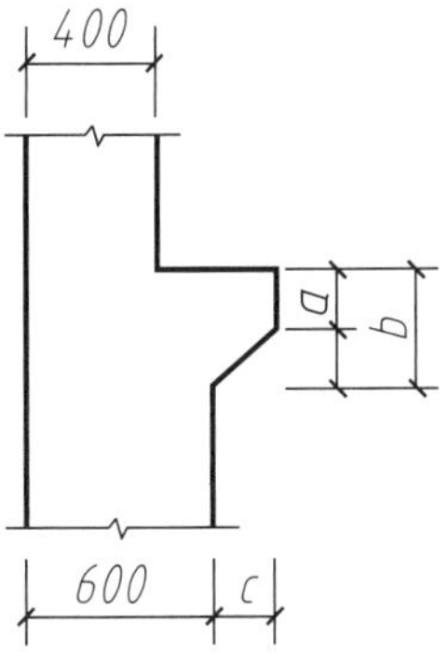 400 600　c 构件编号 a b c Z-1 200 200 200 Z-2 250 450 200 Z-3 200 450 250	数个构配件如仅某些尺寸不同，这些有变化的尺寸数字，可用拉丁字母注写在同一图样中，另列表格写明其具体尺寸

■ 训练实例 ■

　　实例　如图 1-10a 所示，请完成图中的尺寸标注形式，不标注尺寸数字。

【实例分析】

　　参考图 1-8，此图除了标注长度方向尺寸外，还有宽度方向的尺寸，注意标注墙体相关尺寸时要与墙体中线有关。

【标注步骤】

（1）先标注长度方向的尺寸，按照小在内、大在外的原则标注，同一方向尽量首尾相连。

（2）标注宽度方向的尺寸，完成后的图如图 1-11b 所示。

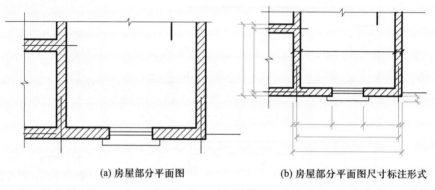

(a) 房屋部分平面图　　　　　　(b) 房屋部分平面图尺寸标注形式

图 1-11　尺寸标注

【实例总结】

标注时，注意尺寸的布置，以及水平与垂直方向的尺寸起止符号画法方向和尺寸标注的完整性，不能遗漏尺寸。同时，一个方向的所有尺寸标注完成后，再进行另一个方向尺寸的标注。

■ 课堂训练 ■

训练　如图 1-12 所示，请完成尺寸标注，尺寸从图中量取并取整。

■ 学习思考 ■

思考 1　图线的宽度有几种？图线画法的具体规定有哪些？各种线型的具体应用如何？

思考 2　1 : 2 和 2 : 1 哪个是放大比例？

思考 3　字体的号数与字体的高度有什么关系？字体的高度和宽度有什么关系？

思考 4　尺寸标注的基本规则有哪些？

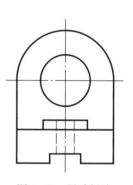

图 1-12　尺寸标注

项目 2 平面图形的绘制

项目目标

思政目标：培养学生的创新意识，具有新时代的设计思想。
知识目标：掌握平面图形的组合规律和构思技巧及徒手绘制草图能力。
能力目标：熟练掌握平面图形的画法。
素质目标：培养学生严谨细致的工作作风。

任务 几何作图及平面图形的分析与绘制

■ 任务引入与分析 ■

图 2-1 所示的几何图形是由圆和圆弧构成的花池栏杆图案，怎样才能快速正确地画出此图？通过学习并掌握几何图形的作图方法就可以解决这一问题。下面介绍几种常用的几何作图方法。

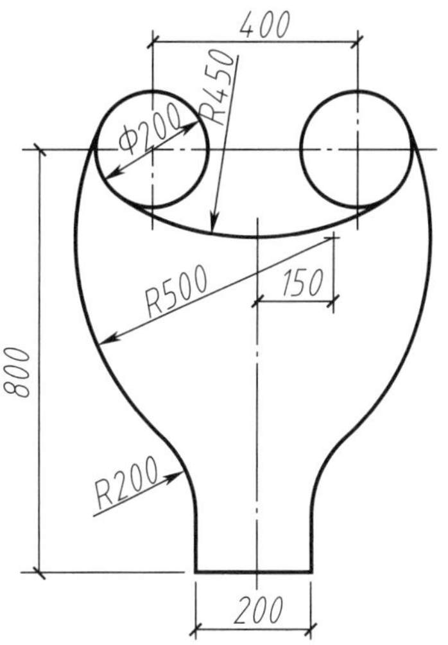

■ 相关知识 ■

任何平面图形总是由若干直线段、圆弧等连接而成的。每条线段又由相应的尺寸来决定其长度和位置。一个平面图形能否正确绘制出来，要看图中所给的尺寸是否齐全和正确。绘制平面图形时应先进行尺寸分析和线段分析，以明确作图步骤。因此，要熟练掌握基本作图方法。

图 2-1 圆和圆弧构成的花池栏杆图案

一、基本作图

（一）等分已知线段

如图 2-2a 所示，已知线段 AB，将其任意等分，以五等分为例。

作法：

（1）过点 A（或点 B）作一直线 AC 与 AB 成一定角度（图 2-2b），用分规从点 A 开始，在 AC 上以适当的任意长度顺次截取 5 个点，分别记为 1、2、3、4、5，如图 2-2c 所示。

（2）连接 B、5 两点，然后依次过 1、2、3、4 作直线 B5 的平行线与 AB 相交，产生的交点即为五等分点，如图 2-2c 所示。

教学课件
任意等分已知线段及作圆的内接正六边形

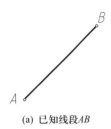

(a) 已知线段 *AB*

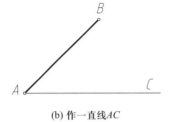

(b) 作一直线 *AC*

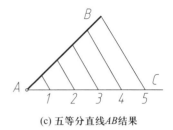

(c) 五等分直线 *AB* 结果

图 2-2　等分已知线段

（二）三角尺、圆规作图

1. 作圆的内接正六边形

（1）利用外接圆作正六边形。分别以水平直径的端点 *A*、*D* 为圆心，以外接圆的半径为半径画弧，交圆周于 *B*、*C*、*E*、*F* 四点，即得圆周六等分点，依次连接 *A*、*B*、*C*、*D*、*E*、*F* 各点，即得正六边形，如图 2-3a、b 所示。

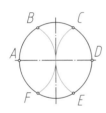

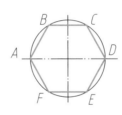

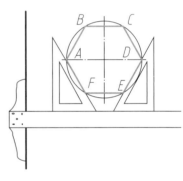

(a) 利用外接圆作正六边形　　(b) 作出的正六边形　　(c) 用三角板、丁字尺作正六边形

图 2-3　圆的内接正六边形的画法

（2）利用外接圆以及三角板、丁字尺配合作图。用 30° 三角板，过 *A*、*D* 两点分别作与水平线成 60° 角的直线 *AB*、*AF*、*DC*、*DE*，交圆周于 *B*、*F*、*C*、*E* 四点，以丁字尺连接 *BC*、*FE* 即得正六边形，如图 2-3c 所示。

2. 作圆的内接正五边形

作图过程如下（图 2-4）：

（1）作 *OP* 中点 *M*。

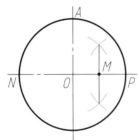

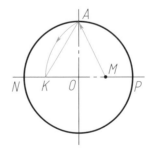

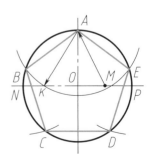

图 2-4　圆内接正五边形的画法

（2）以 *M* 为圆心、*MA* 为半径作弧交 *ON* 于 *K*，*AK* 即为圆内接正五边形的边长。

（3）自点 *A* 起，以 *AK* 为边长五等分圆周得点 *B*、*C*、*D*、*E*，依次连接 *AB*、*BC*、*CD*、*DE*、*EA*，即得圆内接正五边形。

注意：对于任意边数的正多边形，可用目测估计试分法，从其外接圆周上的任一点开始，*n* 等分外接圆圆周，试分完成后，顺次连接各等分点，即得所求的正 *n* 边形。

（三）圆弧连接

使直线与圆弧相切或圆弧与圆弧相切来光滑连接图线称为圆弧连接。用来连接已知直线或已知圆弧的圆弧称为连接弧，切点称为连接点。为了使线段能准确连接，作图时，应先求出连接弧的圆心和切点的位置。下面举例说明作圆的切线和几种圆弧连接的画法及其作图过程。

1. 圆弧连接的作图原理

圆弧与圆弧的光滑连接，关键要正确找出连接圆弧的圆心 *O* 及切点 *K* 的位置。圆弧连接包括圆弧与直线连接（相切）、圆弧与圆弧连接（分外切和内切），如图 2-5 所示。

（1）圆弧与直线连接（相切）　连接圆弧圆心的轨迹是与直线距离为 *R* 的平行线；由圆心 *O* 向直线作垂线，垂足 *K* 即为切点，如图 2-5a 所示。

（2）圆弧与圆弧连接（外切）　连接圆弧圆心的轨迹为一与已知圆弧同心的圆，该圆的半径为两圆弧半径之和（R_1+R）；两圆心连线 OO_1 与已知圆弧的交点 *K* 即为切点，如图 2-5b 所示。

（3）圆弧与圆弧连接（内切）　连接圆弧圆心的轨迹为一与已知圆弧同心的圆，该圆的半径为两圆弧半径之差（R_1-R）；两圆心连线 O_1O 与已知圆弧的交点 *K* 即为切点，如图 2-5c 所示。

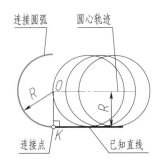

(a) 圆弧与直线光滑连接

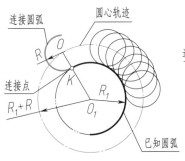

(b) 圆弧与圆弧外切连接

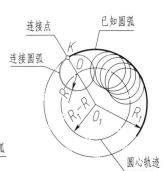

(c) 圆弧与圆弧内切连接

图 2-5　圆弧连接基本作图

2. 过点作圆的切线

如图 2-6a 所示，过已知点 *A* 作已知圆 *O* 的切线。

作图步骤：

（1）如图 2-6b 所示，连接 OA，取 OA 的中点 C。以 C 为圆心，CO 为半径画弧，交圆周于点 B。连接 A 和 B，即为所求。

（2）作图结果。清理图面，加深图线，作图结果如图 2-6c 所示。这里有两个答案，另一答案与 AB 对 OA 对称，作图过程与求作 AB 相同，未画出。

动画扫一扫
作圆的切线

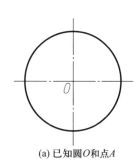
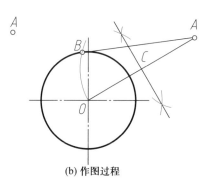
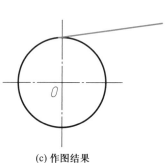

(a) 已知圆 O 和点 A (b) 作图过程   (c) 作图结果

图 2-6　过已知点作圆的切线

教学课件
圆弧连接两斜交直线，连接直线和圆弧

3. 圆弧连接两斜交直线

如图 2-7a 所示，用半径为 R 的圆弧连接两已知直线。

作图步骤：

（1）求连接圆弧的圆心。分别作与已知直线 AB、CD 相距为 R 的平行线，其交点为 O，即为连接圆弧的圆心，如图 2-7b 所示。

（2）求切点。自点 O 分别向直线 AB 及 CD 作垂线，得垂足 K_1 和 K_2，即为切点，如图 2-7c 所示。

（3）画连接圆弧。以 O 为圆心，R 为半径，自点 K_1 至 K_2 画圆弧，即完成作图，如图 2-7d 所示。

微课扫一扫
圆弧连接两斜交直线，连接直线和圆弧

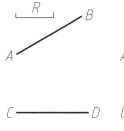

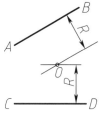
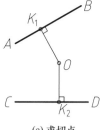
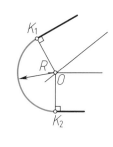

(a) 已知条件　　(b) 求连接圆弧的圆心　　(c) 求切点　　(d) 画连接圆弧

图 2-7　圆弧连接两已知直线

4. 圆弧连接直线和圆弧

如图 2-8a 所示，用半径为 R 的圆弧连接已知直线和半径为 R_1 的圆弧 O_1。

作图步骤：

（1）求连接圆弧的圆心。如图 2-8b 所示，先作距已知直线距离为 R 的平行线，再以 O_1 为圆心，R_1+R 为半径画圆弧，与所作平行线交得连接弧的圆心 O，即为连接圆弧的圆心。

（2）求切点。过 O 向已知直线作垂线，与已知直线交得切点 A，连接 O 与 O_1，与已知圆弧交得切点 B，A、B 即为切点，如图 2-8b 所示。

（3）画连接圆弧。以 O 为圆心，R 为半径，自点 A 向 B 画圆弧，清理图面，加深图线，作图结果如图 2-8c 所示。这里有两个答案，另一答案与 AB 弧对过 O_1 到已知直线的垂线对称，作图过程与求 AB 弧相同，未画出。

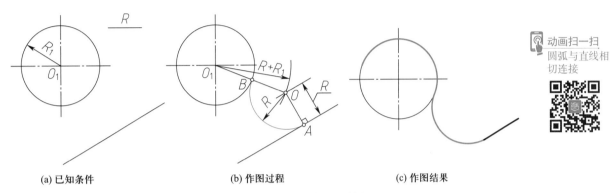

(a) 已知条件　　　　(b) 作图过程　　　　(c) 作图结果

图 2-8　作圆弧与直线相切且与圆弧外切

5. 圆弧连接两圆弧

1）外切连接

如图 2-9a 所示，已知半径为 R_1 和 R_2 的两圆弧，连接圆弧的半径为 R，求作圆弧与两已知圆弧外切连接。

作图步骤：

（1）求连接圆弧的圆心。如图 2-9b 所示，以 O_1 为圆心，$R+R_1$ 为半径作圆弧；再以 O_2 为圆心，$R+R_2$ 为半径作圆弧，两圆弧交于 O，O 即为所求连接圆弧的圆心。

（2）求切点。如图 2-9b 所示，分别连接 O_1O 和 O_2O，分别交两已知圆弧于 A、B 点，A、B 即为所求切点。

（3）画连接圆弧。以 O 为圆心，R 为半径作圆弧 AB，清理图面，加深图线，作图结果如图 2-9c 所示。这里有两个答案，另一答案与圆弧 AB 对直线 O_1O_2 对称，作图过程与求圆弧 AB 相同，未画出。

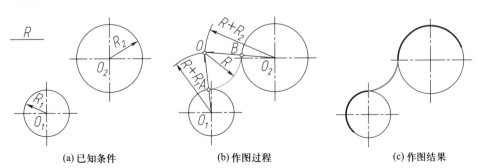

(a) 已知条件　　　　(b) 作图过程　　　　(c) 作图结果

图 2-9　作圆弧与两已知圆弧外切

2）内切连接

如图 2-10a 所示，已知半径为 R_1 和 R_2 的两圆弧，连接圆弧的半径为 R，求作圆弧与两已知圆弧内切连接。

作图步骤：

（1）求连接圆弧的圆心。如图 2-10b 所示，以 O_1 为圆心，$R-R_1$ 为半径作圆弧；再以 O_2 为圆心，$R-R_2$ 为半径作圆弧，两圆弧交于 O，O 即为所求连接圆弧的圆心。

（2）求切点。如图 2-10b 所示，分别连接 O_1O 和 O_2O，并延长分别交两已知圆弧于 A、B 点，A、B 即为所求切点。

（3）画连接圆弧。以 O 为圆心，R 为半径作圆弧 AB，清理图面，加深图线，作图结果如图 2-10c 所示。这里有两个答案，另一答案与圆弧 AB 对直线 O_1O_2 对称，作图过程与求圆弧 AB 相同，未画出。

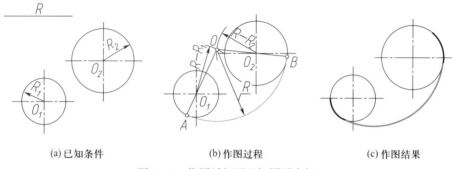

(a) 已知条件　　　　　(b) 作图过程　　　　　(c) 作图结果

图 2-10　作圆弧与两已知圆弧内切

3）内外切连接

用半径为 R 的圆弧内外切连接两已知半径为 R_1 和 R_2 的圆弧，已知条件如图 2-11a 所示。

半径为 R 的连接圆弧与半径为 R_1 的已知圆弧外切，同时与半径为 R_2 的已知圆弧内切。

作图步骤：

（1）求连接圆弧的圆心。以 O_1 为圆心，$R+R_1$ 为半径画弧，再以 O_2 为圆心，$R-R_2$ 为半径画弧，两圆弧交点 O 即为连接圆弧的圆心，如图 2-11b 所示。

（2）求切点。作两圆心连线 O_1O、O_2O，O_1O 与已知圆弧 O_1 相交于点 K_1，O_2O 的延长线与已知圆弧 O_2 相交于点 K_2，K_1、K_2 即为所求切点，如图 2-11b 所示。

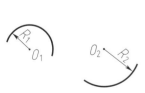
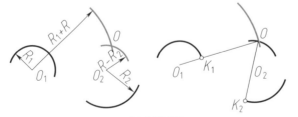

(a) 已知条件　　　　　　　　　　(b) 作图过程　　　　　　　　　　(c) 作图结果

图 2-11　作圆弧与两已知圆弧内外切连接

（3）画连接圆弧。以 O 为圆心，R 为半径，自点 K_1 向 K_2 画圆弧，即完成作图，作图结果如图 2-11c 所示。

（四）椭圆的画法

椭圆是常见的非圆曲线，画椭圆时常用几段圆弧连接而成来代替理论上的椭圆，这样作图简便，形状也与椭圆大致相似。

1. 同心圆法

如图 2-12 所示，已知椭圆长轴 AB 和短轴 CD，求作椭圆。

作图步骤：

（1）以 O 为圆心，分别以 AB、CD 为直径作两个同心圆。过点 O 作若干条射线，其中一条与小圆和大圆顺次相交于点 E_1 和 E_2。

（2）过点 E_1 作长轴的平行线，过点 E_2 作短轴的平行线，则交点 E 就是椭圆上的点。椭圆上其他各点的作法相同。

（3）用曲线板光滑连接各点，即为所求的椭圆。

2. 四心法

如图 2-13 所示，已知椭圆的长轴 AB、短轴 CD，用"四心圆法"作近似椭圆。

教学课件
椭圆的画法

微课扫一扫
椭圆的画法

动画扫一扫
同心圆法作椭圆

动画扫一扫
四心法作椭圆

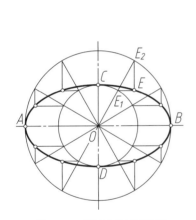

图 2-12　同心圆法画椭圆

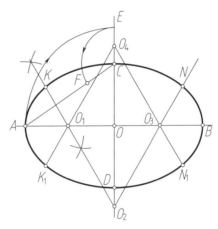

图 2-13　四心法画椭圆

作图步骤：

（1）连 AC，以 O 为圆心，OA 为半径画弧交 OC 延长线于 E，再以 C 为圆心，CE 为半径画弧交 AC 于 F。

（2）作 AF 线段的垂直平分线分别交长、短轴于 O_1、O_2，并作 O_1、O_2 的对称点 O_3、O_4，即求出四段圆弧的圆心。

（3）分别以 O_1、O_2、O_3、O_4 为圆心，以 O_1A、O_2C、O_3B、O_4D 为半径作弧，切于 K、N、N_1、K_1，即得近似椭圆。

二、平面图形的分析与画法

平面图形由若干直线段和曲线段所组成，而线段的形状和大小是根据尺寸确定的。在构成平面图形的线段中，有些线段的尺寸是已知的，可以直接画出，有些线段的尺寸条件不足，需通过几何作图的方法才能画出。因此，画平面图形前，须先进行平面图形的分析，以便快速、准确地绘制图样。现以图 2-14 所示的衣帽钩形状的平面图形为例，说明尺寸与线段的关系。平面图形的分析包括图形的尺寸分析和线段分析。

微课扫一扫
怎样绘制平面图形

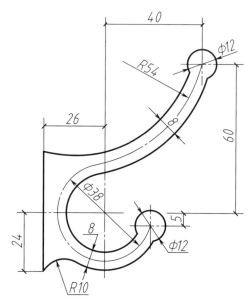

图 2-14　平面图形的尺寸和线段分析

（一）平面图形的尺寸分析

尺寸分析起确定平面图形中每个尺寸的作用，尺寸在平面图形中所起的作用有两种：定形或定位，即确定哪些是定形尺寸，哪些是定位尺寸。

1. 尺寸基准

尺寸基准就是标注尺寸的起点。对平面图形而言有上下和左右两个方向的基准。平面图形中的尺寸多是以基准为出发点的。一般的，平面图形常用下列线作为基准线：对称图形的对称轴，图形中圆或圆弧的中心线，图形的底边、侧边或图形中较长的直线段等。在图 2-14 所示的平面图形中，长度、高度的尺寸基准分别取 $\phi 38$ 圆的竖直中心线和水平中心线。

2. 定形尺寸和定位尺寸

定形尺寸是确定平面图形各组成部分大小的尺寸，如图 2-14 中 $\phi 38$、8、$\phi 12$、$R54$、$R10$ 等。定位尺寸是确定平面图形各组成部分相对位置的尺寸，如图 2-14 中 5、60、40、26、24 等。平面图形中每一条线段必须有定形尺寸，并且至少有一个定位尺寸才能画出。通过定形尺寸确定图形中各部分的大小，定位尺寸确定各部分间的相对位置，进而确定整个图形的形状和大小，绘制出平面图形。

3. 尺寸标注的基本要求

平面图形的尺寸标注要求正确、完整、清晰。正确是指标注尺寸应符合国家标准规定；完整是指标注的尺寸应该没有遗漏的尺寸，也没有矛盾的尺寸，一般情况不注写重复尺寸（包括通过已知尺寸计算或作图后可获得的尺寸在内），必要时，也允许标注重复尺寸；尺寸清晰是指尺寸标注得清楚、明显，并标注在便于看图的位置。

（二）平面图形的线段分析

平面图形中的线段（直线段或圆弧）按所给尺寸是否完整、所给尺寸数字的个数分为三类：

1. 已知线段

根据给出的尺寸可以直接画出的线段称为已知线段，即这个线段的定形尺寸和定位尺寸都完整，如图 2–14 中的 $\phi 38$、ϕ（38+8）、ϕ（38–8）及上面的 $\phi 12$ 等圆弧。

2. 中间线段

有定形尺寸，但定位尺寸不完全，需要借助于与相邻线段相切的关系才能画出的线段称为中间线段，如图 2–14 中下面的 $\phi 12$ 圆弧。

3. 连接线段

有定形尺寸，没有定位尺寸，需借助线段两端相切或相交的关系才能画出的线段称为连接线段，如图 2–14 中的 $R54$、$R10$ 等圆弧。

在平面图形中存在这两类或三类线段的圆弧连接处，绘图时，应先画出已知线段，再画出中间线段，最后画连接线段，即按"已知线段→中间线段→连接线段"的顺序进行。

（三）画平面图形的方法步骤

首先分析平面图形及其尺寸基准和圆弧连接的线段，拟定作图顺序，然后按选定的比例画底稿。画底稿步骤：画出基准线→画出已知线段→画中间线段→画连接线段。

图形画完后，画出尺寸界线，并校核修正底图，擦去多余线段，清理图面；其次，按规定线型加深底图或上墨，写上尺寸，再次校核修正图形图面。至此，便完成了平面图形的绘制。

三、绘图工具及仪器

下面将简要介绍一些常用的绘图工具和仪器的使用方法。常用的绘图工具有图板、丁字尺、三角板、比例尺、铅笔、橡皮等；常用的绘图仪器有圆规、分规、鸭嘴笔等。

教学课件
绘图工具仪器使用

（一）图板

图板是画图时的垫板，如图 2–15 所示。图板通常用木板制成。图板板面应软硬适中、光滑平整、有弹性，图板两端要平整，角边应垂直。图板的大小有 0 号、1 号、2 号等不同规格，可根据所画图幅的大小而选定。

图板不能受潮或暴晒，以防变形。为保持板面平滑，贴图宜用透明胶纸，不宜使用图钉。

（二）丁字尺

丁字尺由相互垂直的尺头和尺身构成，如图 2–15 所示。丁字尺主要用来与图板配合画水平线，并作为三角板的水平基准。使用时应先检查尺头和尺身是否牢固，再检查尺身的工作边和尺头内侧是否平直光滑。

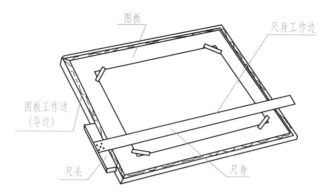

图 2-15　绘图图板和丁字尺

（三）三角板

绘图用的三角板不宜太小，它主要与丁字尺配合，用来画铅垂线和 15°、30°、45°、60°、75° 的斜线，如图 2-16 所示。一副三角板是由 30°-60°-90° 和 45°-45°-90° 两块板组成。它的每一个角都必须十分准确，各边都应平直光滑。

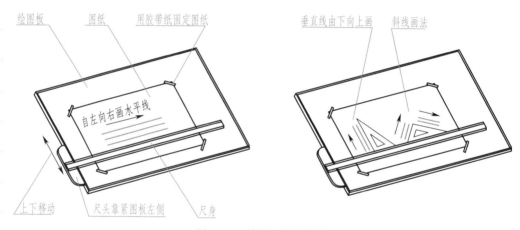

图 2-16　使用三角板画线

使用三角板画铅垂线时，应使丁字尺尺头靠紧图板左边硬木条边，先推丁字尺到线的下方，将三角板放在线的右侧，并使三角板的一直角边靠紧在丁字尺的工作边上，然后移动三角板，直至另一直角边靠贴铅垂线，再用左手轻轻按住丁字尺和三角板，右手持铅笔，自下而上画出铅垂线，如图 2-16 所示。

三角板一般都用有机玻璃制成，需防止暴晒和碰坏。

（四）铅笔

绘图铅笔的铅芯有软、硬之分，分别以标号"B"和"H"来表示。"B"前面的数值愈大，铅芯愈软，画出的图线愈黑；"H"前面的数值愈大，铅芯愈硬，画出的图线愈淡。标号"HB"表示铅芯软硬适中。画图时，一般用 H 铅笔打底稿，用 HB 铅笔写字、画箭头，用 B 铅笔加深图线。画底稿线、细线和写字时，铅笔应削成锥形头部，如图 2-17a 所示。加深粗实线的铅笔可削成楔形头部，如图 2-17b 所示。

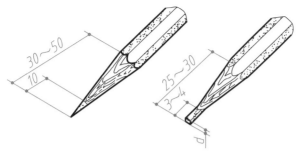

(a) H或HB铅笔的削法　　　　(b) 2B或B铅笔的削法

图 2-17　铅笔的削法

（五）比例尺

比例尺就是刻有不同比例的直尺。比例尺的样式很多，常用的为三棱尺，如图 2-18 所示，它在三个棱面上刻有 6 种比例，其比例有百分比例尺和千分比例尺两种。百分比例尺有 1∶100、1∶200、1∶300、1∶400、1∶500、1∶600 六个比例尺刻度；千分比例尺有 1∶1 000、1∶1 250、1∶1 500、1∶2 000、1∶2 500、1∶5 000 六个比例尺刻度。比例尺上刻度所注单位为米（m）。

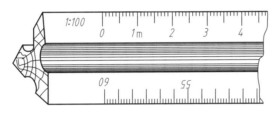

图 2-18　比例尺

下面以尺标 1∶200 为例说明比例尺的用法。如果实物长度为 200 mm，用 1∶20画图。由于尺标 1∶200 与 1∶20 相比是缩小到原来的 1/10，所以量画长度时，应放大 10 倍，即标尺上 2 m（即 2 000 mm）作为 200 mm 使用，如图 2-19a 所示。如果实物长度为 2 mm，用 5∶1 画图。由于尺标 1∶200 与 5∶1 相比是缩小到原来的1/1 000，所以量画长度时，应放大 1 000 倍，即标尺上 2 m（即 2 000 mm）作为 2 mm 使用，如图 2-19b 所示。

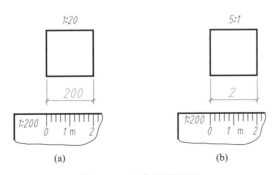

(a)　　　　　　　　　　　　(b)

图 2-19　比例尺的用法

（六）圆规

圆规主要用来画圆或圆弧。成套的圆规有三种插脚及一支延长杆，换上不同的插脚，可做不同的用途，如图 2-20 所示。圆规的插脚有三种：钢针插脚、铅笔插脚和墨水笔插脚。使用圆规时，需调整钢针和铅芯，使两脚并拢时针尖略长于铅芯。圆规铅芯宜磨成楔形，并使斜面向外。

画圆时，先把圆规两脚分开，使铅芯与针尖的距离等于所画圆或圆弧的半径，再用左手食指帮助针尖扎准圆心，从圆的中心线开始，顺时针方向转动圆规，转动时圆规可往前进方向稍微倾斜，整个圆或圆弧应一次画完，如图 2-21 所示。画较大的圆弧时，应使圆规两脚与纸面垂直。画更大的圆弧时要接上延长杆，如图 2-22 所示。

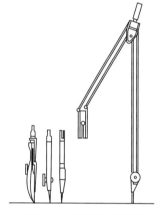

图 2-20　圆规及其插脚

图 2-21　使用圆规画圆

（七）分规

分规是截量长度和等分线段的工具。分规的用途：第一，在比例尺上用分规量取画图尺寸；第二，在直线上截取任一等长线段；第三，等分已知线段或圆弧。使用时应使两针尖接触对齐，如图 2-23 所示。

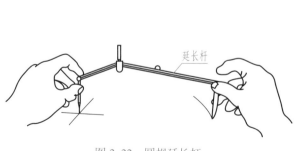

延长杆

图 2-22　圆规延长杆

图 2-23　分规

■ 训练实例 ■

实例　图 2-24 所示为某公园栏杆的图案，试选合适的比例抄绘栏杆平面图形。

【实例分析】

首先，对这个图案的形状进行分析。这个图形是由直线段、圆和圆弧所组成的左右对称的图形，其中图形上部 R450 的圆弧及中部 R500 的圆弧与上部两 $\phi 200$ 的圆相内切，中部 R500 的圆弧与下部 R200 的圆弧相外切，R200 的圆弧与底边两侧的垂线相切，底边与底边两侧的垂线垂直相交。由图形的对称特点，选择其底边及图形的对称轴作为长度和高度方向的尺寸基准。

其次，对图形的各个组成线段进行分析。按照平面图形中三类线段的定义分析

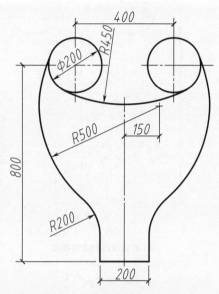

图 2-24　花池栏杆平面图形

可得图中的已知线段有：上部的两个 $\phi 200$ 的圆以及底边是已知线段，底边上两侧的垂线段也可视为已知线段（上端点位置未知，但不影响作图）；中间线段有 R500；连接线段有 R450、R200。

最后，画图。根据上述分析确定作图顺序，按选定的比例绘图。

【作图步骤】

（1）画作图基准线和已知线段，如图 2-25a 所示。先画作图基线，即左右对称线和底边，分别是长度和高度方向的尺寸基准。由尺寸 200 画出底边和底部的左右两条铅垂线。由尺寸 400 和 800 画出顶部两个圆的中心线，用尺寸 $\phi 200$ 作出顶部的两个圆。

（2）画中间线段，如图 2-25b 所示。用尺寸 150、R500 按与 $\phi 200$ 的圆内切的圆弧连接作图方法画出中间线段 R500 的圆弧，同时也准确定出切点。

（3）画连接线段，如图 2-25c 所示。用尺寸 R200 按与 R500 的圆弧外切和与铅垂线相切的圆弧连接的作图方法画出连接线段 R200 的圆弧；用尺寸 R450 按与两个 $\phi 200$ 的圆相内切的圆弧连接的作图方法画出连接线段 R450 的圆弧。在上述作图过程中，也都同时准确定出各切点。

（4）标注尺寸，清理图面，经仔细校核无误后，加深或上墨，如图 2-25d 所示。最后，抄绘全部尺寸，擦去多余的图线、符号及其他内容，校核，修正图稿上的缺点和错误，按规定的线型加深或上墨。

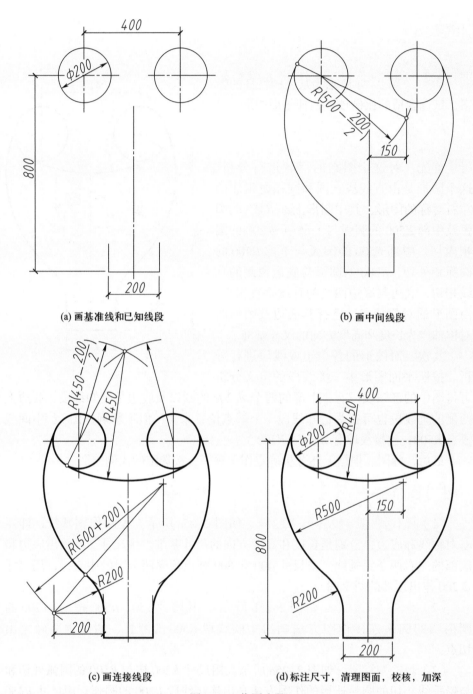

图 2-25　作图步骤

【实例总结】

在此例中，根据图形的尺寸性质将其分解为若干直线和曲线，并确定每条线段的类型，从而确定绘图的步骤和顺序。

■ 课堂训练 ■

训练　量取尺寸并取整，选合适比例，在右侧抄绘图 2-26。

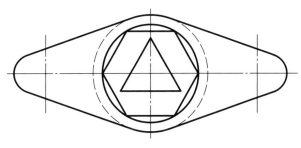

图 2-26　扳手平面图形

■ 学习思考 ■

思考 1　平面图形的分析包括哪两个方面的内容？
思考 2　抄绘平面图形的方法与步骤有哪些？

项目 3　绘图的方法与步骤

📍 项目目标

思政目标：培育学生具备新时代的工匠精神。
知识目标：熟悉建筑工程制图几何作图的方法，了解绘图工具和仪器的使用方法。
能力目标：能够应用绘图方法准确、迅速绘制建筑工程图。
素质目标：培养学生求精益求精、持续专注的优秀品质。

任务　绘图的方法与步骤

■ 任务引入与分析 ■

工程图样通常都是用绘图工具和仪器绘制的，如何正确快速地绘制出图 3-1 所示图样，需要了解和掌握正确的绘图方法，同时掌握好绘图工具和仪器的使用方法。

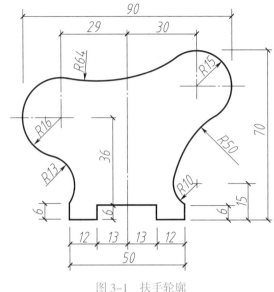

图 3-1　扶手轮廓

■ 相关知识 ■

　　要快速地绘制工程图样，需要学会相应的绘图工具和仪器的使用方法，以下介绍绘图工具和仪器的使用。

一、用绘图工具和仪器绘制图样

教学课件
用绘图工具和仪器绘制图样步骤

1. 绘图前的准备工作

　　准备好画图用的工具、仪器，削好铅笔（注意铅芯削成锥状、铲状两种。削铅笔时，要从无标识符的一端削起），圆规铅芯比铅笔铅芯软一号，将图板、三角板、丁字尺擦拭干净，将双手洗干净。

2. 固定图纸

　　按图样大小选择图纸幅面，正面向上放在图板适当位置，并用丁字尺比一比图纸的水平边是否放正。图纸放正后，用胶带纸将图纸固定在图板上（小幅面图纸固定四个角，较大幅面图纸增加上下左右的中间固定点）。

3. 画底图

　　这是画图的第一步。使用丁字尺和三角板绘图时，光线最好来自左前方。用 2H或 3H 铅笔轻绘底图，底图线不可太粗太深，点画线和虚线能区分开。画底图前，先按图形的大小和复杂程度，确定绘图比例，选定图幅，画出图框和标题栏；根据选定的比例估计图形及注写尺寸所占面积，布置图形的位置，使图形位置匀称、美观，然后开始画图。

　　画图时，先画图形的基线（如对称线、轴线、中心线或主要的轮廓线），以便度量尺寸，如后逐一画出细部，画错的地方及时擦掉。

　　底图画完后，画上尺寸界线、尺寸线，并对所绘底图仔细检查，校对改正画错的图线，补画漏画的图线，擦去多余的图线。确认底图正确无误之后，方能进行下一步加深或上墨的工作。

4. 铅笔加深

铅笔要做到粗细分明，符合国家标准的规定，宽度为 b 和 $0.5b$ 的图线常用 B 或 HB 铅笔加深；宽度为 $0.25b$ 的图线常用削尖的 H 或 2H 铅笔适当用力加深；在加深圆弧时，圆规的铅芯应该比加深直线的铅笔芯软一号。

用铅笔加深时，一般应先加深点画线（中心线、对称线）。为了使同类线型宽度粗细一致，可以按线宽分批加深，先画粗实线，再画中虚线，然后画细实线，最后画点画线、折断线和波浪线。加深同类型图线的顺序是：先画曲线，然后画直线。画同类型的直线时，通常是先从上向下加深所有的水平线，再从左向右加深所有的竖直线，然后加深所有的斜线。

当图形加深完毕后，再加深尺寸线与尺寸界线等，然后画尺寸起止符号，填写尺寸数字和书写图名、比例等文字说明和标题栏。

5. 复校签字

加深完毕后，必须认真复核，如发现错误则应立即改正。最后，由制图者签字。

二、用铅笔绘制徒手图

教学课件
铅笔绘制徒手草图

徒手图也叫草图，是不借助绘图仪器、工具，而是按目测比例、徒手描绘的工程图样，在现场测绘或讨论设计方案，或进行技术交流时常用到草图。所以，工程技术人员应该掌握画徒手图（草图）的技巧。

徒手图达到图线清晰、比例匀称、投影正确、字体工整即可。

（一）直线的画法

画直线时，要求执笔稳而有力，小手指靠着纸面，保证线画得直；眼要注意终点，以控制方向不偏。画较长的直线，笔从起点画线，眼看其终点，分几段画出。画水平线时，自左向右运笔；画铅垂线时，自上而下运笔，如图 3-2a、b 所示。画斜线时，可以转动图纸，使要画的线正好是顺手方向，如图 3-2c 所示。为便于控制图形的大小、比例和视图间的关系，可用方格纸画徒手图。

(a) 画水平线　　　　(b) 画垂直线　　　　(c) 画倾斜线

图 3-2　徒手画直线

（二）圆和椭圆的画法

画圆时，应先确定圆心的位置。过圆心画两条相互垂直的中心线，转动 45°，过圆心再作另外两条相互垂直的中心线，在所作线上目估半径长度画出圆周上的诸点，然后连点成圆。若是较小的圆，四个点即可；较大的圆可八点、十二点，然后连点成圆，如图 3-3 所示。

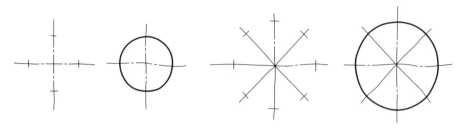

图 3-3　徒手画圆

画椭圆时，先画出椭圆的长、短轴，再画出外切于椭圆长、短轴的矩形；然后连接矩形的对角线，从椭圆顶点出发，在四段半对角线上，按目测 7∶3 的比例作出四个点，最后顺次连接椭圆顶点及四个分点（八个分点）成椭圆，如图 3-4 所示。

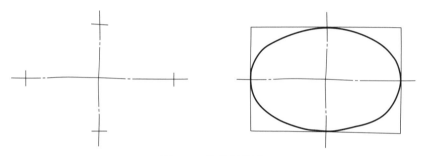

图 3-4　徒手画椭圆

■ 训练实例 ■

实例　如图 3-5 所示，分析平面图形中的线段并完成作图。

【实例分析】

（1）尺寸分析。图 3-5 中的 $R18$、$R50$、$R30$、$\phi 15$、$\phi 30$ 及 80、10 为定形尺寸。50 和 70 为 $R18$ 的定位尺寸。有时一个尺寸既是定形尺寸，也是定位尺寸，如图中 80 是定形尺寸（矩形的长），也是 $R50$ 圆弧水平方向的定位尺寸。

（2）线段分析。图 3-5 中，$\phi 15$、$\phi 30$ 的圆，$R18$ 的圆弧，底部的长为 80、宽为 10 的矩形等为已知线段；$R50$ 的圆弧为中间线段；两段 $R30$ 圆弧为连接线段。

【作图步骤】

（1）画作图基准线。如对称中心线、圆的中心线等。如图 3-6a 中的矩形的下面和右面的边，$R18$ 圆的中心线等。

（2）画已知线段。根据已知的定形尺寸和定位尺寸，画出各已知线段，如图 3-6b 中的 $\phi 15$、$\phi 30$ 的圆及 $R18$ 的圆弧。

（3）画中间线段。按连接关系，依次画出中间线段。如图 3-6c 所示，中间线段 $R50$ 圆弧与 $R18$ 圆弧内切，其圆心位置由 $R(50-18)=R32$ 圆弧和一个定位尺寸 80 来确定。

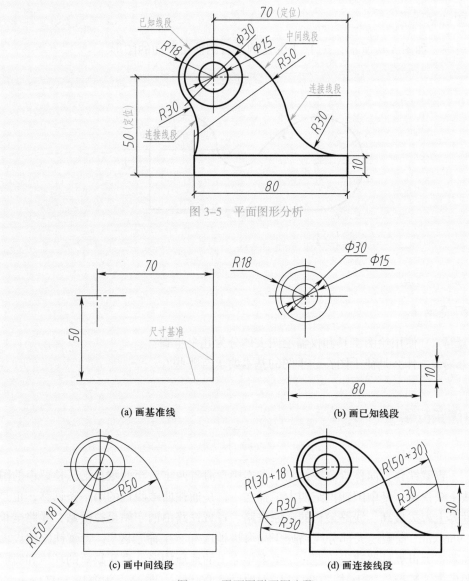

图 3-5　平面图形分析

图 3-6　平面图形画图步骤

（4）画连接线段。按连接关系，依次画出各连接线段。左边的连接线段
R30 的圆弧与 R18 的圆弧外切，其圆心位置由 R（30+18）的圆弧和矩形左上
角点为圆心、R30 的圆弧交点确定。右边的连接线段，R30 的圆弧与中间线段
R50 的圆弧外切，与矩形的上边相切，其圆心位置由 R（50+30）圆弧和距离
矩形上边为 30 的平行线的交点确定，如图 3-6d 所示。

（5）描深。检查无误后，加深图线，如图 3-6d 所示。

【实例总结】

在平面图形作图中，一方面要能熟练掌握使用绘图工具画图的方法，另一方
面要能正确分析图形中的尺寸和线段。

■ 课堂训练 ■

训练　如图 3–7 所示，按 1∶1 的比例在右侧抄绘下面的图形。

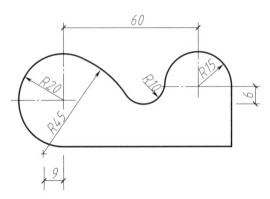

图 3–7　平面图形

■ 学习思考 ■

思考 1　使用绘图工具和仪器绘图大体分为几个步骤？

思考 2　什么是徒手图？徒手图的基本要求有哪些？

建筑故事

青 藏 铁 路

青藏铁路，简称青藏线，是一条连接青海省西宁市至西藏自治区拉萨市的国铁 I 级铁路，是中国新世纪四大工程之一，是通往西藏腹地的第一条铁路，也是世界上海拔最高、线路最长的高原铁路。青藏铁路由西宁站至拉萨站，线路全长 1 956 km。青藏线大部分线路处于高海拔地区和"生命禁区"，青藏铁路建设面临着三大世界铁路建设难题：千里多年冻土的地质构造、高寒缺氧的环境和脆弱的生态。铁路穿越海拔 4 000 m 以上地段达 960 km，最高点为海拔 5 072 m；青藏铁路穿越戈壁荒漠、沼泽湿地和雪山草原，全线总里程达 1 142 km；青藏铁路还是世界上穿越冻土里程最长的高原铁路，冻土里程达 550 km；海拔 5 068 m 的唐古拉山车站，是世界海拔最高的铁路车站；海拔 4 905 m 的风火山隧道，是世界海拔最高的冻土隧道；全长 1 686 m 的昆仑山隧道，是世界最长的高原冻土隧道；海拔 4 704 m 的安多铺架基地，是世界海拔最高的铺架基地；全长 11.7 km 的清水河特大桥，是世界最长的高原冻土铁路桥；青藏铁路冻土地段时速达到 100 km，非冻土地段达到 120 km，是世界高原冻土铁路的最高时速。

国外媒体评价青藏铁路，"是有史以来最困难的铁路工程项目""它将成为世界上最壮观的铁路之一"。

课程思政知识点：培养学生吃苦精神、敬业精神、爱国主义精神，使学生学习青藏铁路建设者的无私奉献和大无畏的牺牲精神。

模块 2

投影基础与技能

项目 4　投影概念及建筑形体的三面投影图

📍 项目目标

思政目标：培养学生崇尚真理的科学精神。

知识目标：了解投影法的基本知识及正投影的原理与特性，理解三面投影
　　　　　图的形成过程及投影图间的对应关系。

能力目标：掌握绘制建筑形体三面投影图的基本方法及技能。

素质目标：培养学生严谨细致的工作作风。

任务　投影法及建筑形体的三面投影图

■ 任务引入与分析 ■

　　图形是表示工程对象结构形状最有效的方法之一。工程
图样采用正投影原理绘制。掌握正投影的特性有助于快速准
确地表达建筑形体的结构形状。那么，如何用图示的方法表
达图 4-1 所示建筑形体的形状构造呢？

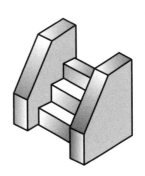

图 4-1　楼梯轴测图

■ 相关知识 ■

在工程实践中，不同行业对图样的内容及要求虽有不同，但主要的工程图样广泛采用正投影原理绘制。本任务主要介绍正投影的投影特性和建筑形体三面投影图的绘制方法。

教学课件
投影的基本知识

微课扫一扫
投影的基本知识

一、投影的基本知识

在日常生活中，物体在光的照射下，在地面或墙壁上出现物体影子的现象，即投影现象。如图 4-2 所示，光源 S 称为投影中心，光线 SA、SB、SC 称为投射线，地面或墙壁称为投影面，得到的影子称为投影。人们对这种现象加以科学地抽象研究，总结出研究空间物体与其投影关系的方法，称投影法。

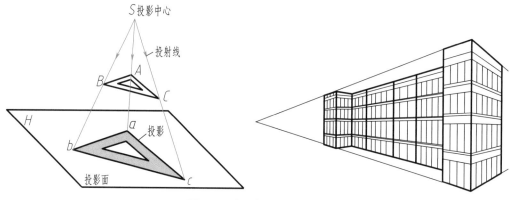

图 4-2 中心投影及其应用

（一）投影法的分类

1. 中心投影法

所有投射线相交于投影中心的投影法，称为中心投影法。

如图 4-2 所示，投射线 SA、SB、SC 相交于投影中心 S，三角形 ABC 的投影 abc 不反映其真实形状大小，且随着三角板与投影中心和投影面的距离的变化而变化。

采用中心投影法绘制的图形复杂，直观性强，具有透视感。常用于影像、美术等方面，建筑上主要用于绘制建筑效果图。

2. 平行投影法

投射线相互平行（即将投影中心移到无穷远处）的投影法，称为平行投影法。平行投影法根据其投射线是否垂直投影面可分为斜投影法和正投影法。

（1）斜投影法。投射线倾斜于投影面的平行投影法。如图 4-3 所示，斜投影法特点：不反映物体的真实形状大小，作图较复杂，直观性强。工程上常用于绘制辅助图样。

（2）正投影法。投射线垂直于投影面的平行投影法，称正投影法。如图 4-4 所示，正投影法绘制的图样不但能够准确反映物体的真实形状和大小，而且度量性好，作图简便，但直观性差。工程中的图样广泛采用正投影法绘制。

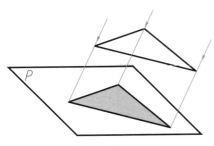

图 4-3　斜投影法

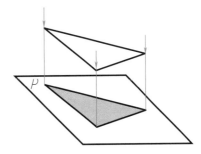

图 4-4　正投影法

（二）正投影的基本性质

1. 真实性

如图 4-5a 所示，当直线 *AB* 或平面 *P* 与投影面平行时，直线的投影 *ab* 反映空间直线的实际长度，平面的投影 *p'* 反映空间平面的实际形状大小。这种特性称为真实性。

2. 积聚性

如图 4-5b 所示，当直线 *AD* 或平面 *Q* 与投影面垂直时，直线的投影 *a*（*d*）积聚为一点，平面的投影 *q'* 积聚为一条直线。这种特性称为积聚性。

3. 类似性

如图 4-5c 所示，当直线 *BC* 或平面 *R* 与投影面倾斜时，直线的投影 *bc* 为小于空间直线实长的直线段，平面的投影 *r'* 为空间平面的类似形（多边形平面的边数及凹凸、平行关系不变）。这种特性称为类似性。

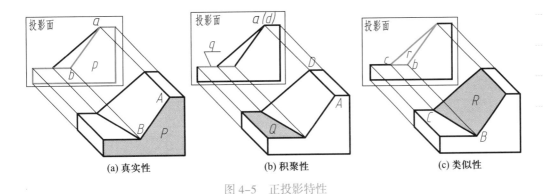

(a) 真实性　　　　　　(b) 积聚性　　　　　　(c) 类似性

图 4-5　正投影特性

二、三面投影图的形成及其对应关系

将物体放置在投影面和观察者之间，以观察者的视线为一组相互平行且与投影面垂直的投射线，用正投影的方法在投影面上得到物体的投影。一般情况下，物体的一个投影或两个投影不能够完整地确定物体的形状结构。如图 4-6 所示，三维立体有三个不同方向的形状需要反映，因此物体的结构一般采用三面投影图来表示。

教学课件
三面投影的形成及对应关系

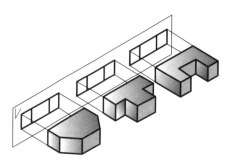

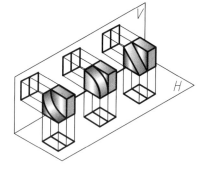

（a）一面投影相同的不同物体图　　　　　　（b）两面投影相同的不同物体

图 4-6　物体的一面和两面正投影

（一）三面投影图的形成

1. 建立三面投影体系

设立三个互相垂直相交的投影面，构成三面投影体系，如图 4-7 所示，三个投影面分别称为正立投影面 V（简称正面）、水平投影面 H（简称水平面）、侧立投影面 W（简称侧面）。

两个投影面的交线 OX、OY、OZ 称为投影轴，三个投影轴互相垂直相交于一点 O，称为原点，如图 4-7 所示。

2. 三面投影图的形成过程

将物体放置在三面投影体系中，使其处于观察者与投影面之间，并使物体的主要表面平行或垂直于投影面，用正投影法分别向 V 面、H 面、W 面投影，即可得到物体的三面投影。如图 4-8 所示，三个投影分别称为：

正面投影　由前向后在 V 面上所得到的投影。
水平投影　由上向下在 H 面上所得到的投影。
侧面投影　由左向右在 W 面上所得到的投影。

图：三面投影图形成

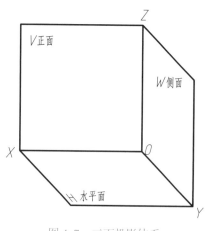

图 4-7　三面投影体系

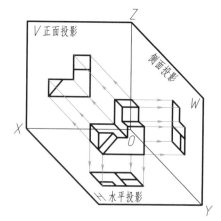

图 4-8　三面投影的形成

3. 三投影面体系的展开

为了绘图方便，需要将处于三个投影面的投影展开到一个平面上。

投影面展开的方法如图 4-9 所示，正面保持不动，水平面绕 *OX* 轴向下旋转 90°，侧面绕 *OZ* 轴向后旋转 90°。投影面展开后 *Y* 轴被分为两部分。在水平面的 *Y* 轴称为 Y_H，侧面的 *Y* 轴称为 Y_W。这样就得到同一个平面上的三面投影图，如图 4-10 所示。

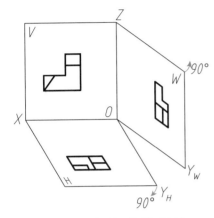

图 4-9   三投影面的展开方法

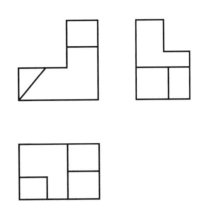

图 4-10   物体的三面投影图

绘制物体三面投影图时，不必画出投影面和投影轴，且可见轮廓线用粗实线表示，不可见轮廓线用细虚线表示，图形的对称中心线或轴线用细点画线表示。粗实线与任何图线重合画粗实线，虚线与细点画线重合画细虚线。

（二）三面投影图间的对应关系

1. 位置关系

三面投影图之间有严格的位置要求。即水平投影在正面投影的正下方，侧面投影在正面投影的正右方。按上述位置配置，不需要标注三个投影的名称，如图 4-10 所示。

2. 投影关系

物体有长、宽、高三个方向的尺寸。左右（*X* 轴方向）方向的尺寸叫长度，上下（*Z* 轴方向）方向的尺寸叫高度，前后（*Y* 轴方向）方向的尺寸叫宽度。从三面投影图的形成过程可以看出：一个投影可以反映物体两个方向的尺寸。正面投影和水平投影都反映物体的长度，正面投影和侧面投影都反映物体的高度，水平投影和侧面投影都反映宽度。因此三面投影图之间存在如下投影关系（图 4-11）：

动画扫一扫
三面视图投影
规律与原理

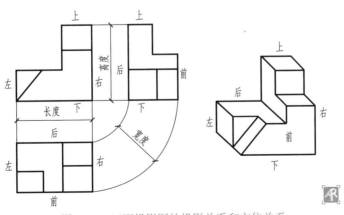

图 4-11   三面投影图的投影关系和方位关系

在正面投影和水平投影中相应投影的长度尺寸相等且对正。

在正面投影和侧面投影中相应投影的高度尺寸相等且平齐。

在水平投影和侧面投影中相应投影的宽度尺寸相等。

一般把三面投影图间的这种尺寸关系简称为长对正、高平齐、宽相等的"三等"关系。无论是整个物体还是物体的局部，三面投影图必须符合"长对正、高平齐、宽相等"的投影规律。一个投影中所反映的某一方向的尺寸必定在反映同方向尺寸的投影中找到对应的部分。利用这种投影关系可以检查三面投影图中是否存在遗漏的轮廓线等错误，也是绘制和识读三面投影图的依据。

3. 方位关系

物体上有上、下、左、右、前、后六个方位。从图4-11可以发现：

正面投影反映物体的左、右、上、下四个方位。

水平投影反映物体的左、右、前、后四个方位。

侧面投影反映物体的前、后、上、下四个方位。

通过上述分析可知，物体的两个投影才能完全反映物体的六个方位关系。绘图和读图时应特别注意水平投影和侧面投影之间的前、后对应关系。

以正面投影为基准，在水平投影和侧面投影上，靠近正面投影的一侧是物体的后面，远离正面投影的一侧是物体的前面。

■ 训练实例 ■

实例　绘制如图4-12所示立体图的三面投影图。

【实例分析】

根据立体图（或轴测图）绘制物体的三面投影图时，应遵循正投影原理及三面投影图的对应关系。

（1）分析物体的形状特征。根据物体的整体结构分析物体的主要形状特征，该楼梯由左右两个五棱柱扶手和中间楼梯踏步组成。

（2）选择投影方向。将物体在三面投影体系中放正，使物体上的大多数面和线与投影面平行

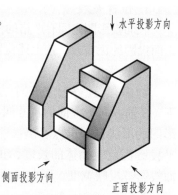

图4-12　投影方向的选择

或垂直。首先选定正面投影的投影方向，正面投影在反映物体的主要形状特征的前提下，应尽量减少各个投影中的虚线。正面投影的投影方向确定后，其他两面投影的投影方向也随之确定。楼梯的主要形状是由五边形的护栏和台阶的踏步形状组成。因此，立体投影方向的选择如图4-12所示，根据物体上的面、线与投影面的位置关系，确定各投影面的图形。

（3）确定图幅和比例。根据物体上的最大长度、宽度、高度的尺寸（从图中量取整数）及物体的复杂程度确定绘图的图幅和比例。

【作图步骤】

（1）布置图面，画作图基准线。一般选择图形的对称线中心线及主要边线，正面投影选最底边和最右边线为基准，水平投影选最后边和最右边线为基准，侧面投影选最底边和最后边线为基准线。三面投影间应具有一定的间距，如图 4-13a 所示。

（2）从反映形状特征的投影画起，三个投影相互配合同步画出。可先画主要形状，后画细节部分，如图 4-13b 所示。

（3）检查修改，擦除多余图线，按规定的线型加深描粗图线，完成作图，如图 4-13c 所示。

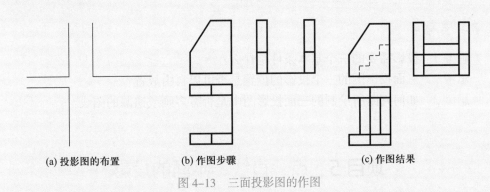

(a) 投影图的布置   (b) 作图步骤   (c) 作图结果

图 4-13 三面投影图的作图

【实例总结】

在绘制物体三面投影图时，先要分析物体的形状特征，选择好投影方向和放置面，然后按从基准线、形状特征图、检查加深的步骤完成绘图。

■ 课堂训练 ■

训练 1 如图 4-14 所示，参考立体图补画三面投影图中遗漏的图线。

训练 2 如图 4-15 所示，参考立体图补全三面投影图。

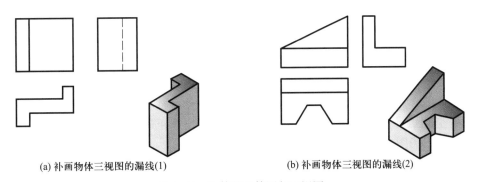

(a) 补画物体三视图的漏线(1)   (b) 补画物体三视图的漏线(2)

图 4-14 物体的立体图与三视图

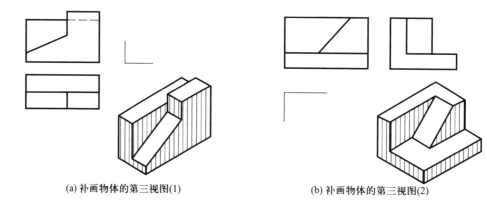

(a) 补画物体的第三视图(1)　　　　　　(b) 补画物体的第三视图(2)

图 4-15　物体的立体图与三视图

■ 学习思考 ■

思考 1　投影需要的三个基本条件是什么？

思考 2　三面投影图的三个投影的位置是否可以自由放置？

思考 3　如何判断所绘制的三面投影图中是否有多画或遗漏的图线？

项目 5　点、直线、平面的投影

📍 项目目标

思政目标：培养学生严谨的科学精神。

知识目标：熟练掌握点、直线、平面的投影规律及空间位置的判断方法。

能力目标：熟练掌握点、直线、平面投影的作图方法。

素质目标：培养学生优秀的科学素养。

任务 5.1　点　的　投　影

■ 任务引入与分析 ■

　　图 5-1 所示是空间点 A 的三面投影图，此投影图的形成原理及投影图的作法是怎样的？通过学习本任务，就可以理解空间点 A 的三面投影图的形成原理，可以快速正确地画出此投影图。

■ 相关知识 ■

　　点、线、面是组成物体的最基本的几何元素。点的投

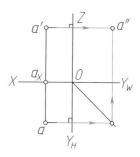

图 5-1　点 A 的三面投影图

影是直线、平面投影的基础。用从点到线、线到面、面到体的方法分析认知形体，逐步培养空间想象能力，进一步掌握绘制和阅读三面投影图的方法。

一、点的投影及其规律

教学课件
点的投影及坐标关系

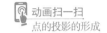
动画扫一扫
点的投影的形成

如图 5-2 所示，将物体上一点 A 放在三面投影体系中，点 A 的三面投影就是过点 A 分别向三个投影面作垂线所得到的垂足。正面投影记作 a'，水平投影记作 a，侧面投影记作 a"。一般情况下空间的点用大写字母表示，投影用小写字母表示，正面投影带 "'"，侧面投影带 """。将三面投影展开即得到点的三面投影图，如图 5-3 所示。

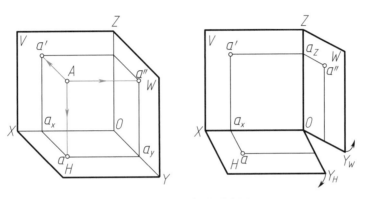

图 5-2 点的三面投影形成原理

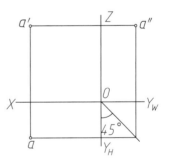

图 5-3 点的三面投影图

点的三个投影之间的关系与物体的三面投影的"三等"关系是一致的，即点的投影规律：

点的正面投影 a' 与水平投影 a 的连线垂直于 X 轴，$aa' \perp OX$。

点的正面投影 a' 与侧面投影 a" 的连线垂直于 Z 轴，$a'a" \perp OZ$。

点的水平投影 a 到 X 轴的距离等于侧面投影 a" 到 Z 轴的距离，$aa_x = a"a_z$。

点的投影规律说明了点的任一投影与另外两个投影之间的关系，是画图和读图的重要依据。为了作图方便，一般在 Y_H 轴和 Y_W 轴间画一条 45° 的斜线。

二、点的投影与直角坐标的关系

三面投影体系相当于以投影面为坐标面，投影轴为坐标轴，O 为坐标原点的直角坐标系。点的空间位置可以用 x、y、z 三个坐标表示，点的一个投影可以反映点的两个方向坐标，三面投影反映空间点的三个方向坐标。因此，三面投影图可以确定点的空间位置。点的一个坐标表示点到某一投影面的距离，如图 5-4 所示。

微课扫一扫
点的投影与坐
标的关系

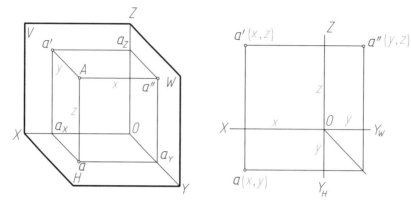

图 5-4　点的投影与坐标的关系

点的 x 坐标表示点到侧面的距离 $x_A=aa_Y=a'a_Z=Aa''$

点的 y 坐标表示点到正面的距离 $y_A=aa_X=Aa'=a''a_Z$

点的 z 坐标表示点到水平面的距离 $z_A=Aa=a'a_X=a''a_Y$

点 A 的正面投影 a' 由 x、z 坐标确定，水平投影 a 由 x、y 坐标确定，侧面投影 a'' 由 y、z 坐标确定。点的任何两个投影都反映了点的三个坐标值。因此，已知点的投影图可以确定点的坐标。反之，已知点的坐标也可以作出点的投影图。

教学课件
两点相对位置
与重影点

三、两点相对位置

空间两点相对位置的比较是以一点为基准点，利用两点的坐标大小来比较两点的左右、上下、前后位置。x 坐标大的在左面，y 坐标大的在前面，z 坐标大的在上面。

在三面投影图上，可根据两点的正面投影（侧面投影）判断上、下关系；正面投影（水平投影）判断左、右关系；水平投影（侧面投影）判断前、后关系。如图 5-5 所示，点 A 在点 B 的左、下、后方。

微课扫一扫
两点相对位置
及重影点

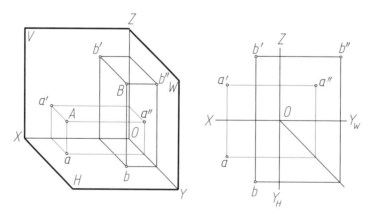

图 5-5　两点相对位置

四、重影点

如果空间两点位于某个投影面的同一投射线上时，两点在该投影面上的投影重合，这两点称为该投影面的重影点。

如图 5-6 所示，A、B 两点在水平面有重影点。A、B 两点的 x、y 坐标相同，z 坐标不同。由于 $z_A > z_B$，因此点 A 在点 B 的正上方。

当两点的投影重合时，需要判断其可见性。可见性的判断是通过比较两点坐标大小来确定的。坐标大者可见，坐标小者不可见，不可见点的投影加括号表示，如图 5-6 中的（b）。

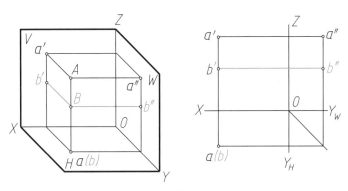

图 5-6 重影点的投影

重影点是针对某一投影面而言的，如果空间两点是某一个投影面的重影点，就不可能在其他投影面上的投影重合。重影点的两个坐标是相同的。

■ 训练实例 ■

实例 已知点 A 到 H 面的距离为 20，到 V 面的距离为 15，到 W 面的距离为 10，点 B 的坐标为（20，10，12）。作 A、B 两点的三面投影图，并判断点 A 相对点 B 的空间位置。

【实例分析】

点 A 到 V、H、W 面的距离分别表示了点 A 的 y、z、x 坐标，即 $x_A=10$、$y_A=15$、$z_A=20$。分别利用 A（10，15，20）、B（20，10，12）的坐标作三面投影图。以点 B 为基准点利用坐标大小判断点 A 与点 B 的左右、前后、上下关系。

【作图步骤】

（1）在 OX 轴上向左量取 10 取得 a_X，如图 5-7a 所示。

（2）过 a_X 作 X 轴垂线，在此垂线上向上量取 20 得 a'，向下量取 15 得 a，如图 5-7b 所示。

（3）由 a'、a 利用点的投影规律求出 a''，如图 5-7c 所示。

（4）同样的方法作出点 B 的三个投影 b'、b、b''，如图 5-7d 所示。

（5）从图 5-7d 可以看出 $x_A < x_B$，所以点 A 在点 B 的右方。$y_A > y_B$，所以点 A 在点 B 的前方。$z_A > z_B$，所以点 A 在点 B 的上方。

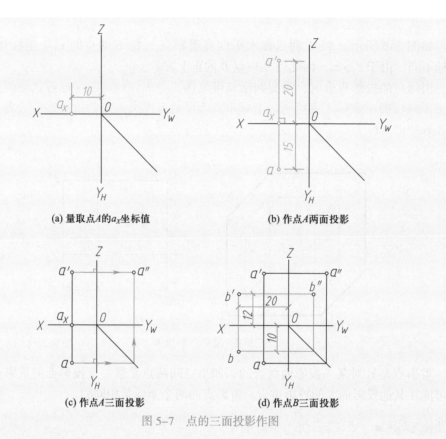

(a) 量取点A的a_x坐标值　　　　　　　　(b) 作点A两面投影

(c) 作点A三面投影　　　　　　　　(d) 作点B三面投影

图5-7　点的三面投影作图

【实例总结】

对于已知点到投影面的距离及点的坐标，求点的三面投影问题时，要将其对应标记到投影坐标系上，然后根据点的投影规律，求点的未知投影。

▪ 课堂训练 ▪

训练1　如图5-8所示，根据立体图在三面投影图中标出A、B、C三点的各面投影。

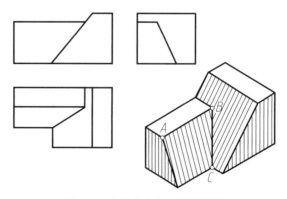

图5-8　立体上点与三面投影图

训练 2　如图 5-9 所示，点 A 在点 B 左 10 mm 处、上 5 mm 处、前 10 mm 处，求作点 B 的三面投影。

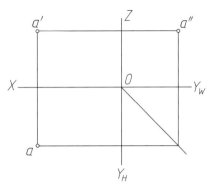

图 5-9　点的三面投影图

思考 1　投影面上点的投影和投影轴上点的投影各有哪些特点？

思考 2　重影点的坐标有什么特点？

任务 5.2　直线的投影

■ 任务引入与分析 ■

图 5-10 所示为直线 AB 的三面投影。如何绘制直线的三面投影？不同位置直线的投影有什么特点？通过学习本任务将能够掌握直线三面投影的绘制，能够了解不同位置直线的投影特点。

■ 相关知识 ■

两点决定一条直线，直线的投影可用直线上两个端点的投影来确定。画直线的投影时，只要作出直线上两个端点的投影，再连接这两点的同面投影，便得到直线的三面投影图。

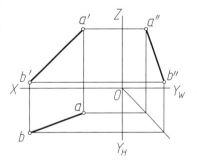

图 5-10　直线的投影

一、特殊位置直线及其投影特性

直线在三面投影体系中的投影取决于直线与三个投影面的相对位置。根据直线与投影面的位置关系，将直线分为三大类：投影面的平行线、投影面的垂直线、一般位置的直线。

投影面的平行线和投影面的垂直线又称为特殊位置的直线。

在三面投影体系中，直线对 H 面、V 面、W 面的夹角分别用 α、β、γ 表示。

（一）投影面平行线

平行于一个投影面，倾斜于另外两个投影面的直线，称为投影面的平行线。

投影面的平行线按其平行的投影面的不同有三种位置，如图 5-11 所示，分别为：

正平线：$AB \parallel V$ 面，倾斜于 H、W 面。

水平线：$AC \parallel H$ 面，倾斜于 V、W 面。

侧平线：$BC \parallel W$ 面，倾斜于 V、H 面。

如图 5-11 所示，直线 AB、AC、BC 分别是正平线、水平线和侧平线。AC 的水平投影 ac 反映实长，正面投影 $a'c'$ 和侧面投影 $a''c''$ 都是缩短的直线。

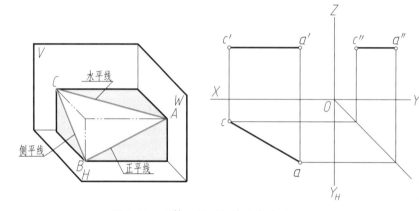

图 5-11 立体上的平行线及直线 AC 的投影图

投影面平行线的图例及投影特点，如表 5-1 所示。

表 5-1 投影面平行线的投影特性

名称	水 平 线	正 平 线	侧 平 线
空间直线			
立体投影图			

续表

名称	水 平 线	正 平 线	侧 平 线
直线投影图	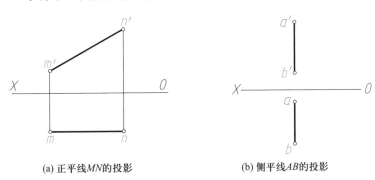		
投影特点	$ab=AB$，反映 β、γ $a'b' \parallel OX$ $a'b' < AB$ $a''b'' \parallel OY_W$ $a''b'' < AB$	$c'd' =CD$，反映 α、γ $cd \parallel OX$ $cd < CD$ $c''d'' \parallel OZ$ $c''d'' < CD$	$e''f'' =EF$，反映 α、β $e'f' \parallel OZ$ $e'f' < EF$ $ef \parallel OY_H$ $ef < EF$

从表 5-1 中可归纳出投影面的平行线的投影特性如下：

（1）直线在所平行的投影面上的投影为倾斜于投影轴的直线，并反映该线段的实长，具有真实性。

（2）直线在其他两投影面的投影为分别平行于相应的投影轴的直线，且小于实长，具有类似性。

投影面的平行线的投影特性可概括为"一斜两平线"。

画图先画出反映实长的一个投影，再画其他两投影。

读图时，利用直线投影特性可判断直线的空间位置。在直线的任意两面投影中，如果一个投影是一倾斜于投影轴的直线而另一个投影为一平行于投影轴的直线时，则该空间直线一定是投影为倾斜线的投影面的平行线（一斜一平线，必是平行线，斜在哪面平哪面）。若投影图中有两面投影分别平行于投影轴，且平行于不同的投影轴时，该直线一定是第三个投影面的平行线。

如图 5-12a 所示，因正面投影 $m'n'$ 倾斜于投影轴，水平投影 mn 平行于 OX 轴，所以 MN 直线为正平线。

如图 5-12b 所示，因为正面投影 $a'b'$ 平行于 OZ 轴，水平投影 ab 平行于 OY_H 轴，$a'b'$ 和 ab 平行于不同投影轴，所以 AB 直线为侧平线。

(a) 正平线 MN 的投影   (b) 侧平线 AB 的投影

图 5-12 投影面平行线的投影

教学课件
特殊位置直线投影（正垂线、铅垂线、侧垂线）

（二）投影面垂直线

垂直于一个投影面的直线，称为投影面的垂直线。直线垂直于一个投影面必定与另外两个投影面平行。

投影面的垂直线按所垂直的投影面的不同有三种位置，如图 5-13 所示，分别为：

正垂线：$AD \perp V$ 面，$AD \parallel H$、W 面。

铅垂线：$AB \perp H$ 面，$AB \parallel V$、W 面。

侧垂线：$AC \perp W$ 面，$AC \parallel V$、H 面。

微课扫一扫
铅垂线

动画扫一扫
铅垂线投影过程

微课扫一扫
正垂线

微课扫一扫
侧垂线

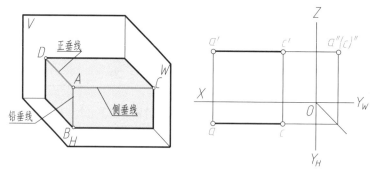

图 5-13 立体上的垂直线

投影面垂直线的图例及投影特点，如表 5-2 所示。

表 5-2 投影面垂直线的投影特性

名称	铅 垂 线	正 垂 线	侧 垂 线
空间直线			
立体投影图			

续表

名称	铅 垂 线	正 垂 线	侧 垂 线
直线投影图	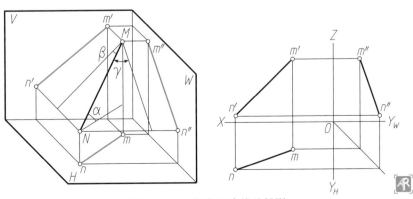		
投影特点	ab 积聚为点 $a'b' \parallel OZ$ $a'b' = AB$ $a''b'' \parallel OZ$ $a''b'' = AB$	$c'd'$ 积聚为点 $cd \parallel OY_H$ $cd = CD$ $c''d'' \parallel OY_W$ $c''d'' = CD$	$e''f''$ 积聚为点 $e'f' \parallel OX$ $e'f' = EF$ $ef \parallel OX$ $ef = EF$

从表 5–2 中可归纳出投影面垂直线的投影特性如下：

（1）直线在所垂直的投影面上的投影积聚为一点，具有积聚性。

（2）直线在另外两个投影面上的投影分别为平行于同一个投影轴的直线，且反映空间直线的实长，具有真实性。

投影面的垂直线的投影特性可概括为"一点两平线"。

画图先画出投影为点的投影，再画其他投影。

读图时，在直线的投影图中，如果有一个投影为点，则该空间直线一定是投影为点的投影面的垂直线。若投影图中任意两面投影分别平行于同一个投影轴，则该直线必是第三个投影面的垂直线。

二、一般位置直线投影

教学课件
一般位置直线及直线上点的投影特性

与三个基本投影面均成倾斜位置的直线，称为一般位置的直线。

如图 5–14 所示，直线 MN 与 V 面、H 面、W 面都倾斜，是一般位置直线。由于 MN 与三个投影面既不平行，也不垂直，因此，在三个投影面的投影既不反映空间直线的实长，也不会积聚成一点。三个投影都是缩短的直线，具有类似性。

动画扫一扫
一般位置直线投影

图 5–14 一般位置直线及投影

一般位置直线的投影特性为：三个投影面的投影都是倾斜于投影轴的缩短直线（三短三斜），三个投影都不能反映空间直线与投影面倾角 α、β、γ 的大小。

读图时，如果直线的投影图中有两面投影为倾斜于投影轴的直线，就可判定为该直线为一般位置直线。

各种位置直线的投影的特点及通过投影判断直线的空间位置的方法可概括为：

一斜（倾斜投影轴）两平（平行不同投影轴）平行线，斜哪面平哪面。

一点两平（平行同一投影轴）垂直线，点在哪面垂哪面。

三短三斜一般线，倾斜三个投影面。

三、直线上的点的投影特性

（一）从属性

如果点在直线上，则点的各面投影必在直线的同面投影上。反之，若点的各个投影都在直线的同面投影上，则点在直线上，如图 5-15 所示。

微课扫一扫
识读一般位置
直线及直线上
点的投影

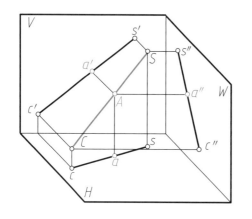
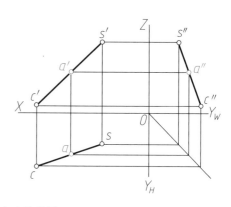

图 5-15　直线上点的投影

根据此定理利用投影图可判断点是否在直线上。

（二）定比性

直线上的点将直线分割成两部分，两部分的线段长度之比等于各个投影上相应部分的线段长度之比。

如图 5-15 所示，直线 SC 上有一点 A，将直线分为 SA、AC 两部分，由于 $Ss \parallel Aa \parallel Cc$，因此 $\dfrac{SA}{AC}=\dfrac{sa}{ac}$。同理，$\dfrac{SA}{AC}=\dfrac{s'a'}{a'c'}=\dfrac{s''a''}{a''c''}$，即 $\dfrac{SA}{AC}=\dfrac{sa}{ac}=\dfrac{s'a'}{a'c'}=\dfrac{s''a''}{a''c''}$。

四、两直线的相对位置

空间两直线的位置关系有平行、相交、交叉三种。平行两直线和相交两直线都可以组成一个平面，而交叉两直线则不能，所以交叉两直线又称为异面两直线。

（一）平行两直线

若空间两直线平行，则各同面投影都平行。反之，若两直线的各同面投影都平行，则空间两直线必相互平行。

如图 5-16 所示，两直线 *AB*、*CD* 平行。空间平面 *ABa'b'* 和 *CDc'd'* 平行，且与 *V* 面垂直相交，因此空间平面与 *V* 面的交线 *a'b'* ∥ *c'd'*。同理，水平投影 *ab* ∥ *cd*，侧面投影也相互平行。

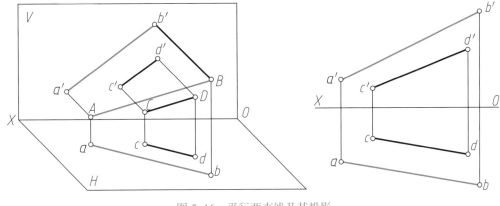

图 5-16　平行两直线及其投影

利用投影图判断两直线是否平行，对于一般位置的两直线，如果两直线任意两面投影分别平行，即可判定两直线平行。

（二）相交两直线

若两直线相交，则各同面投影必相交，且交点符合点的投影规律。反之，若两直线的各同面投影都相交，且交点符合点的投影规律，则空间两直线必为相交两直线。

如图 5-17 所示，直线 *AB*、*CD* 相交于点 *M*。水平投影 *ab* 与 *cd* 相交于 *m*，正面投影 *a'b'* 与 *c'd'* 相交于 *m'*，且 *mm'* 垂直于 *OX* 轴。

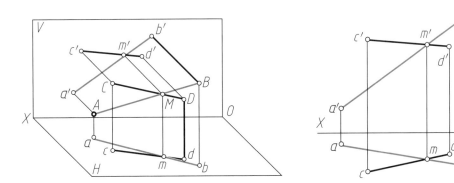

图 5-17　相交两直线及其投影

利用投影图判断两直线是否相交，对于一般位置的两直线，如果两直线任意两面投影分别相交，且交点符合点的投影规律，即可判定两直线相交。而对于投影面平行线，若用两个投影判定两直线是否相交，至少有一个投影是平行投影面上的投影，且两直线在该投影面上的投影相交，交点符合点的投影规律，才能确定空间两直线是相交两直线。

（三）交叉两直线

既不平行也不相交的两条直线称为交叉两直线。**交叉两直线的投影有两种情况：**

（1）交叉两直线的各同面投影可能都相交，但"交点"不符合点的投影规律。同面投影的交点不是空间两直线真正的交点，而是重影点。

教学课件
两直线的相对位置—交叉

如图 5-18 所示，*AB*、*CD* 是交叉两直线，水平投影 *ab* 和 *cd* 的交点 *1*（*2*）是空间 I、II 点的重影点，正面投影 *a'b'* 和 *c'd'* 的交点 *3'*（*4'*）是III、IV点的重影点，不是空间两直线的交点。

微课扫一扫
交叉直线

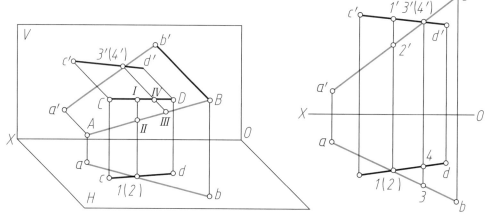

图 5-18   交叉两直线及其投影

（2）交叉两直线的同面投影可能平行，但不会各同面投影都平行。如图 5-19 所示，*AB*、*CD* 是交叉两直线，直线 *AB*、*CD* 都是正平线，两直线正面投影相交，但水平投影平行。正面投影的交点 *1'*（*2'*）是重影点。

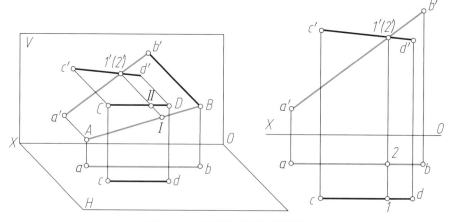

图 5-19   交叉两直线及其投影

■ 训练实例 ■

实例　如图 5-20 所示，参照立体图，作正三棱锥的侧面投影，并判断各棱线的空间位置。

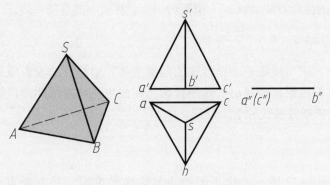

图 5-20　三棱锥实体图及其投影

【实例分析】

首先利用宽相等和点的投影规律作出 s''，连接 $s''a$、$s''b$、$s''c$ 即可完成正三棱锥的侧面投影。然后根据各直线投影特点判断其空间位置。

【作图步骤】

（1）在 $a''b''$ 上量取 $b''1''=bs$，过 $1''$ 作 $a''b''$ 的垂线，通过 s' 作点 S 的侧面投影 s''，如图 5-21a 所示。

（2）连接 $s''a$、$s''b$，擦除辅助线，描涂即可得到三棱锥的侧面投影，如图 5-21b 所示。

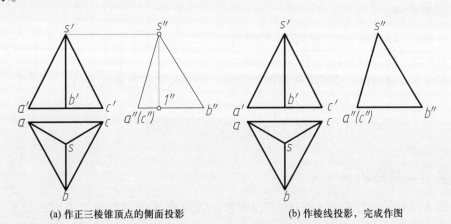

(a) 作正三棱锥顶点的侧面投影　　　　(b) 作棱线投影，完成作图

图 5-21　作正三棱锥的侧面投影

（3）各棱线的空间位置分析。由于 sa、$s'a'$、$s''a''$ 都倾斜于投影轴，所以 SA 是一般位置直线。同理，SC 也是一般位置直线。

由于 $s''b''$ 倾斜于投影轴，而 sb、$s'b'$ 平行于不同投影轴。因此，SB 是侧平线。

由于 ab 倾斜于投影轴，而 $a''b''$、$a'b'$ 平行于不同投影轴。因此，AB 是水平线。同理，BC 也是水平线。

由于 AC 的侧面投影 $a''(c'')$ 积聚为一点，因此 AC 是侧垂线。

【实例总结】

在此例中，正三棱锥是一个特殊的四面形体。根据点的投影原理，先作出三棱锥顶点的侧面投影，连接出棱线的投影，完成正三棱锥的侧面投影。再根据棱线的投影特点判断各棱线的空间位置。

■ 课堂训练 ■

训练　如图 5-22 所示，作正平线 MN 的水平投影，并判断点 A 是否在直线 MN 上。

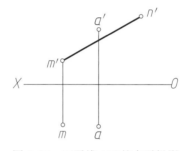

图 5-22　正平线 MN 的水平投影

■ 学习思考 ■

思考 1　投影面平行线有哪些投影特性？
思考 2　投影面垂直线有哪些投影特性？
思考 3　哪些位置直线的投影能够反映空间直线与投影面的夹角？

任务 5.3　平面的投影

■ 任务引入与分析 ■

图 5-23 所示为平面 ABC 的三面投影，怎样作平面的投影？平面的投影有哪些特点？通过本任务的学习将能正确地作出平面的投影，能准确地理解平面的投影特点。

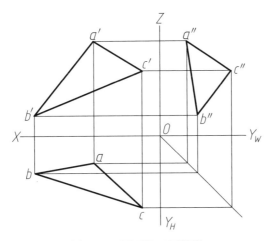

图 5-23　平面的三面投影

■ 相关知识 ■

由初等几何学可知，平面是没有形状、没有大小的。那么，在投影图中平面是如何表示的，平面的投影有哪些特点？本内容将学习有关平面的投影知识。

一、平面的表示法

用几何元素表示平面，平面可用图 5-24 中所示的任何一种形式的几何元素表示，也可用图 5-25 所示的迹线表示。

教学课件
平面的表示法及分类

微课扫一扫
平面的表示法及分类

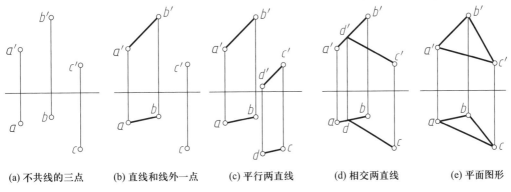

| (a) 不共线的三点 | (b) 直线和线外一点 | (c) 平行两直线 | (d) 相交两直线 | (e) 平面图形 |

图 5-24　平面的表示法

三角形、四边形、多边形、圆、椭圆等都可以表示平面。平面图形具有一定的形状、大小、位置。因此常用的是如图 5-24e 所示的用平面图形的投影表示平面。

空间平面与投影面的交线叫迹线。如图 5-25 所示，平面 P 与正面的交线 P_V 叫做正面迹线；与水平面的交线 P_H 叫做水平迹线；与侧面的交线 P_W 叫做侧面迹线。

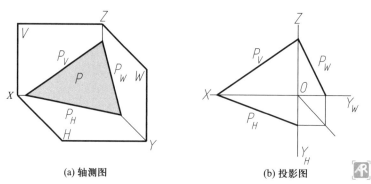

(a) 轴测图　　　　　　　　(b) 投影图

图 5-25　用迹线表示平面

二、各种位置的平面及其投影特性

根据平面与投影面位置的不同，平面可分下列三类：

投影面平行面——平行于一个投影面的平面。平行于一个投影面，必垂直于另两个投影面。

投影面垂直面——垂直于一个投影面，且倾斜于另两个投影面的平面。

一般位置的平面——倾斜于三个投影面的平面。

投影面平行面和投影面的垂直面又称为特殊位置的平面。

（一）投影面平行面

投影面的平行面根据所平行的投影面的不同可分为下列三种：

水平面：平行于 H 面，垂直于 V 面、W 面。

正平面：平行于 V 面，垂直于 H 面、W 面。

侧平面：平行于 W 面，垂直于 V 面、H 面。

如图 5-26 所示，平面 A、B、C 分别为水平面、正平面、侧平面。正平面 B 的正面投影 b' 反映平面 B 的实形，水平投影 b 和侧面投影 b'' 都积聚为直线。

投影面平行面的图例及投影特点如表 5-3 所示。

微课扫一扫
水平面

微课扫一扫
正平面

教学课件
投影面平行面
（水平面、正平面、侧平面）

微课扫一扫
侧平面

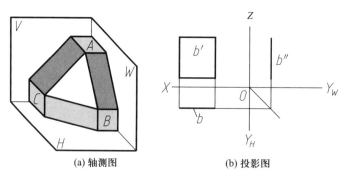

(a) 轴测图　　　　　　(b) 投影图

图 5-26　投影面的平行面及正平面 B 的投影

表 5-3 投影面平行面的投影特性

名称	正 平 面	水 平 面	侧 平 面
空间平面	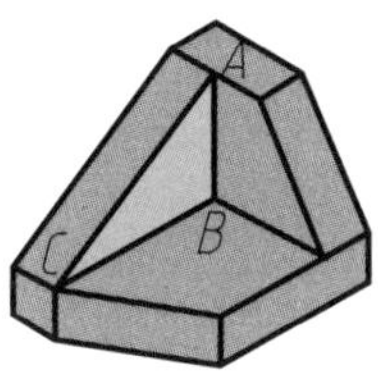	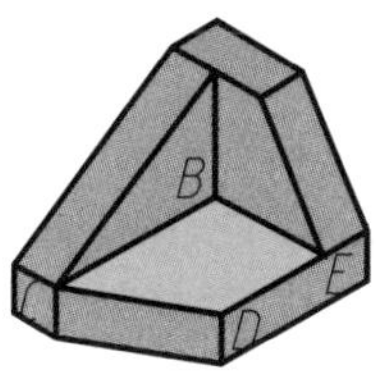	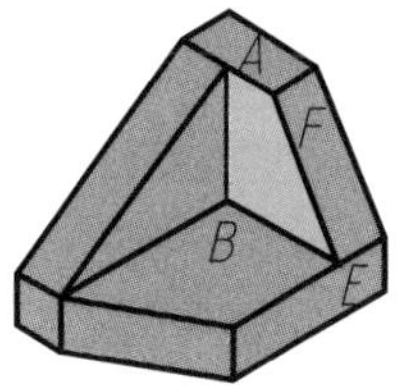
立体投影图	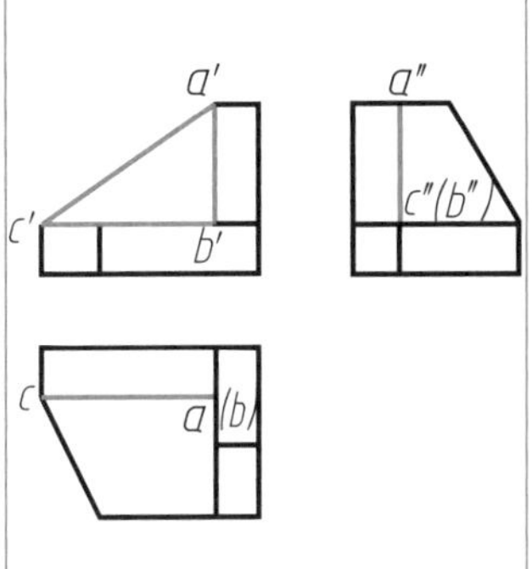	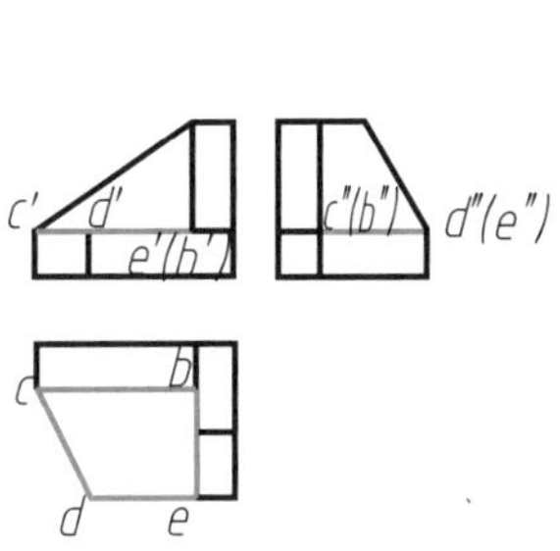	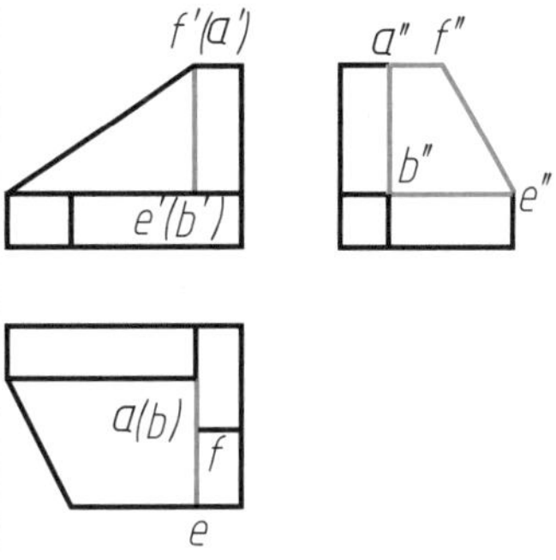
平面投影图	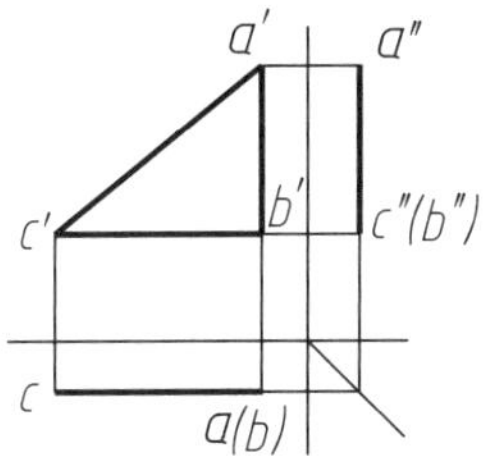	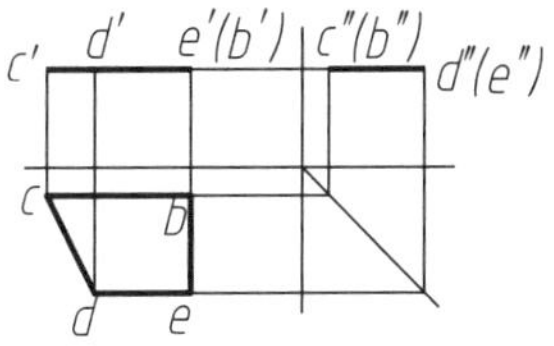	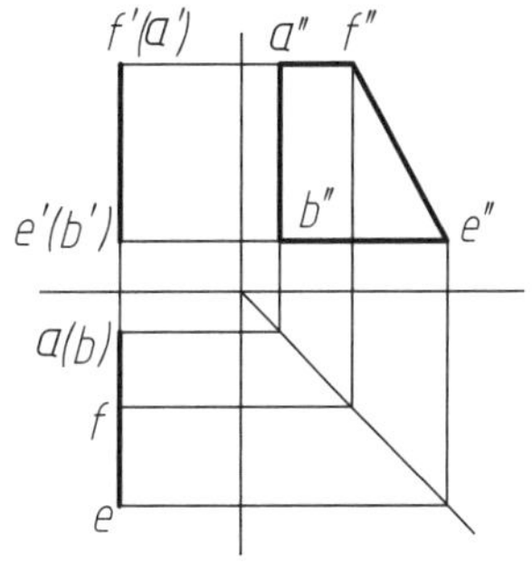
投影特性	$a'b'c'$ 反映实形。 abc 和 $a''b''c''$ 积聚为直线	$bcde$ 反映实形。 $b'c'd'e'$ 和 $b''c''d''e''$ 积聚为直线	$a''b''e''f''$ 反映实形。 $a'b'e'f'$ 和 $abef$ 积聚为直线

由表 5-3 可以归纳出投影面平行面的投影特性：

（1）平面在所平行的投影面上的投影，反映平面的实形，具有真实性。

（2）平面在另外两个投影面上的投影均为平行于相应投影轴的直线，具有积聚性。

投影面平行面的投影特性可概括为：一框（线框）两平线（平行于投影轴的直线）。

对于投影面平行面，画图时，一般先画出反映实形的投影后，再画其他两个投影面的投影。

读图时，如果平面的任何两个投影都是平行于投影轴的直线，则该平面是第三

微课扫一扫
正垂面

教学课件
投影面垂直面
（铅垂面、正垂面、侧垂面）

个投影面的平行面。若一个投影是平面图形，而另外任一投影是平行于投影轴的直线，则该平面是投影为平面图形所在投影面的平行面。

（二）投影面垂直面

投影面垂直面根据所垂直的投影面的不同可分为下列三种：

铅垂面：垂直于 H 面，倾斜于 V 面、W 面。

正垂面：垂直于 V 面，倾斜于 H 面、W 面。

侧垂面：垂直于 W 面，倾斜于 V 面、H 面。

如图 5-27 所示，平面 P、Q、R 分别为铅垂面、正垂面、侧垂面。铅垂面 P 的水平投影 p 积聚为一直线，正面投影 p' 和侧面投影 p'' 为平面 P 的类似形。

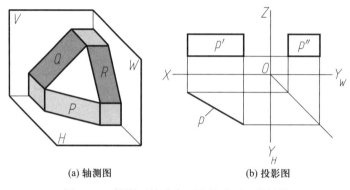

(a) 轴测图   (b) 投影图

图 5-27   投影面的垂直面及铅垂面 P 的投影

投影面垂直面的图例及投影特点如表 5-4 所示。

表 5-4   投影面垂直面的投影特性

名称	铅 垂 面	正 垂 面	侧 垂 面
空间平面			
立体投影图			

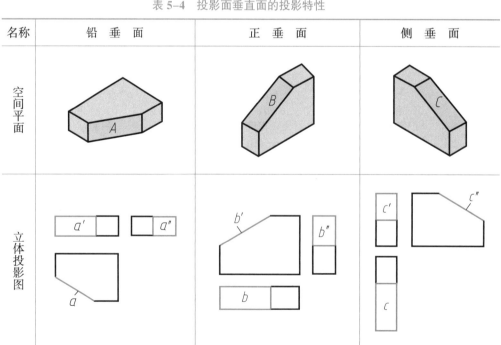

续表

名称	铅 垂 面	正 垂 面	侧 垂 面
平面投影图	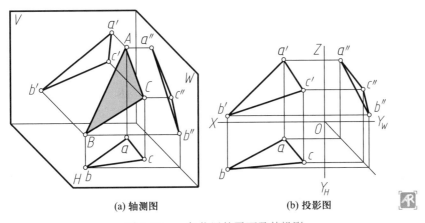		
投影特性	a 积聚为直线，反映 β 和 γ 角。a' 和 a'' 都是类似形	b' 积聚为直线，反映 α 和 γ 角。b 和 b'' 都是类似形	c'' 积聚为直线，反映 α 和 β 角。c 和 c' 都是类似形

从表 5–4 可归纳出投影面垂直面的投影特性：

（1）平面在所垂直的投影面上，投影为倾斜于投影轴的直线，有积聚性；直线与投影轴的夹角反映该平面与另外两投影面的倾角真实大小。

（2）平面在另外两个投影面上的投影不反映实形，均为缩小的类似形，具有类似性。

投影面垂直面的投影特性可概括为：两框一斜线。

对于投影面垂直面，画图时，一般先画出积聚性投影斜线，再画其他投影。读图时，如果三个投影中有一个投影是倾斜于投影轴的斜线，则该平面为斜线所在投影面的垂直面。

（三）一般位置的平面

倾斜于三个投影面的平面称为一般位置平面，与三个投影面既不垂直也不平行。

如图 5–28 所示，平面 ABC 与三个投影面既不平行也不垂直，因此，它的各面投影既不反映实形，也不会积聚成直线，均为原平面缩小的类似形，具有类似性。

（a）轴测图　　　　　　　　（b）投影图

图 5–28　一般位置的平面及其投影

一般位置平面的投影特性：三个投影都是缩小的类似形，具有类似性。可概括为：三框三小。

通过对各种位置平面投影的分析，可将平面的投影特点及空间位置的判断方法概括为：

一框两线平行面，框在哪面平哪面。

一线两框垂直面，线在哪面垂哪面。

三框三小一般面，平面倾斜三个面。

三、平面上的点和直线

（一）平面上的点

点在平面上的几何条件是：点在平面内的一直线上，则该点必在平面上。因此在平面上取点，必须先在平面上取一直线，然后再在该直线上取点。这是在平面的投影图上确定点所在位置的依据。

如图 5-29 所示，AK 是平面 ABC 上的直线，点 S 在直线 AK 上，因此点 S 在平面 ABC 上。

动画扫一扫
判断点 D 是否
在面 ABC 内

动画扫一扫
按已知条件在
平面内取点

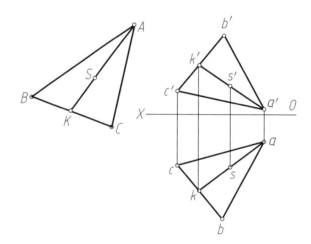

图 5-29　平面上的点及其投影

（二）平面上的直线

直线在平面上的几何条件是：

（1）若直线通过平面上的两个点，则此直线必定在该平面上。

如图 5-30a 所示，K、S 两点分别位于平面 ABC 的 AB、BC 直线上，直线 KS 在平面 ABC 上。

（2）若直线通过平面上的一点并平行于平面上的另一直线，则此直线必定在该平面上。

如图 5-30b 所示，点 E 在平面 ABC 的 AC 直线上，且 $EF // BC$。平面 $BCEF$ 与 ABC 是同一平面，所以 EF 在平面 ABC 上。

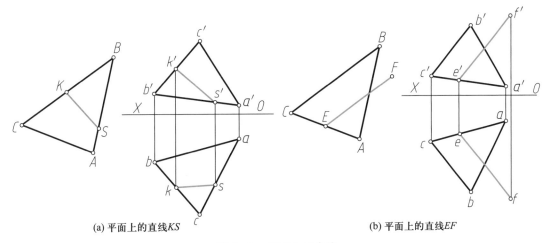

(a) 平面上的直线 KS   (b) 平面上的直线 EF

图 5-30   平面上的直线

■ 训练实例 ■

实例 1   如图 5-31a 所示，在三角形 ABC 上作水平线 BE 的投影，并判断点 D 是否在平面 ABC 上。

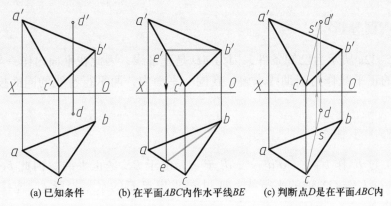

(a) 已知条件   (b) 在平面 ABC 内作水平线 BE   (c) 判断点 D 是在平面 ABC 内

图 5-31   在平面内作水平线并判断点是否在平面内

【实例分析】

图 5-31a 所示为已知条件，利用水平线的正面投影平行 OX 轴的特点，作出水平线 BE 的正面投影与 a'c' 的交点 e'。由于 B、E 两点都在平面 ABC 上，因此水平线 BE 在平面 ABC 上。

假设点 D 在平面 ABC 上，利用点 D 的水平投影作点 D 正面投影 d'。根据作出的投影是否与原投影重合来判断点 D 是否在平面 ABC 上。若重合则点 D 在平面 ABC 上。

【作图步骤】

（1）过 b' 作 OX 轴的平行线交 a'c' 于 e'，得到 b'e'。

（2）过 e′ 在 ac 上作出 e，连接 be，如图 5-31b 所示。

（3）连接 dc 交 ab 于 s，作出 s′，如图 5-31c 所示。

（4）连接 c′s′ 并延长。因为 c′s′ 延长线通过 d′，因此点 D 在平面 ABC 内，如图 5-31c 所示。

实例 2 　如图 5-32 所示，已知平面 ABCD 的 AD 边为正平线，完成四边形 ABCD 的水平投影。

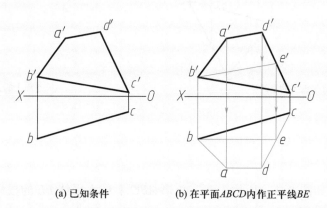

(a) 已知条件　　　　(b) 在平面 ABCD 内作正平线 BE

图 5-32 　完成四边形 ABCD 的水平投影

【实例分析】

图 5-32a 所示为已知条件，因为 AD 是正平线，因此在平面内作一与 AD 直线平行的正平线作为辅助线求解。在同一平面内，两平行直线的同面投影互相平行。

【作图步骤】

（1）过 b′ 作 b′e′ ∥ a′d′ 交 c′d′ 于 e′，由于 BE 是正平线，因此 be 平行于 OX 轴。过 b 作 OX 轴的平行线，通过 e′ 求出点 E 的水平投影 e，连接 ce，如图 5-32b 所示。

（2）通过 d′ 在 ce 延长线上作出 d，如图 5-32b 所示。

（3）过 d 作 be 的平行线，通过 a′ 在 be 的平行线上作出 a，连接 ab，即得到四边形 ABCD 的水平投影 abcd，如图 5-32b 所示。

■ 课堂训练 ■

训练 1 　如图 5-33 所示，参照立体图在图 5-33a 所示的三面投影图上和图 5-33b 所示的轴测图上分别标出平面 P、Q、R、S 的投影，并判断各平面的空间位置。

训练 2 　如图 5-34 所示，已知 AC 是正平线，完成平面 ABC 的水平投影，并作平面内点 D 的水平投影。

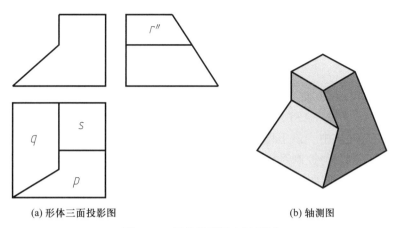

(a) 形体三面投影图　　　　　　(b) 轴测图

图 5-33　形体投影图和轴测图

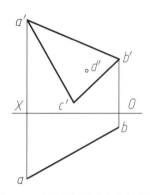

图 5-34　平面及平面内点的投影

■ 学习思考 ■

思考 1　在投影图中，如果点或直线在表示平面的平面图形范围内，则点或直线在平面上；若点或直线不在表示平面的平面图形范围内，则点或直线不在平面上。这种说法对吗？

思考 2　如图 5-35 所示，参照轴测图，分析并指出下列两形体的表面各有哪几个平行面，哪几个垂直面，哪几个一般位置平面。

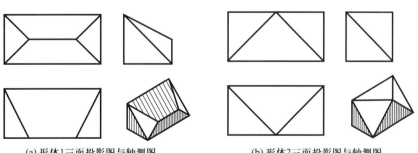

(a) 形体1三面投影图与轴测图　　　　　　(b) 形体2三面投影图与轴测图

图 5-35　两形体三面投影图与轴测图

■ 建筑故事

中　国　天　眼

　　500 m 口径球面射电望远镜（Five-hundred-meter Aperture Spherical Radio Telescope），简称 FAST，位于贵州省黔南布依族苗族自治州平塘县克度镇大窝凼的喀斯特洼坑中，该工程为国家重大科技基础设施，由主动反射面系统、馈源支撑系统、测量与控制系统、接收机与终端及观测基地等几大部分构成。

　　500 m 口径球面射电望远镜被誉为"中国天眼"，由中国天文学家南仁东先生于 1994 年提出构想，历时 22 年建成，于 2016 年 9 月 25 日落成启用。它是由中国科学院国家天文台主导建设，具有我国自主知识产权、世界最大单口径、最灵敏的射电望远镜。综合性能是著名的射电望远镜阿雷西博的十倍。2020 年 1 月 11 日，500 m 口径球面射电望远镜通过国家验收，投入正式运行。截至 2021 年 3 月 29 日，500 m 口径球面射电望远镜已发现 300 余颗脉冲星。

　　课程思政知识点：培养学生工匠精神、科技创新意识、爱国精神和民族自豪感，让学生认识到 FAST 是具有中国独立自主知识产权的，是世界上目前口径最大、最精密的单天线射电望远镜，其设计综合体现了我国的高技术创新能力。它将在基础研究、日地环境研究、国防建设和国家安全等方面发挥不可替代的作用，将推动我国高科技领域的发展，提高我国科学技术的原始创新能力、集成创新能力和再创新能力。

模块 3

立体的投影与表面交线

项目 6　平面立体的投影与表面交线

📍 项目目标

思政目标：培养学生良好的敬业精神。

知识目标：掌握平面立体的投影及平面立体表面上点的投影。

能力目标：掌握平面立体截交线的投影作图。

素质目标：培养学生一丝不苟的工作态度。

任务 6.1　平面立体的投影及平面立体表面上点的投影

■ 任务引入与分析 ■

建筑形体上最常用的平面立体是棱柱、棱锥。房屋模型由棱柱、棱锥组成，如图 6-1a 所示，如何绘制组成建筑形体的棱柱、棱锥平面立体的三面投影？

要掌握图 6-1a 所示的房屋模型三面投影图的绘制，需要学习棱柱、棱锥的三面投影。本任务以图 6-1b 所示的三棱柱、三棱锥为例学习平面立体的三面投影，以及它们的表面、棱线在三面投影中的投影特点。为了绘制更复杂的建筑形体，需要求解它们表面上点 A、点 B 的投影，下面就相关知识进行具体学习。

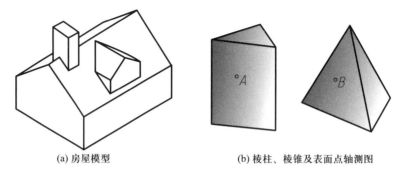

(a) 房屋模型   (b) 棱柱、棱锥及表面点轴测图

图 6-1 房屋模型及棱柱、棱锥平面立体

■ **相关知识** ■

任何复杂的建筑形体都可以看成由若干个基本几何体（简称基本体）组合而成的。按照基本体构成表面的性质的不同可将其分为两大类：平面立体和曲面立体。平面立体是由若干个平面所围成的立体，每个表面都是平面，如棱柱、棱锥。曲面立体是至少有一个表面是曲面的立体，常见的曲面立体是圆柱、圆锥、球等。

一、棱柱

教学课件
棱柱及表面点
的投影

棱柱由两个相互平行的底面和若干个侧面（也称棱面）组成，相邻两棱面的交线称为侧棱线，简称棱线，棱柱的棱线相互平行。下面以三棱柱为例进行具体分析。

1. 三棱柱投影分析

如图 6-2 所示，在三面投影体系中，选择三棱柱的顶面和底面平行于水平面（ H 面）进行放置。

微课扫一扫
棱柱及表面点
的投影

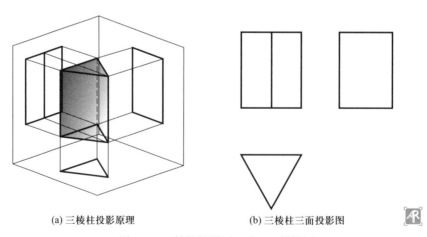

(a) 三棱柱投影原理   (b) 三棱柱三面投影图

图 6-2 三棱柱投影原理及三面投影图

在水平投影中，三棱柱的投影为三角形，此三角形是三棱柱顶面和底面的投影，顶面可见，底面不可见，它们的投影重合为一个三角形。组成三角形的三条边是三

棱柱三个侧面的积聚性投影，三条侧棱分别积聚成三角形的三个顶点。

在正面投影中，三棱柱的投影是两个矩形线框，分别是三棱柱左前和右前两个侧棱面的投影，两个矩形之和的大矩形是三棱柱后棱面的投影。三条处于铅垂位置的直线分别是三棱柱的三条侧棱，上、下两条直线则是顶面和底面的积聚性投影。

在侧面投影中，三棱柱的投影是一个矩形，它是三棱柱左前和右前侧棱面的投影，左前侧棱面可见，右前侧棱面不可见，它们重合为一个矩形，矩形的上、下两条直线也是三棱柱顶面和底面的积聚性投影。

2. 三棱柱表面上点的投影作图

如图 6-3 所示，求三棱柱表面上点 A 的投影时，首先根据已知正面投影 a' 可以判断出点 A 在三棱柱左前侧棱面上，利用积聚性可以直接求出点 A 的水平投影 a 在三角形的左侧直线上，最后利用点的投影规律可求出点的侧面投影 a''，三个投影均为可见，所以不需要加括弧。这里注意求解点在平面上非积聚性的投影需要判断可见性，对于不可见的点的投影需要加括弧，如下面求解的点 C 的正面投影 c'。

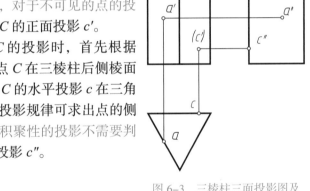

同理，求三棱柱表面上点 C 的投影时，首先根据已知正面投影（c'）可以判断出点 C 在三棱柱后侧棱面上，利用积聚性可以直接求出点 C 的水平投影 c 在三角形的最后直线上，最后利用点的投影规律可求出点的侧面投影 c''。注意求解点在平面上积聚性的投影不需要判断可见性，如水平投影 c 和侧面投影 c''。

二、棱锥

棱锥由一个底面和若干个三角形的侧棱面组成。所有侧棱面相交于一点，称为锥顶。棱锥相邻两侧棱面的交线称为侧棱线（简称棱线），所有棱线汇交于锥顶。下面以正三棱锥（图 6-4）为例进行具体分析。

图 6-3　三棱柱三面投影图及表面点的投影

教学课件
棱柱及表面点的投影

微课扫一扫
棱锥及表面点的投影

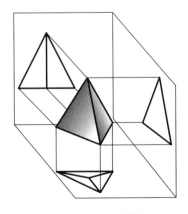

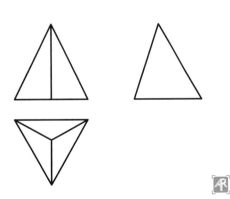

(a) 三棱锥投影原理　　　　(b) 三棱锥三面投影图

图 6-4　三棱锥投影原理及三面投影图

1. 三棱锥投影分析

如图6-4所示，在三面投影体系中，选择三棱锥的底面平行于水平面（H面）进行放置。

在水平投影中，三棱锥的水平投影是等边三角形，反映底面的实形，三个小三角形分别是三棱锥的三个侧棱面投影。

正面投影中的两个三角形分别是三棱锥左前、右前两个侧棱面的投影，两个三角形之和的大三角形是三棱锥后侧棱面的投影，底面积聚为三角形的底边直线。

侧面投影的三角形是左前、右前两个侧棱面重合为一个三角形，后侧棱面积聚为一条直线，底面积聚为三角形的底边直线。

2. 三棱锥表面上点的投影作图

如图6-5所示，求三棱锥表面上点B的投影时，首先根据已知正面投影b'判断出点B在三棱锥左前侧棱面上，但是该侧棱面的三个投影都没有积聚性，需要作辅助线。通常将b'与锥顶连接并延长，其延长线与三角形底边有交点，此交点的水平投影利用点在直线上的投影规律直接求出，再将这个水平投影与锥顶的水平投影连接，那么点B的水平投影b在这个连线上，过b'作铅垂线与水平辅助线的交点就是b，最后通过b'和b利用点的投影规律求出b''，三个投影均为可见，所以不需要加括弧。

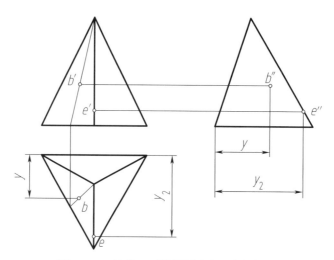

图6-5   三棱锥三面投影图及表面点的投影

同理，求解三棱锥表面上点E的投影时，首先根据已知正面投影e'可以判断出点E在三棱锥最前侧棱线上，点E的水平投影e和侧面投影e''利用点在直线上的投影规律直接求出，但需注意因为此棱线是一条侧平线，所以需要先求出侧面投影e''，最后再根据投影规律求出水平投影e，点E的三个投影均为可见。

三、常见平面立体的投影

常见平面立体不同位置的投影，如表6-1所示。

表 6-1　常见平面立体不同位置的投影

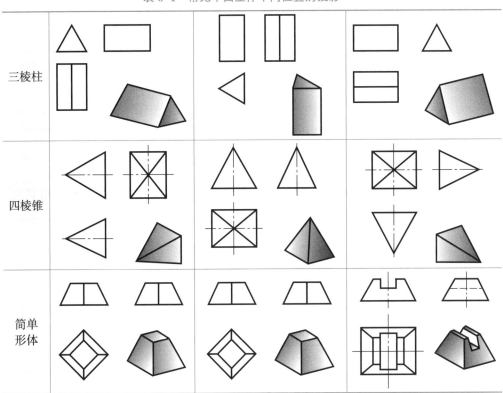

■ 训练实例 ■

实例　如图 6-6 所示，请绘制正六棱柱三面投影并求其表面上点 A 的投影。

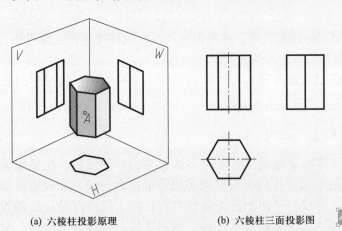

(a)　六棱柱投影原理　　　　(b)　六棱柱三面投影图

图 6-6　六棱柱投影原理及三面投影图

【实例分析】

正六棱柱的水平投影是一个正六边形，该正六边形是正六棱柱顶面和底面的实形，顶面可见，底面不可见，六边形的六个边是六个侧棱面的积聚性投影。

正面投影是三个小矩形，左、右两个小矩形是左、右四个侧棱面的投影，左前和右前侧棱面正面投影可见，左后和右后侧棱面不可见，中间的小矩形是最前和最后两个侧棱面的投影，正面投影最前侧棱面可见，最后侧棱面不可见。

侧面投影中的两个小矩形是左、右四个侧棱面的投影，左侧两个棱面可见，右侧不可见。

因点 A 在正六棱柱左前侧棱面上，可以通过 a' 利用积聚性直接求出点 A 的水平投影 a，再根据点的投影规律求出侧面投影 a"。

【作图步骤】

（1）如图 6-7 所示，作正六棱柱的对称中心线和底面的基准线，先画出具有轮廓特征的水平投影正六边形。

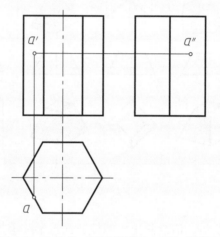

图 6-7　六棱柱三面投影图及表面点的投影

（2）按长对正的投影关系，并量取正六棱柱的高度画出正面投影，再按高平齐、宽相等的投影关系画出侧面投影。

（3）过 a' 作铅垂线并延长与左前侧棱面水平积聚性直线投影的交点即得 a，通过宽相等和高平齐可求出 a"。

【实例总结】

（1）平面立体的表面是由若干个多边形平面所围成的，绘制平面立体的投影可归纳为绘制平面立体的所有平面多边形的投影。画三面投影时运用前面所学过的有关点、直线、平面的投影规律进行作图。注意可见棱线的投影画成粗实线，不可见棱线的投影画成细虚线，当粗实线与细虚线重合时，只按粗实线绘制。

（2）立体表面上求点的投影时，首先确定该点在平面立体的哪一个表面上，若该平面处于可见位置，则该点的同面投影可见，反之为不可见。

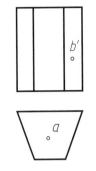

■ 课堂训练 ■

训练　如图 6-8 所示，求平面立体的第三投影，并作出立体表面上点的其余两面投影。

■ 学习思考 ■

思考　求平面立体表面上点的投影作图时，若点所在的平面有积聚性，可以利用积聚性直接作图；若点所在平面没有积聚性，怎样作图？

图 6-8　求四棱柱第三面投影及表面点的投影

任务 6.2　平面立体的截交线

■ 任务引入与分析 ■

如图 6-9 所示，如何绘制三棱锥被正垂面切割后的切割体三面投影？

绘制三棱锥被正垂面切割后的三面投影，需要学习截交线的投影分析与作图方法，下面就截交线相关知识进行具体学习。

■ 相关知识 ■

图 6-9　切割三棱锥轴测图

工程上常见的建筑形体多数具有立体被切割而形成的截交线，了解这些表面交线的性质并掌握交线的画法，有助于清楚地表达建筑形体的形状。

一、截交线的概念

如图 6-10 所示，平面与立体相交称为截切，用以截切立体的平面称为截平面，立体与截平面相交时表面产生的交线称为截交线。

教学课件
截交线的概念性质及平面立体截交线的作法

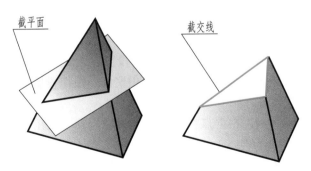

截平面　　　　截交线

图 6-10　三棱锥的截切体与截交线

微课扫一扫
截交线的概念、性质及平面立体截交线的作法

二、截交线的性质

（1）共有性。截交线既属于截平面，又属于立体表面，是截平面与立体表面的共有线。

（2）封闭性。截交线是封闭的平面图形。

三、截交线投影分析与作图方法

1. 截交线投影分析

如图 6-11 所示，切割三棱锥的正垂面与三棱锥三条棱线都相交，所以截交线构成一个三角形，该三角形的三个顶点 A、B、C 是各棱线与截平面的交点。由于截平面是正垂面，故三角形截交线的正面投影积聚为一条倾斜的直线（图 6-12a）。三角形的三个顶点的正面投影 a′、b′、c′ 也在该积聚直线上，可直接求出，三角形三个顶点的水平投影 a、b、c 和

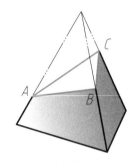

图 6-11　三棱锥截交线投影分析

侧面投影 a″、b″、c″ 可根据点在直线上的投影作图求出，然后依次连接各点的同面投影，即得截交线三角形的另外两个投影。

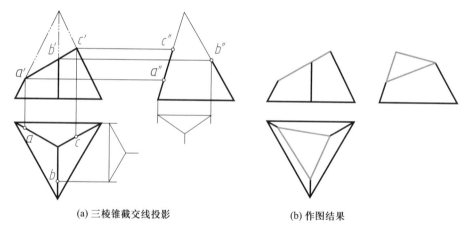

(a) 三棱锥截交线投影　　　　(b) 作图结果

图 6-12　三棱锥截交线投影分析与作图

2. 截交线作图方法

（1）如图 6-12a 所示，作出截交线的正面投影 a′、b′、c′。先作出完整三棱锥的三面投影，因截平面是正垂面，正面投影有积聚性，根据投影原理标出三条棱线与截平面交点的正面投影 a′、b′、c′。

（2）如图 6-12a 所示，根据点在直线上的投影规律，求出相应交点的水平投影 a、b、c 和侧面投影 a″、b″、c″。这里需要注意，求点 B 的投影时要先求出侧面投影 b″，再求水平投影 b，因为点 B 所在的棱线是侧平线。

（3）如图 6-12b 所示，判断可见性，依次连接各顶点的同面投影，即为所求截交线的三面投影，完成截切后的三棱锥的投影。

■ 训练实例 ■

实例　　如图 6-13 所示，绘制四棱柱切割后的三面投影。

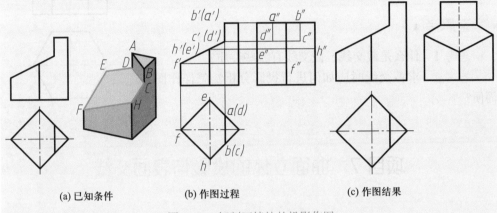

(a) 已知条件　　　　(b) 作图过程　　　　(c) 作图结果

图 6-13　切割四棱柱的投影作图

【实例分析】

如图 6-13a 所示，该四棱柱被一个侧平面和一个正垂面切割。侧平面切割后产生的截交线为矩形 *ABCD*，该矩形侧面投影反映实形，正面投影和水平投影积聚为直线。正垂面切割后产生的截交线为一个五边形 *CDEFH*，该五边形正面投影积聚为一条倾斜的直线，水平投影和侧面投影为五边形的类似形。

【作图步骤】

（1）如图 6-13b 所示，作出完整四棱柱的侧面投影，切割的侧平面和正垂面正面投影都有积聚性，直接作出四棱柱截交点的正面投影 *a'*、*b'*、*c'*、*d'*、*e'*、*f'*、*h'*。

（2）如图 6-13b 所示，根据点在直线上的投影规律，求出相应交点的水平投影 *a*、*b*、*c*、*d*、*e*、*f*、*h* 和侧面投影 *a"*、*b"*、*c"*、*d"*、*e"*、*f"*、*h"*。

（3）如图 6-13c 所示，整理完成作图。连接水平投影 *a*、*b*、*c*、*d*、*e*、*f*、*h* 和侧面投影 *a"*、*b"*、*c"*、*d"*、*e"*、*f"*、*h"*，注意前后两侧被切掉的部分需要去掉，由于最左侧棱线比最右侧棱线短，所以侧面投影中最右侧棱高出来的棱线画成细虚线，重叠的部分画成粗实线。

【实例总结】

（1）空间及投影分析。分析平面立体的形状和投影特点及截平面与平面立体的相对位置，确定截交线的形状和投影特性，如真实性、积聚性、类似性等。

（2）求截交线的投影。先画出平面体的原始形状，求出截平面与立体表面的交点（共有点）。再依次连接各交点的同面投影并判断可见性。最后，整理轮廓线，通过分析确定截切后立体轮廓线的投影情况。

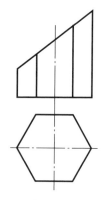

■ 课堂训练 ■

训练 如图 6-14 所示，求正垂面切割六棱柱的第三投影。

■ 学习思考 ■

思考 1   什么是截交线？截交线有哪些性质？

思考 2   求截交线时应如何进行投影分析？怎样作图简便？

图 6-14   切割六棱柱的投影

项目 7   曲面立体的投影与表面交线

📍 项目目标

思政目标：培养学生良好的敬业精神。

知识目标：掌握曲面立体的投影及截交线的形成原理。

能力目标：掌握曲面立体的投影作图、截交线作图及相贯线作图。

素质目标：培养学生的责任意识。

任务 7.1   曲面立体的投影

■ 任务引入与分析 ■

常见的曲面立体有哪些种类？常见的曲面立体的投影有哪些特性？如何作常见曲面立体的投影图形？要掌握这些内容，需要理解曲面立体的形成过程。通过本任务的学习将会掌握常见曲面立体的投影特性及投影图形的画法。

■ 相关知识 ■

本任务学习圆柱、圆锥、球等常见曲面立体的投影与作图。

一、圆柱

1. 圆柱的形成

如图 7-1 所示，圆柱是由一条直母线 AE，绕与它平行的轴线 OO_1 旋转形成的。圆柱的表面由圆柱面和顶面、底面组成。在圆柱面上，每一条素线都与轴线平行且距离相等，圆柱面上的素线相互平行。

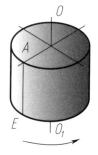

图 7-1   圆柱的形成

教学课件
圆柱及表面点
的投影

2. 圆柱的投影

当圆柱轴线 OO_1 垂直于 H 面时，其三面投影如图 7-2a、b 所示。H 面投影是一个圆，反映了上、下底圆的实形，该圆也是圆柱面的积聚投影，圆柱面上的所有点和线的投影都积聚在圆上。V 面投影和 W 面投影都是形状相同的矩形，矩形上下边是圆柱面上下底圆的投影。V 面投影的两边 $a'b'$ 和 $e'f'$ 是圆柱面上最左、最右两素线 AB 和 EF 的投影，称为对正面的转向轮廓线。同理，W 面投影的两边 $c''d''$ 和 $g''h''$ 是圆柱面最前、最后两素线 CD 和 GH 的投影，称为对侧面的转向轮廓线。转向轮廓线是圆柱面上可见部分与不可见部分的分界线。在 V 面投影上，圆柱面前半部分可见，后半部分不可见；而在侧面投影上，圆柱面左半部分可见，右半部分不可见，图中轴线的投影用点画线表示。

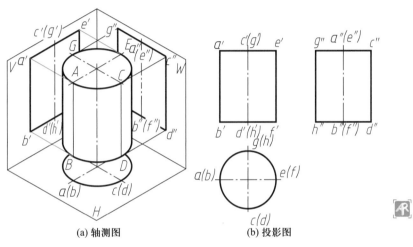

(a) 轴测图　　　(b) 投影图

图 7-2　圆柱面的投影

3. 圆柱表面取点

由于圆柱有一投影具有积聚性，因此可利用圆柱积聚性的特点求点的投影，如图 7-3 所示。

二、圆锥

1. 圆锥的形成

直母线绕与它相交的轴线回转时形成圆锥面。圆锥由圆锥面和底圆平面组成。底圆垂直于轴线的圆锥称为正圆锥。圆锥面上的素线都通过锥顶，母线上任一点在圆锥面形成过程中的轨迹叫纬圆，如图 7-4 所示。

2. 圆锥的投影

当圆锥的轴线垂直于 H 面时，其三面投影如图 7-5a、b 所示。H 面投影是一个圆，反映底圆实形。V 面投影和 W 面投影都是形状相同的等腰三角形。三角形的两腰 $s'a'$、$s'b'$ 和 $s''c''$、$s''d''$ 即分别是圆锥面上对 V 面和 W 面转向轮廓线的投影。对 V 面的转向轮廓线是最左和最右两素线 SA 和 SB；对 W 面的转向轮廓线是最前和最后两素线 SC 和 SD。

微课扫一扫
圆锥及表面点的
投影

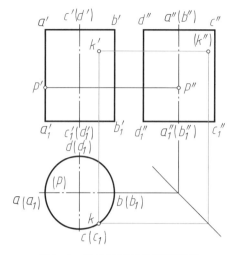

图 7-3　圆柱表面点的投影作图

图 7-4　圆锥的形成

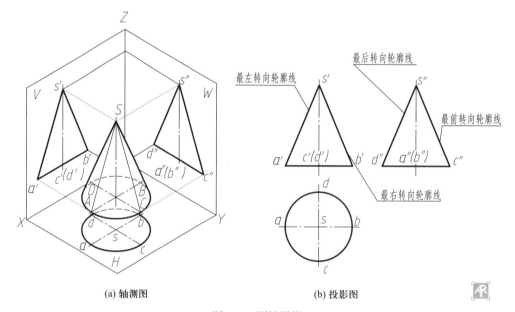

(a) 轴测图　　　　　　(b) 投影图

图 7-5　圆锥投影

3. 圆锥表面取点

由于圆锥面的各投影都不具有积聚性，在圆锥面上的特殊点投影利用点在轮廓线的从属性，直接可作出三面投影，如图 7-6 所示的点 M 的三面投影。而圆锥面上一般位置点的投影须采用作辅助线的方法，通常采用纬圆或素线作为辅助线进行作图。

确定圆锥表面点的投影方法有素线法和纬圆法两种。

素线法：圆锥表面的点必落在圆锥面上的某一条直素线上，因此可在圆锥上作一条包含该点的直素线，从而确定该点的投影。如图 7-6 所示，点 K 的 H 面、W 面投影就是采用作素线 SE 的投影完成作图的。

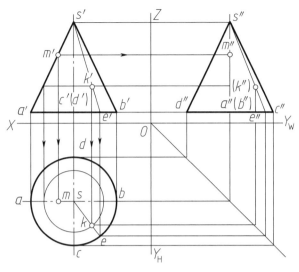

图 7-6　圆锥表面取点

纬圆法：圆锥面上的点落在圆锥面上的某一纬圆上，因此，可在圆锥上作一包含该点的纬圆，从而确定该点的投影。同理，如图 7-6 所示，点 K 的 H 面、W 面投影同时也可采用作纬圆的方法完成投影。

三、球

1. 球的形成

球可看成由一个圆面绕其任一直径回转而成，如图 7-7 所示。如果将圆周的轮廓线看成是一母线，则形成的回转面称为球面。

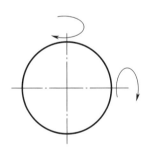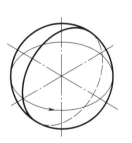

图 7-7　球体的形成

2. 球的投影

球的三面投影均为与球直径大小相等的圆。H 面、V 面、W 面的三个圆的投影分别是该球的上、前、左 3 个半球面的投影，下、后、右 3 个半球面的投影分别与之重合，如图 7-8a、b 所示。

3. 球面上取点

在球面上取点，一般用纬圆法。球面上的点必定落在该球面上的某一纬圆上，如图 7-8 所示。

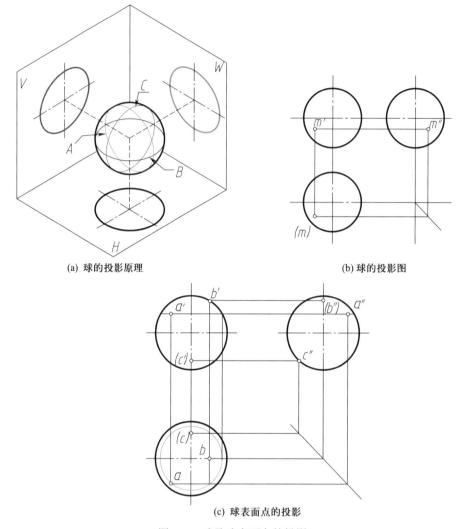

(a) 球的投影原理

(b) 球的投影图

(c) 球表面点的投影

图 7-8   球及球表面点的投影

■ 训练实例 ■

实例   如图 7-9、图 7-10 所示，已知圆锥面上点 A 的 V 面投影 a'，求点 A 的其他投影。

【实例分析】

点 A 为圆锥表面的点，位于圆锥的前半部分，为可见点，可采用素线法及纬圆法作点的投影。

【作图步骤】

素线法（图 7-9）：

（1）在 *V* 面投影上过锥顶作包含 *a'* 点的素线投影 *s'e'*。

（2）画出该素线在 *H* 面上的投影，利用从属性作出 *a*。

（3）画出该素线在 *W* 面上的投影，利用从属性作出 *a"*。

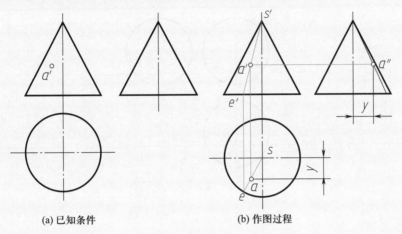

(a) 已知条件　　　　　　　(b) 作图过程

图 7-9　素线法圆锥表面取点

纬圆法（图 7-10）：

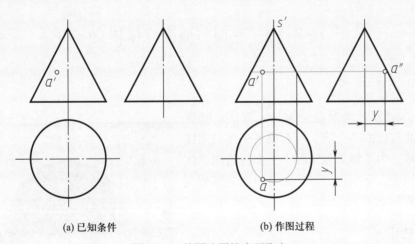

(a) 已知条件　　　　　　　(b) 作图过程

图 7-10　纬圆法圆锥表面取点

（1）在 *V* 面上作包含 *a'* 点的纬圆投影，即与两转向轮廓线相交的平行线。

（2）在 *H* 面投影上作该纬圆的投影，利用从属性作出 *a*。

（3）利用点的投影规律，作出点 *A* 在 *W* 面上的投影 *a"*。

【实例总结】

对于解决圆锥面上点投影问题时，先要判断出点的位置是处于轮廓线上的特殊位置还是处于不在轮廓线上的一般位置。对于特殊位置的点，利用点在线上的从属性直接作点的投影，一般位置点可以采用素线法或纬圆法进行作图。

■ 课堂训练 ■

训练　如图 7–11 所示，已知球面上的点 A 的 V 面投影 a'，求点 A 的 H 面、W 面投影。

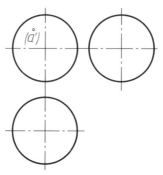

图 7–11　球表面点的投影

■ 学习思考 ■

思考 1　常见曲面立体的投影特征是什么？

思考 2　如何确定圆柱、圆锥、球表面点的投影？

任务 7.2　平面与曲面立体相交

■ 任务引入与分析 ■

图 7–12 所示为某隧道洞口示意图。隧道洞口端墙与拱圈的交线，可看成是平面与圆柱面的交线。为了解工程实际中平面与曲面立体相交的问题，下面将学习平面与曲面立体截交线的相关知识。

■ 相关知识 ■

常见的曲面立体是回转体，如圆柱、圆锥、球等都是回转体。在不同的建筑工程结构

图 7–12　隧道洞口示意图

中，常会遇到平面与回转体表面相交的情况，本任务将学习回转体截交线的相关内容。

一、平面与曲面立体截交线的特点与作图

（1）截交线的特点。平面与曲面立体相交时，截交线有三种情况：封闭的平面曲线，曲线与直线围成的平面图形，直线组成的平面多边形。截交线的形状取决于曲面立体表面的形状特征以及与平面相交的位置。这里只讨论平面垂直于投影面与回转体相交的交线的作法。

（2）作截交线的方法。分析各投影面上截交线的投影特性及具有积聚性的投影面，通过投影线的交点确定特殊位置截交点的投影，确定特殊位置点中间一般截交点的投影，利用已确定的投影点通过三面投影规律完成投影作图。

（3）作截交线的步骤。作截交线的实质是求出位于曲面截交线上的点。

① 作出特殊点。作截交线上的最低、最高点，最前、最后点，最左、最右点，以便控制截交线的形状和范围，这些位置点可以确定截交线的大致形状。

② 作一般位置点。作特殊位置点之间的一般位置点。

③ 连接完成作图。将所作出的点顺次连接，完成截交线作图，并判定可见性，可见部分画实线，不可见部分画虚线。

二、圆柱的截交线

当平面与圆柱相交时，由于截平面与圆柱轴线的相对位置不同，将得到不同形状的截交线。如表 7–1 所示，当截平面垂直于圆柱的轴线时，圆柱面上的截交线和圆柱的断面都是圆；截平面与圆柱的轴线倾斜时，圆柱面上的截交线和圆柱的断面都是椭圆；截平面与圆柱的轴线平行时，圆柱面上的截交线为两条平行直线，即圆柱面上的两条直线素线，而圆柱的断面则为矩形。

表 7–1　圆柱的截交线

截平面的位置	垂直于圆柱的轴线	倾斜于圆柱的轴线	平行于圆柱的轴线
示意图			
投影图			
截交线的投影形状	圆	椭圆	两条平行直线
截交线的空间形状	圆	椭圆	矩形

三、圆锥的截交线

当平面与圆锥相交时，由于截平面与圆锥的相对位置不同，截交线的形状也不同，如表 7–2 所示。

教学课件
怎样绘制圆柱体平面体截交线的投影

微课扫一扫
怎么绘制圆柱体截交线的投影

动画扫一扫
圆柱一侧切割截交线作法

动画扫一扫
斜切圆柱截交线的作法

动画扫一扫
中间切槽圆柱截交线作法

教学课件
怎样绘制圆锥体截交线的投影

微课扫一扫
怎样绘制圆锥体截交线的投影

表 7–2　圆锥面上的截交线和圆锥的断面

截平面的位置	垂直于圆锥的轴线	倾斜于圆锥的轴线，与素线都相交	平行于一条素线	平行于两条素线	通过锥顶
示意图	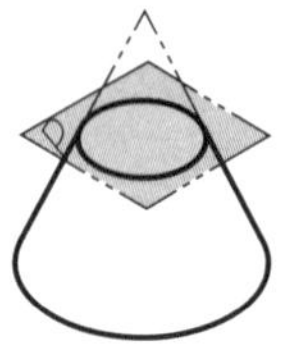	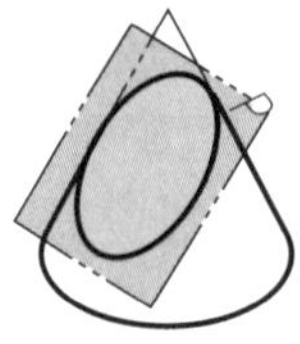	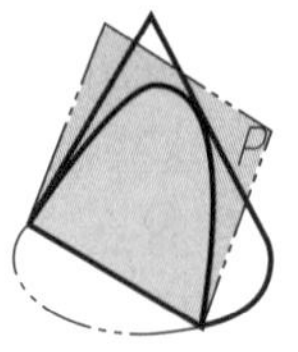	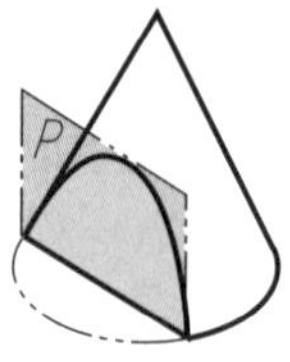	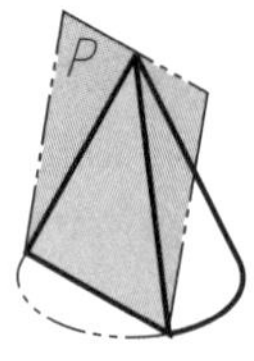
投影图	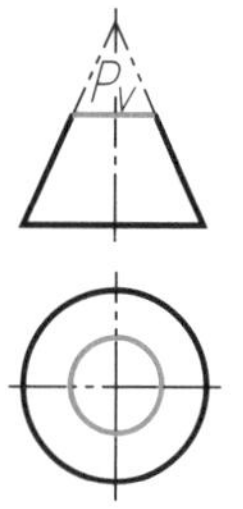	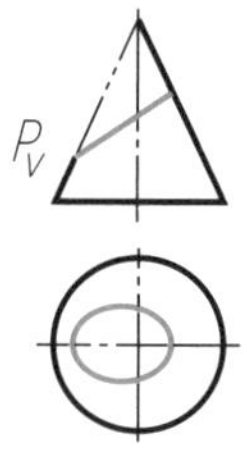	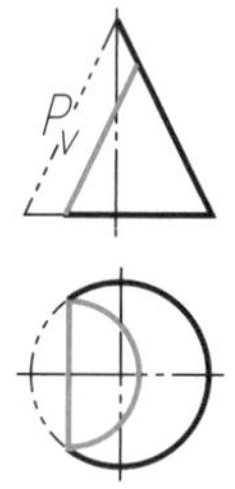	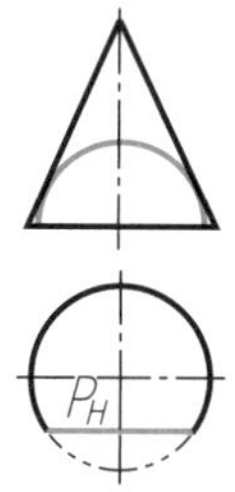	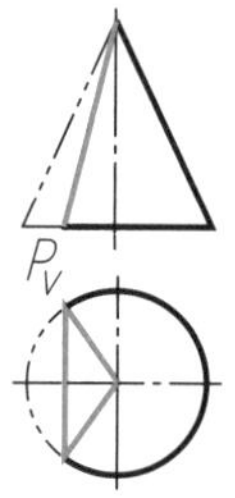
截交线的投影形状	圆	椭圆	抛物线	双曲线	两条相交直线
截交线的空间形状	圆	椭圆	抛物线和直线组成的封闭的平面图形	双曲线和直线组成的封闭的平面图形	三角形

教学课件
怎样绘制圆球
截交线的投影

（1）当截平面垂直于圆锥的轴线时，圆锥面上的截交线和圆锥的断面都是圆。

（2）截平面倾斜于轴线，且与圆锥面上的所有素线都相交时，圆锥面上的截交线和圆锥的断面都是椭圆。

（3）截平面平行于一条素线时，圆锥面上的截交线为抛物线，圆锥的断面是由圆锥面上的截交线抛物线和底面上的截交线直线所围成的平面图形。

（4）截平面平行于两条素线时，圆锥面上的截交线为双曲线，圆锥的断面是由圆锥面上的截交线双曲线和底面上的截交线直线所围成的平面图形。

微课扫一扫
怎样绘制圆球
截交线的投影

（5）当截平面通过锥顶与圆锥面相交时，圆锥面上的截交线为两条相交直线即圆锥面上的两条直线素线，圆锥的断面是由圆锥面上的截交线直线和底面上的截交线直线所围成的三角形。

四、球的截交线

平面截切球时，不论平面与球的相对位置如何，其截交线都是圆。但由于截切平面对投影面的相对位置不同，所得截交线的投影不同。

如图 7–13a、b 所示，球被水平面截切，所得截交线为水平圆，该圆的正面投影和侧面投影积聚成一条直线，该直线的长度等于所截水平圆的直径，其水平投影反映该圆实形。截平面距球心愈近（h 愈小），圆的直径（d）愈大；h 愈大，其直径愈小。

如果截切平面为投影面的垂直面，则截交线的两个投影是椭圆。

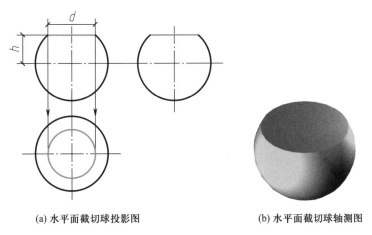

(a) 水平面截切球投影图 (b) 水平面截切球轴测图

图 7–13 水平面截切球投影作图

■ **训练实例** ■

实例 1 如图 7-14 所示，一圆柱被正垂面 P_V 所截交，求作截交线并判定可见性。

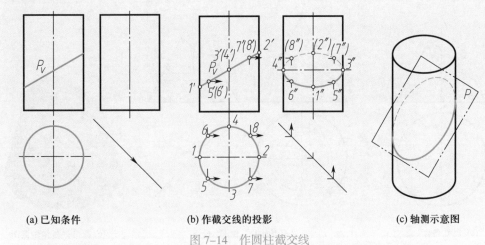

(a) 已知条件 (b) 作截交线的投影 (c) 轴测示意图

图 7–14 作圆柱截交线

【实例分析】

如图 7-14a、c 所示，平面和圆柱斜交，故截交线的形状为椭圆。因圆柱的 H 面投影有积聚性，所以截交线在 H 面上的投影就在圆柱上、下底面圆上；截面 P_V 是正垂面，所以截交线的正面投影与 P_V 的正面投影重合；由于平面与 W 面倾斜，W 面投影为椭圆的类似形。

【作图步骤】

（1）作特殊位置点 I、II、III、IV。图中点 I（1、1'）、II（2、2'）分别为最左最低点、最右最高点，III（3、3'）、IV（4、4'）为最前最后点，且 III 点可见，IV 点不可见，如图 7-14b 所示。

（2）作一般位置点 V、VI、VII、VIII，如图 7-14b 所示。

（3）III、IV 为可见性判断的分界点，III、IV 之间的上部分连成虚线，如图 7-14b 所示。

【实例总结】

对于圆柱截交线的作图，首先根据截切面的位置分析判断出截交线的类型，再按作特殊点、一般点、判断可见性、连接作图的步骤完成作图。

实例 2 如图 7-15a 所示，已知圆锥被正垂面 P 截断后的 V 面投影，补全截断后的圆锥截断体的 H 面投影，并作出这个截断体的 W 面投影。

【实例分析】

如图 7-15a、c 所示，可由未被截切时完整圆锥的 V 面投影和 H 面投影，按三等规律作出它的 W 面投影。从图 7-15a 中的 V 面投影可知，截平面 P 与圆锥面上所有素线都相交，且与圆锥的轴线斜交，所以截交线是一个椭圆。截交线的 V 面投影积聚在 P_V 上，可作出截交线的 H 面投影和 W 面投影。

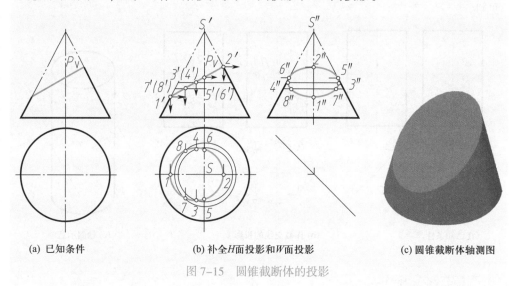

(a) 已知条件　　　　(b) 补全 H 面投影和 W 面投影　　　　(c) 圆锥截断体轴测图

图 7-15　圆锥截断体的投影

【作图步骤】

（1）作未截断时圆锥的 W 面投影，如图 7-15b 所示。在圆锥的 H 面投影的右方适当位置作 45° 辅助线，由圆锥的 H 面投影和 V 面投影按三等规律用双点画线作出完整的圆锥的 W 面投影。

（2）作截交线上的特殊点，如图 7-15b 所示。截平面 P 与圆锥的截交线椭圆前后对称，最左、最右素线的截交点 I、II 的连线 $I\,II$ 必为 H 面投影椭圆的长轴，定出 $1'$、$2'$，再由 $1'$、$2'$ 分别在最左、最右素线的 H 面投影和 W 面投影上作出 1、2 和 $1''$、$2''$。由于椭圆的长短轴互相垂直平分，长轴 $I\,II$ 是正平线，

则短轴 *III IV* 必定是过长轴中点的正垂线，它的 *V* 面投影 *3'4'* 就积聚在 *1'2'* 的中点。因此，先定出 *3'*（*4'*），然后用过短轴顶点 *III*、*IV* 的水平纬圆作出 *3*、*4*。由 *3*、*4* 利用 45° 辅助线在纬圆的 *W* 面投影上作出 *3"*、*4"*。也可直接在纬圆的 *W* 面投影上，从 *H* 投影面的对称面分别向前和向后量 *H* 面投影中的 *3*、*4* 点距对称面的距离而作出。

截交线在圆锥面的 *W* 面投影外形线上的点，可在 *V* 面投影中先定出最前、最后素线的截交点 *V*、*VI* 的 *V* 面投影 *5'*、（*6'*），它们相重合。接着在 *W* 面投影的最前、最后素线上作出 *5"*、*6"*。然后，在最前、最后素线的 *H* 面投影上，由前、后对称面分别向前和向后量取反映在 *W* 面投影中的 *5"*、*6"* 点距前、后对称面的距离，直接作出 *5*、*6*。

（3）作截交线上的一般点，如图 7–15b 所示。在截交线的 *V* 面投影上，于已作出的特殊点的间距较大处，取截交点 *VII*、*VIII* 互相重合的投影 *7'*、（*8'*），按纬圆法或素线法作出点 *VII*、*VIII* 的 *H* 面投影 *7*、*8* 和 *W* 面投影 *7"*、*8"*。如有需要，还可用同样的方法作出截交线上的其他一般点。

（4）作截交线的 *H* 面投影和 *W* 面投影，如图 7–15b 所示。将所作出的截交点 *I*、*VII*、*III*、*V*、*II*、*VI*、*IV*、*VIII*、*I*，按截交线在 *V* 面投影中的顺序，依次连出截交线的 *H* 面投影和 *W* 面投影。由于截去上部后，截断体上的截交线椭圆的 *H* 面投影和 *W* 面投影都是可见的，所以都画粗实线。圆锥体 *W* 面投影外轮廓线的 *5"*、*6"* 以下的两段也应画成粗实线。最后完成截断体的作图。

【实例总结】

对于圆锥截交线的作图，同样首先根据截切面的位置分析判断出截交线的类型，再按作特殊点、一般点、判断可见性、连接作图的步骤完成作图。

实例 3　如图 7–16a 所示，已知开槽半圆球的正面投影，求作其余两面投影。

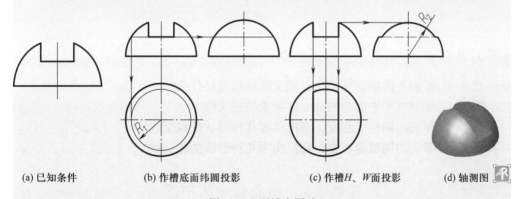

(a) 已知条件　　　(b) 作槽底面纬圆投影　　　(c) 作槽 *H*、*W* 投影　　　(d) 轴测图

图 7–16　开槽半圆球

【实例分析】

如图 7–16a、d 所示，矩形槽的两侧面是侧平面，它们与半圆球的截交线为两

段圆弧，侧面投影反映实形；槽底是水平面，与半圆球的截交线也是两段圆弧，水平投影反映实形。

【作图步骤】

（1）如图 7-16b 所示，画出半圆球的三视图及槽底面纬圆。

（2）如图 7-16c 所示，作矩形槽的水平投影和侧面投影。

【实例总结】

此例中槽底面圆弧半径 R_1 由正面投影所示槽深决定，槽愈深，圆弧半径 R_1 愈大；槽愈浅，圆弧半径 R_1 愈小。槽侧面投影的圆弧半径 R_2 由正面投影所示槽宽决定，槽愈宽，圆弧半径 R_2 愈小；槽愈窄，圆弧半径 R_2 愈大。在侧面投影中，圆球的轮廓线被切去的部分，不应画出。槽底的侧面投影的中间部分不可见，应画成虚线。

■ 课堂训练 ■

训练　如图 7-17 所示，补全圆锥被平面截切后的 H 面、W 面投影。

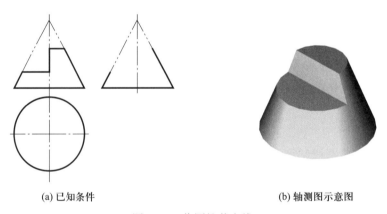

(a) 已知条件　　　　　　　　(b) 轴测图示意图

图 7-17　作圆锥截交线

■ 学习思考 ■

思考 1　平面与曲面立体相交，截交线的特点是什么？

思考 2　如何求作平面与曲面立体相交的截交线？

思考 3　平面与圆柱面相交，可产生哪几种形状的截交线？

思考 4　平面与圆锥面相交，可产生哪几种形状的截交线？

任务 7.3　两曲面立体相贯

■ 任务引入与分析 ■

图 7-18 所示为直径不相等两圆柱体正交相贯，会在其表面形成相贯线，相贯

线的投影如何绘制？通过学习这一任务内容，就可以掌握两个圆柱体相贯线的投影作图。

■ 相关知识 ■

由于工程上最常用的曲面立体是回转体，对两回转体相贯，主要介绍两正交回转体相贯线的画法。若需要用到两回转体相贯时，可参阅相关参考书。

两曲面体相交在其表面会形成相贯线，相贯线一般情况下为空间曲线，特殊情况会是平面曲线或平面直线。

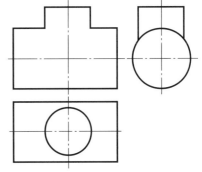

图 7-18 　直径不相等的两圆柱正交相贯线

1. 直径不相等的两圆柱正交相贯线的一般画法

两正交不等直径圆柱的相贯线是封闭的空间曲线，通常将它们的轴线放置成分别垂直于投影面。如图 7-19a、c 所示，已知铅垂的小圆柱与侧垂的大圆柱正交相贯，下面用表面取点法和辅助平面法分别介绍一些常见的两回转体正交的作图。

从图 7-19a 可以看出，两圆柱正贯的相贯线、相贯体前后、左右对称，相贯线是一条封闭的空间曲线。由于圆柱体投影具有积聚性，相贯线的 H 面投影积聚在小圆柱的 H 面投影圆上，相贯线的 W 面投影积聚在大圆柱位于小圆柱投影范围内的一段投影圆弧上。因此，只要作相贯线的 V 面投影即可。用表面取点法求解，作图过程如图 7-19b 所示。

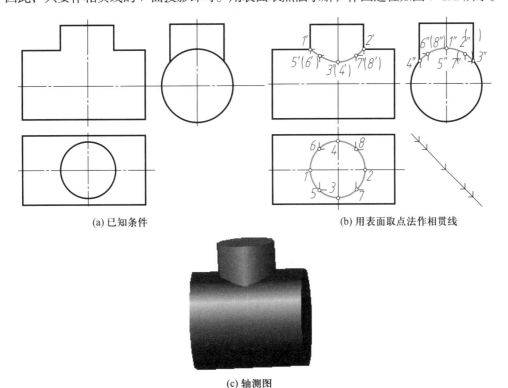

(a) 已知条件　　　　　　　　　　(b) 用表面取点法作相贯线

(c) 轴测图

图 7-19 　直径不相等的两圆柱正交相贯线

（1）先求相贯线上的特殊点。如图 7-19b 所示，在相贯线的 H 面投影上，分别取最左、最右、最前、最后点 I、II、III、IV 的 H 面投影 1、2、3、4，便可在相贯线的 W 面投影上，于小圆柱的最左、最右、最前、最后素线处作出 1″、2″、3″、4″，可以看出点 I、II 和 III、IV 分别是相贯线上的最高和最低点：分别由这些点的两面投影向 V 面投影作投影连线，就可交出这四个点的 V 面投影 1′、2′、3′、4′，这四个点也是相贯线上的特殊点，于是作出了全部特殊点。

（2）求一般点。如图 7-19b 所示，在相贯线的 H 面投影上任取前后、左右对称的点 V、VI、VII、VIII 的 H 面投影 5、6、7、8，由它们向 W 面投影作投影连线，与相贯线的 W 面投影交出 5″、6″、7″、8″；再分别从 5、6、7、8 和 5″、6″、7″、8″ 向 V 面投影作投影连线，便各自交出 5′、6′、7′、8′。

（3）判断可见性。如图 7-19b 所示，位于两个前半圆柱面上的相贯线段 I-V-III-VII-II 的 V 面投影 1′5′3′7′2′ 为可见，而位于两个后半圆柱面上的相贯线段 II-VIII-IV-VI-I 的 V 面投影 2′8′4′6′1′ 为不可见，它们互相重合，因而画成粗实线。

（4）连接相贯线。如图 7-19b 所示，按各点在 H 面的顺序，将各点的 V 面投影顺次连接成相贯线 I-V-III-VII-II-VIII-IV-VI-I。这样，就作出了相贯线的 V 面投影。

2. 直径不相等的两圆柱正交相贯线的简化画法

在实际画图中，当两圆柱轴线垂直相交，且对相贯线形状的准确度要求不高时，相贯线可采用简化画法。用大圆柱的半径作圆弧来代替相贯线的投影，圆弧的圆心在小圆柱的轴线上，相贯线向着大圆柱的轴线方向弯曲，如图 7-20 所示。

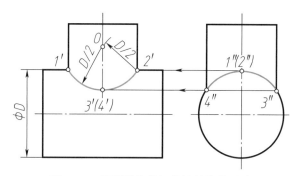

图 7-20　用圆弧代替相贯线的简化画法

其作图步骤如下：

（1）找圆心。以两圆柱转向轮廓线的交点 1′（或 2′）为圆心，以大圆柱的半径 D/2 为半径，在小圆柱的轴线上找出圆心 O。

（2）作圆弧。以 O 为圆心，D/2 为半径画弧。

3. 相贯线的特殊情况

（1）两正交等直径圆柱相贯的投影，如图 7-21a、b 所示，它们的相贯线是垂直于 V 面的两个垂直相交的椭圆，分别连接两圆柱矩形投影线的不相邻的两个交点即十字交叉线，便是这两条相贯线在该投影面上的有积聚性的投影，而这两条相贯线的另两个投影，则分别都积聚在这两个圆柱的有积聚性的投影上。

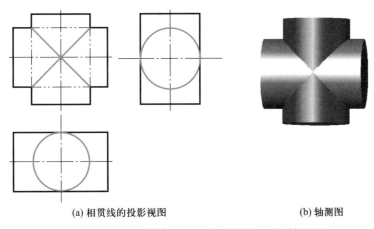

(a) 相贯线的投影视图　　　　　　　　(b) 轴测图

图 7-21　两正交等直径圆柱相贯线的视图与轴测图

　　建筑上常见的十字拱的外壁和内壁的交线，都属于两等直径正交半圆柱面的相贯线，如图 7-22 就是用四根柱子所支承的一个十字拱顶的轴测图和两面投影的例图。十字拱的外壁交线和内壁交线都是位于与 V 面成 45° 夹角的两个铅垂面内的半椭圆：外壁交线的两个半椭圆的 V 面投影，都重合于正垂的半圆柱筒体的 V 面半圆投影上，它们的 H 面投影则是 H 面中正方形的对角线，是可见的，因此，画粗实线；内壁交线的两个半椭圆的 V 面投影，都重合于半圆柱筒体的内圆柱面的 V 面半圆投影上，它们的 H 面投影则是 H 面投影中四根柱子的 H 面投影小正方形内侧角点之间的连线，但由于与外壁交线分别同在一个铅垂面内，因而内壁交线的 H 面投影就分别重合在可见的外壁交线的 H 面投影上，被外壁交线所遮而不可见。

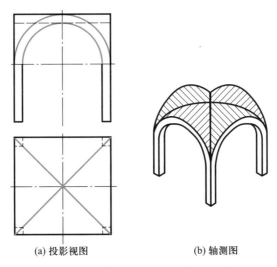

(a) 投影视图　　　　　　(b) 轴测图

图 7-22　等径十字拱的相贯线示例

　　（2）两同轴回转体相贯。两同轴回转体相贯，相贯线是垂直于轴线的圆，也就是在相贯回转体回转面上的公共纬圆。如图 7-23a 所示，球与圆锥构成的相贯体，球心在圆锥的轴线上。该相贯体的特征是：球和圆锥同轴，即球和圆锥绕同一条轴线回转，其相贯线是两个水平纬圆，这两个纬圆就是圆锥最左或最右端的素线与球体的两个交点围绕轴线旋转形成的，且与轴线垂直。因此 V 面投影积聚为线，H 面投影反映实形，并且下面的大圆被球体遮挡，所以大圆的 H 面投影为虚线。如图 7-23b 所示，为同轴圆锥、圆柱和半球组成的同轴回转体，其表面为相交和相切连接关系，相交交线正面投影为圆积聚成直线，而相切无交线。

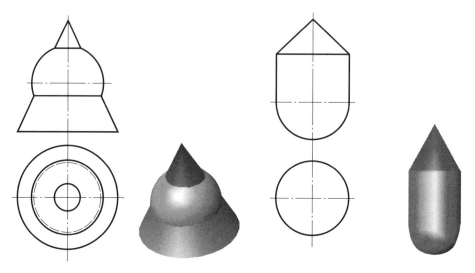

(a) 同轴球、圆锥相贯视图与轴测图　　　　(b) 同轴圆锥、圆柱和半球组合体视图与轴测图

图 7-23　同轴回转体构成的相贯体

注意：相贯体是一个整体，曲面体的投影外形线应只画到相贯线为止，不能画出穿入另一回转体内部的投影外形线。

■ 训练实例 ■

实例　试用简化画法分别补全图 7-24a 中的相贯线。

【实例分析】

如图 7-24a、b 所示，相贯体为三组圆柱体分别相贯，只是相贯方向和直径不同，两侧为直径不等的两组，中间为直径相等的一组相贯，对于圆柱形体的垂直正贯采用圆弧代替相贯线的简化画法作图。

【作图步骤】

（1）如图 7-24c 所示，画出相贯体左侧的相贯线，以左侧大圆柱体半径为度量长度，以 V 面投影矩形交点为起点在大圆柱体外侧小圆柱体轴线上量得简化画法圆弧的弧心，最后以所得弧心为圆心连接同侧矩形的交点，即得相贯线。同理，画出对称一侧相贯线。

动画扫一扫
圆柱体相贯线
变化

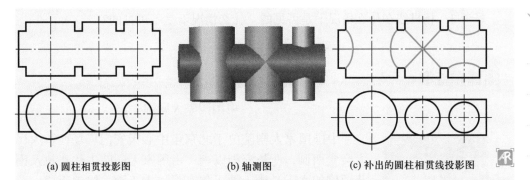

（a）圆柱相贯投影图　　　　　　（b）轴测图　　　　（c）补出的圆柱相贯线投影图

图 7-24　不同直径的圆柱正贯

（2）如图 7-24c 所示，中间为直径相等的圆柱体相贯时，相贯线实际为交叉椭圆，投影时椭圆积聚成直线，相贯线在矩形投影图上直接作成两对角交叉的直线。

（3）如图 7-24c 所示，画出相贯体右侧的相贯线。具体作法与左侧相同，注意相贯线方向发生了变化。

【实例总结】

此例三组相贯线很有代表性，应用简化画法会很方便地作出相贯线，要特别注意圆柱体半径和相贯线方向的变化。

■ 课堂训练 ■

训练　如图 7-25 所示，为不同类型的圆柱体正贯，请用简化画法分别补全图 7-25a、b、c 中的相贯线投影。

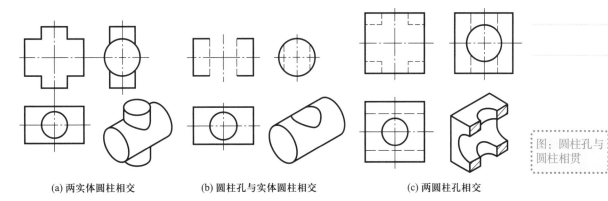

（a）两实体圆柱相交　　　　（b）圆柱孔与实体圆柱相交　　　　（c）两圆柱孔相交

图：圆柱孔与圆柱相贯

图 7-25　不同类型圆柱体垂直正贯

■ 学习思考 ■

思考 1　什么叫相贯线？它有哪些特点？

思考 2　求相贯线的步骤和方法是什么？

思考3 相贯线在什么情况下是可见的、什么情况下是不可见的？

建筑故事

中国国家大剧院

中国国家大剧院位于北京市中心天安门广场西，人民大会堂西侧，西长安街以南，由国家大剧院主体建筑及南北两侧的水下长廊、地下停车场、人工湖、绿地组成，总占地面积11.89万平方米，总建筑面积约16.5万平方米，地下附属设施6万平方米，总投资额26.88亿元人民币。

1958年建造人民大会堂时，周恩来总理就有建造大剧院的计划。国家大剧院从最初的方案到最后的完工整整历经了49年时间。2001年12月大剧院正式开工建设，2007年9月国家大剧院建成投入使用。

国家大剧院的表面是一种钛金属与玻璃相间的复合结构。走进建筑，四周是金色网状玻璃墙，顶上还能看到天空。地面层坐落着歌剧院、音乐厅、戏剧场，它们由道路区分开，彼此以悬空走道相连。

如今，从故宫望去，她就像一座柔和的圆形山丘，在阳光下熠熠生辉，正以她独特的造型，向世人展示着一个生机勃勃、面向未来的新气象。

国家大剧院的设计人是法国著名建筑设计师保罗·安德鲁，他的作品遍布世界各国：1967年，他设计了圆形的巴黎戴高乐机场候机楼，又陆续设计了尼斯、雅加达、开罗、上海等国际机场。他的精湛技艺让这些陌生的名字变成了世界性的新地标，安德鲁以其充满活力的设计给人留下深刻印象，被评价为一位世界著名的未来派风格设计师。

课程思政知识点：培养学生崇尚真理、精益求精的科学精神。中国国家大剧院建设中创新应用了以下施工技术：在地下17~60 m黏土层中使用了隔水墙体技术，建造了巨大的混凝土"水桶"防地基沉降；大剧院的穹顶是世界上最大的穹顶，没有使用一根柱子支撑，穹顶外层涂有纳米材料，当雨水落到玻璃面上时不会留下水渍；防噪声方面使用了一种叫"音闸"的技术；创新性地完成了超深地基施工等技术。

模块 4

轴测投影与技能

项目 8　轴测投影的基本知识及平面体正等轴测图的画法

📍 项目目标

思政目标：培养学生精益求精的工匠精神。

知识目标：了解轴测投影的形成、分类和轴向变形系数、轴间角，掌握正等测和斜等测图的基本概念，掌握平面体正等轴测图画法。

能力目标：能熟练绘制基本立体正等测、斜等测图及平面体正等轴测图。

素质目标：培养学生敬业奉献的思想品质。

任务　轴测投影的基本知识及平面体正等轴测图的画法

▪ 任务引入与分析 ▪

图 8-1a、b 分别为形体的正投影图和轴测图。正投影图能确定物体的形状和大小，且作图简便，度量性好，但它缺乏立体感，直观性较差。轴测图形象、逼真、富有立体感，但一般不能反映出物体各表面的实形，因而度量性差，同时作图较复杂。在工程上常把轴测图作为辅助图样，来说明建筑形体的大致结构与形状。本任务将学习轴测图的基本知识。

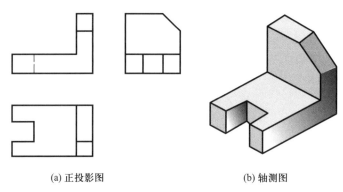

图：正投影与轴测投影

(a) 正投影图   (b) 轴测图

图 8-1 形体正投影图与轴测图的比较

■ 相关知识 ■

轴测图是一种单面投影图，在一个投影面上能同时反映出物体长、宽、高及这三个方向的形状，并接近于人们的视觉习惯。在设计中，用轴测图帮助构思、想象物体的形状，以弥补正投影图的不足。

一、轴测投影图的形成

图 8-2 显示了物体轴测投影图的形成过程。在物体适当的位置选取三条棱线，分别作为其长、宽、高三个方向的坐标轴 OX、OY、OZ。将物体连同确定其空间位置的直角坐标系，用平行投影法沿不平行于任一坐标平面的投射方向 S，投射到投影面 P 上，所得到的投影称为轴测投影。用这种方法画出的图称为轴测投影图，简称轴测图。形成轴测图的平面称为轴测投影面。轴测图中的坐标轴称为轴测轴，轴测轴之间的夹角称为轴间角。

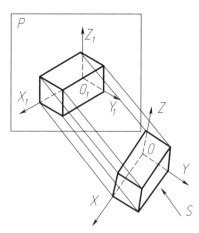

轴测轴上的单位长度与相应投影轴上单位长度的比值称为轴向伸缩系数，OX、OY、OZ 轴上的轴向伸缩系数分别用 p、q、r 表示。

图 8-2 正轴测图的形成

微课扫一扫
轴测投影的形成、分类、特性及选择

二、轴测图的分类

按照投射方向是否垂直于投影面可分为：正轴测图和斜轴测图。

按轴向伸缩系数可分为：正（斜）等测，$p=q=r$；正（斜）二测，$p=q \neq r$ 或 $p=r \neq q$ 或 $q=r \neq p$；正（斜）三测，$p \neq q \neq r$。

三、土木工程中常用的轴测投影

表 8-1 中给出了土木工程中常用的几种轴测投影图系数和示例，在此重点学习正等测图和正面斜轴测图。

表 8-1　常用轴测图的轴间角、轴向伸缩系数或简化系数及示例

种类	正等测	正二测	正面斜等测 正面斜二测	水平斜等测 水平斜二测
轴间角	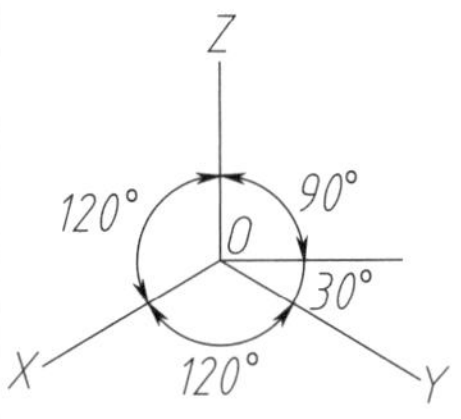	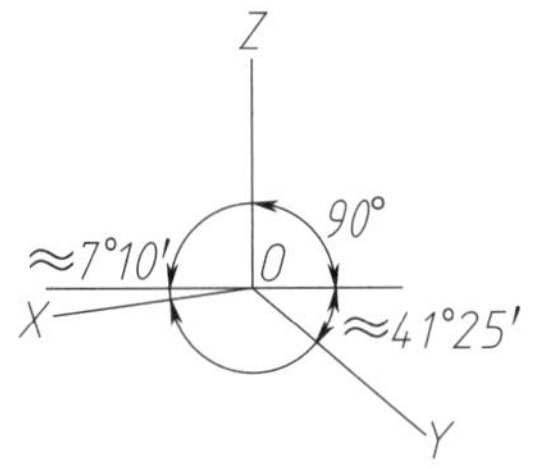	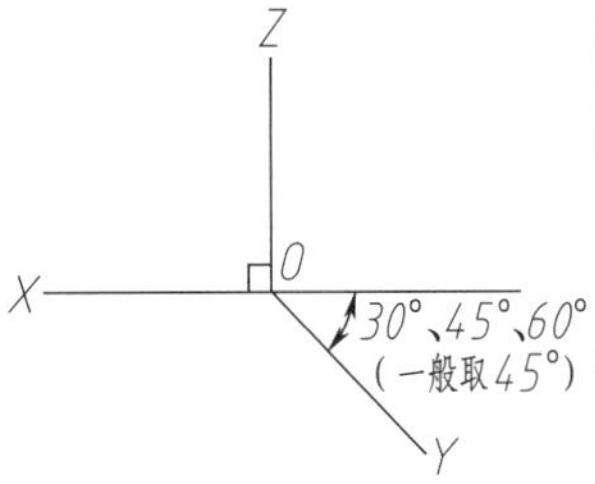	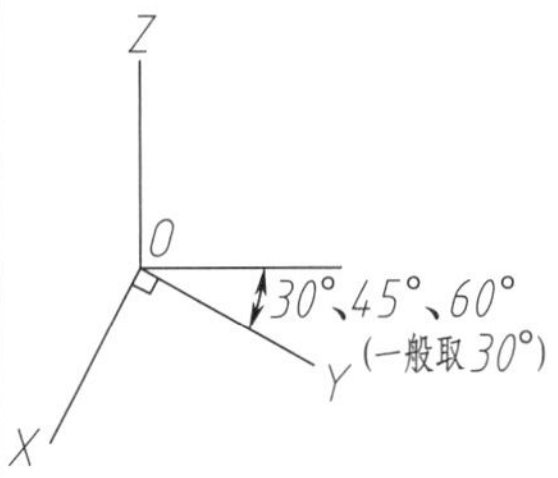
轴向伸缩系数或简化系数	简化系数： $p=q=r=1$	简化系数： $p=r=1$ $q=1/2$	轴向伸缩系数 正面斜等测： $p=q=r=1$ 正面斜二测： $p=r=1$ $q=1/2$	轴向伸缩系数 水平斜等测： $p=q=r=1$ 水平斜二测： $p=q=1$ $r=1/2$
示例	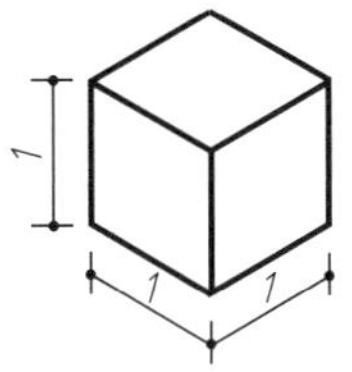	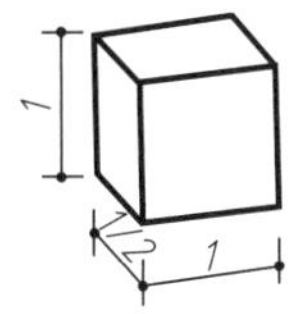	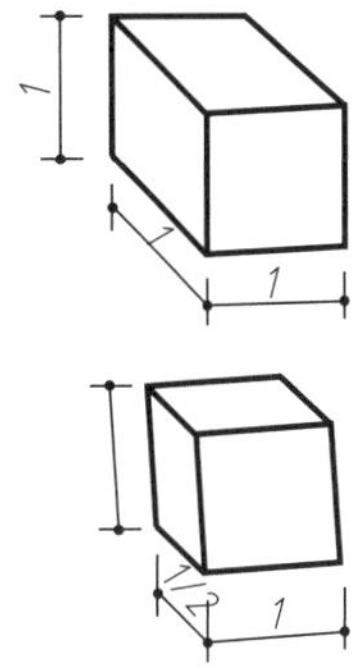	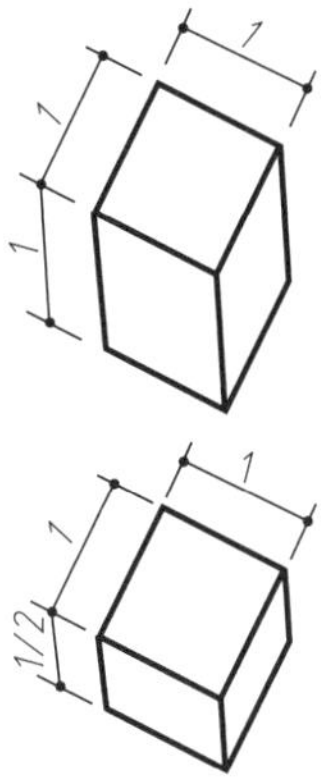

四、轴测投影的特性

由于轴测投影是平行投影，因此轴测投影也具有平行投影的各种特性，主要有以下两点：

（1）平行性。形体上与坐标轴平行的线段称为轴向线，在轴测投影中仍与相应的坐标轴平行，并有同样的伸缩系数。

（2）定比性。物体上互相平行的线段，在轴测图上仍相互平行，其变形系数相等。

对于形体上不平行于坐标轴的线段，即非轴向线段的投影变化与轴向线段不同，不能直接将其长度转移至轴测图上。画非轴向线段的轴测投影时，需确定其两端点在轴测坐标系中的位置，然后再连成轴测投影线段。

五、轴测投影的选择

绘制物体轴测投影的目的是使所画图形能反映出物体的主要形状，富于立体感，并大致符合日常观看物体时所得到的形、像。由于轴测投影中一般不画虚线，所以

教学课件
轴侧投影的形成分类特性及选择

图形中物体各部分的可见性对于表达物体形状来说具有特别重要的意义。

1. 选择轴测投影应考虑的两个方面

选择哪一个投影来表达一个物体，应按物体的形状特征和对立体感程度的要求综合考虑而确定。通常应从两个方面考虑：首先是直观性，也就是画出的轴测投影立体感强，尽可能多地表达清楚物体的各部分的形状，尤其是要把物体的主要形状和特征表达清楚；其次是作图的简便性，也就是能够简捷地画出这个物体的轴测投影。

2. 土木工程中常用的几种轴测投影的一般比较

对土木工程中常用的几种轴测投影而言，在一般情况下，正二测的直观性和立体感最好，其次是正等测，正面斜二测和水平斜等测最差；但作图的简便性恰好相反，正面斜二测和水平斜等测作图最简捷，其次是正等测，正二测作图最繁杂。

前面介绍的几种轴测图，一般来说，在一定程度上可以满足图形自然和作图简便的要求。其中，除斜等测投影通常用于绘制建筑群和管道系统的立体图外，其余几种轴测投影都可以用于作一般物体的立体图。

3. 增强轴测投影的直观性和立体感应注意的问题

当所要表达的物体部分成为不可见或有的表面成为一条线或物体上有通孔的时候，用正等轴测投影不能把它表达清楚，若改用正面斜二测投影，就能充分表达清楚了。当物体上有对称部分的时候用正面斜二测较正等测投影更能反映清楚其结构。如采用正等测投影物体有两个表面都成为直线，则不能反映物体的特征，可改用正面斜二测效果就好得多。对于直立的圆柱而言，正等测轴测投影较斜二测投影效果要好得多。观察物体时的方向对于表达物体的形状，显示物体的特征也有十分重要的作用。

六、平面体正等测图的作图方法

教学课件
平面体正等测
图的作图方法
及注意事项

微课扫一扫
平面体正等测
图的作图方法
及注意事项

画平面体轴测图的基本方法是坐标法，即按坐标关系画出物体上各个点、线的轴测投影，然后连成物体的轴测图。但在实际作图中，还应根据物体的形状特点的不同而灵活采用其他不同的作图方法，如端面法、切割法、叠加法等。

（1）坐标法。根据物体的特点，建立适当的坐标轴，然后按坐标法画出物体上各顶点的轴测投影，再由点连成物体的轴测图，坐标法是其他画法的基础。用坐标法画非轴向线段时，对于非轴向线段，其在轴测图上的长度无法直接量取，通过坐标法画出。坐标法是量取线段端点在正投影轴上的坐标值，分别在对应轴测轴上量取相等坐标值，从而定出端点在轴测图的位置，进而确定非轴向线段的轴测投影。

（2）端面法。端面法多用于柱类形体，根据柱类形体的构造特点，一般先画出某一端面的轴测图，然后再过端面上各个可见的顶点，依据各点在 OZ 轴上的投影高度，向上作可见的棱线，可得另一端面的各顶点，连接各顶点即可得到其轴测图。

（3）切割法。对于可以从基本立方体切割而形成的形体，首先将形体看成是一定形状的立方体，并根据以上所述方法画出其轴测图，然后再按照形体的形成过程，逐一切割，相继画出被切割后的形状。

（4）叠加法。对于常见的组合体而言，往往可以看成是几个基本形体叠加而成的，在形体分析的基础上，将组合体适当地分解为几个基本形体，然后依据上述的几种作图方法，逐个将基本形体的正等测图画出，最后完成整个组合体的轴测图。但要注意各部分的相对位置关系，选择适当的顺序，一般是先大后小。

七、作平面体正等测图的注意事项

（1）为了使轴测图形清晰，一般只需要画出可见的轮廓线，避免因线条过多而造成错误。画图时要尽量减少不必要的作图线，一般先从可见部分开始作图，如先画出物体的前面、顶面或左面等。

（2）作轴测图时，只有平行于轴向的线段才能直接量取尺寸作图。不平行于轴向的线段，可由该线段的两端点的位置来确定。

（3）确定轴测轴时，先在已知的视图中确定 OX、OY、OZ 轴，轴测轴一般设置在形体上，与形体主要的棱线、对称轴或中心线重合，也可以设置在形体外。

（4）画轴向线段时，先沿 OX 轴量取长度尺寸，沿 OY 轴量取宽度尺寸，沿 OZ 轴量取高度尺寸，画出在轴测轴上或与轴测轴相平行的相对应线段；再画出非轴向线段。

■ 训练实例 ■

实例 1　如图 8-3a 所示，已知四棱台三面投影，用坐标法作四棱台的正等测图。

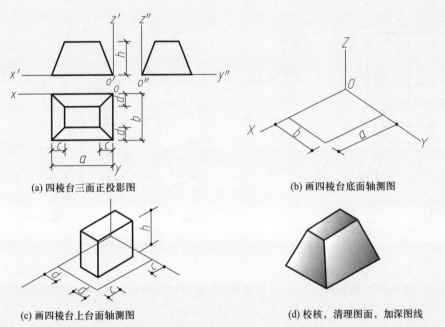

(a) 四棱台三面正投影图　　(b) 画四棱台底面轴测图

(c) 画四棱台上台面轴测图　　(d) 校核，清理图面，加深图线

图 8-3　四棱台正等测图的作法

【实例分析】

通过分析四棱台中四条侧棱不平行于任何投影轴，所以侧棱只能用坐标法定出端点后连接求出。所以只能采用先求出四棱台底面矩形的轴测图，再根据高度位置和上台面矩形画出四棱台上台面的轴测图，然后连接出四条侧棱。

【作图步骤】

（1）在正投影图上定出原点和坐标轴的位置，如图 8-3a 所示。

（2）画轴测轴，在 OX 和 OY 上分别量取 a 和 b，画出四棱台底面的轴测图，如图 8-3b 所示。

（3）在底面上用坐标法根据尺寸 c、d 和 h 作棱台上台面各角点的轴测图，如图 8-3c 所示。

（4）依次连接各角点，擦去多余图线并加深，即得四棱台的正等测图，如图 8-3d 所示。

【实例总结】

对于采用坐标法作形体轴测图，应先分析出平行和不平行于投影轴的线段，然后利用平行性和轴向伸缩系数及相对坐标作出平行线段图形的轴测图，再通过连接所求点间接作出不平行于投影轴的线段轴测图。

实例 2 如图 8-4 所示，已知正五棱柱的两视图，用端面法和坐标法作这个正五棱柱的正等测图。

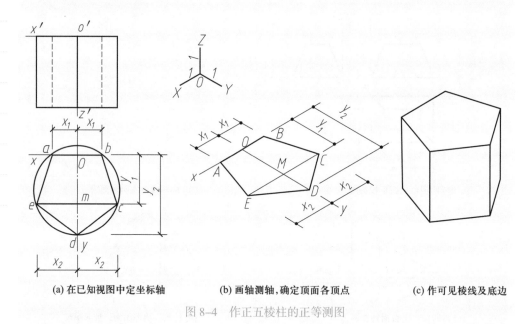

(a) 在已知视图中定坐标轴　　(b) 画轴测轴，确定顶面各顶点　　(c) 作可见棱线及底边

图 8-4 作正五棱柱的正等测图

【实例分析】

画基本体的轴测图时，通常把基本体的一个表面放置在坐标平面上，使它的投影与这个表面的轴测投影重合，由坐标轴出发，按坐标依次画出各点的轴测投影，连接这些点，便形成基本体的轴测图。

【作图步骤】

（1）如图 8-4a 所示，在已知视图中定坐标轴。正五棱柱的顶面和底面为水平的正五边形，左右对称，可取 OX 轴与后顶边 AB 重合，坐标原点与 AB 的中点重合，OY 轴与顶面的左右对称线重合。

（2）如图 8-4b 所示，作轴测轴 OX、OY，然后作顶面各顶点 A、B、C、D、E 的轴测投影，也就是各棱线在顶面上的投影，连成顶面的轴测图，也就是这个正五棱柱在顶面上的投影。从点 O 沿 OX 轴向两侧量取图 8-4a 中的 x_1，得点 A 和 B；沿 OY 轴量取图 8-4a 中的 y_1，得点 M，过点 M 作 OX 轴的平行线，向两侧量取图 8-4a 中的 x_2，得点 C 和 E；沿 OY 轴量取图 8-4a 中的 y_2，得点 D。顺次连接点 A、B、C、D、E、A，即为正五棱柱顶面的轴测图。

（3）如图 8-4c 所示，过 A、E、D、C 各点向下即沿轴测轴 OZ 的方向量取图 8-4a 中的棱柱高，画出各可见棱线，也确定了底面的可见底边各顶点的轴测投影，顺次连出正五棱柱各可见底边，于是就完成了这个正五棱柱正等测的全部作图。

【实例总结】

绘制基本体轴测投影时应先在形体的视图中定坐标轴，再将形体在轴测图中可见部分的点、线、面绘制在轴测坐标系中，从而构成形体的轴测图，最后清理图面。

实例 3　已知组合体的三面正投影图，如图 8-5a 所示，试用坐标法与切割法作该组合体的正等轴测图。

【实例分析】

如图 8-5a 所示，为一形体三面投影视图，该组合体的原始形体为长方体，即图中添加的双点画线后的外轮廓所示的形体。前上方被一个正平面和水平面截切掉一个四棱柱，成为一个侧垂的 L 形柱体；然后再用两个铅垂面分别切掉左、右各一块，就成为现在这个切割型的组合体。切割过程如图 8-5a 中添加的双点画线所示。

【作图步骤】

（1）先作出未切割长方体的正等测图，如图 8-5b 所示。

（2）由正平面和水平面切割长方体，画出切割后形成的 L 形柱体，如图 8-5c 所示。

（3）画出用两个铅垂面对称地斜切 L 形柱体的正等测图，如图 8-5d 所示。

应注意：图 8-5d 中斜线 AB 与轴测轴不平行，不能直接量取。点 B 只能在 L 形柱体底面的平行于 OX 轴的前棱线上对应量取三面投影图中的长度 x_1 而定，然后 A、B 两点连成直线 AB。图中的斜线 CD，可用作 AB 的同样方法作出，但因在轴测图中，两平行线对应的轴测图线仍平行，所以也可用过点 C 作 CD//AB 而作出。右侧切割的方法相同。

（4）如图 8-5e 所示，校核已经画出的轴测图，擦去作图线和不可见的轮廓线，清理图面，加深图线，即作出了这个组合体的正等测图。

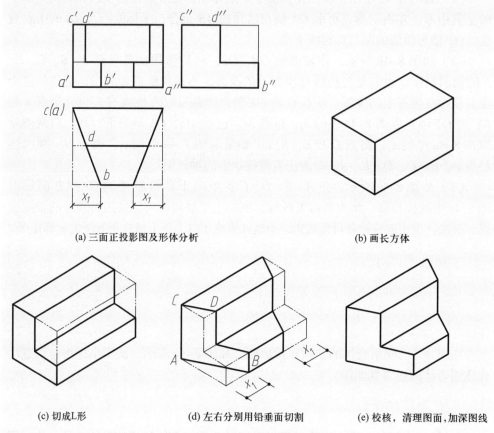

(a) 三面正投影图及形体分析　　　　　　　　(b) 画长方体

(c) 切成L形　　　　(d) 左右分别用铅垂面切割　　　(e) 校核，清理图面，加深图线

图 8-5　作组合体的正等轴测图

【实例总结】

由组合体的三面投影图画轴测图时，先进行形体分析，经分析此形体组合形式为切割式组合体，对于切割形体要先画出切割前的长方体，然后画第一部分切割即 L 形体，再画第二部分切割即左右两侧切角后的部分。

实例 4　如图 8-6a 所示，已知带有门斗的四坡顶的房屋模型三视图，试用叠加法画出它的正等轴测图。

【实例分析】

看懂三视图，想象房屋模型的形状，由图 8-6a 可以看出，这个房屋模型是由屋檐下的四个墙面形成的四棱柱、四坡屋面的屋顶和五棱柱门斗组合而成。五棱柱门斗与四棱柱、四坡屋面都相交。因此，可先画四棱柱，再画四坡屋面，最后画五棱柱门斗。

【作图步骤】

（1）选定坐标轴，画出房屋下部的长方体。如图 8-6a 所示，选定坐标轴。然后，如图 8-6b 所示，按简化系数和尺寸 x_1、y_1、z_1 作出长方体的正等测。

（2）作四坡屋面。从图 8-6a 可以看出，四坡屋面除了前屋面与门斗的双坡屋面相交外，是左右、前后都对称的。如图 8-6c 所示，可先用图 8-6a 中的尺寸 y_1 的一半和 x_2，作出屋脊线两个端点在长方体顶面上的次投影；然后，用尺寸 z_2 作出这两个端点，连出屋脊线；最后，分别再与长方体上顶面的四顶点连成四坡屋面的斜脊。于是就完成了四坡屋面的正等测。

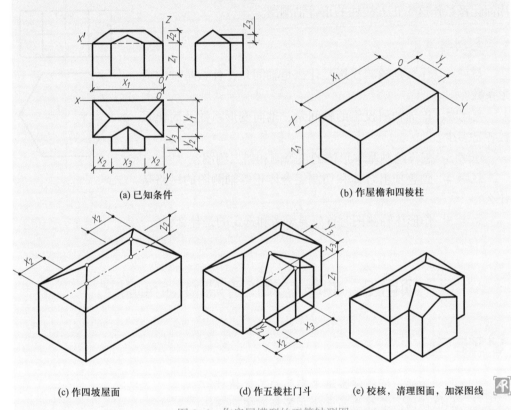

(a) 已知条件　　(b) 作屋檐和四棱柱

(c) 作四坡屋面　　(d) 作五棱柱门斗　　(e) 校核，清理图面，加深图线

图 8-6　作房屋模型的正等轴测图

（3）作五棱柱门斗。从图 8-6a 可以看出，五棱柱门斗的前墙面为正平面。作图如图 8-6d 所示，可先用图 8-6a 中的尺寸 y_2、x_2、x_3 及 x_3 的一半及 z_1、z_3 作出门斗前墙面。由门斗前墙面的左下、左上和中上、右上顶点作 Y 轴方向平行的可见墙脚线和屋檐线，分别与房屋主体前墙面的墙脚线和屋檐相交，就画出了门斗左墙面与房屋主体前墙面的交线。从门斗前墙面上的屋脊点向后作 OY 轴的平行线，并从图 8-6a 中量取门斗屋脊线的长度 y_3，便作出了门斗屋脊线及其与主体房屋前屋面的交点，将这个交点与门斗屋檐和主体房屋屋檐的两个交点分别相连，就作出了门斗的左、右屋面与主体房屋前屋面相交的两条斜沟。

（4）校核，清理图面，加深图线，作图结果如图8-6e所示。

【实例总结】

由组合体的三面投影图画轴测图时，先进行形体分析，经分析此形体组合形式为叠加式组合体。对于叠加形体要先画出叠加前的主体部分，即长方体；然后按尺寸画第二部分，即四坡屋面；最后画第三部分，即五棱柱门斗部分。

■ 课堂训练 ■

训练　如图8-7所示，已知正六棱柱的两视图，请在右侧用简化系数作这个正五棱柱的正等轴测图。

■ 学习思考 ■

思考1　什么是轴测投影？什么是轴间角？什么是轴向变形系数？

思考2　正等轴测投影的轴间角、轴向变形系数及简化系数各是多少？

思考3　怎样绘制基本形体的正等测和斜二测图？

思考4　画叠加组合体和切割组合体正等轴测图的思路是什么？

思考5　作形体轴测图时首先要思考和选定的是什么？

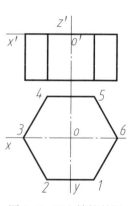

图8-7　正六棱柱的视图及平面坐标系

项目9　曲面立体正等轴测图的画法

📍 项目目标

思政目标：培养学生追求卓越的工匠精神。

知识目标：掌握曲面立体正等轴测图的画法。

能力目标：能熟练绘制曲面立体正等轴测图。

素质目标：培养学生热爱祖国的思想品质。

任务　曲面立体的正等轴测图画法

■ 任务引入与分析 ■

图9-1所示为曲面圆柱体正等轴测图的作图过程，在作图过程中出现椭圆的作图，并且椭圆作法不同于模块1中椭圆的作法。通过这一任务的学习，将会掌握曲面圆柱体正等轴测图的作图方法。

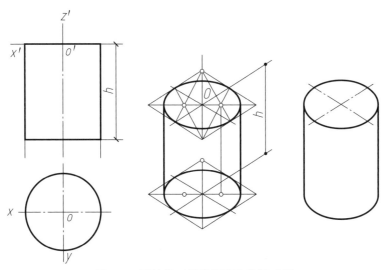

图 9-1　圆柱体正等轴测图的作图过程

■ **相关知识** ■

曲面立体表面除了直线轮廓线外，还有曲线轮廓线，工程中用得最多的曲线轮廓线就是圆或圆弧。要画曲面立体的轴测图必须先掌握圆和圆弧的轴测图画法。

平行于坐标面的圆的正等轴测图

根据正等测的形成原理可知，平行于坐标面的圆的正等轴测图是椭圆。如图 9-2 所示，表示按简化伸缩系数绘制的分别平行于 XOY、XOZ 和 YOZ 三个坐标面的圆的正等轴测图。

这三个圆可视为处于同一个立方体的三个不同方位的表面上，对该图分析后有如下结论。

（1）直径相同且平行坐标面的圆的正等轴测图的椭圆形状和大小完全相同。

（2）椭圆的方位因不同的坐标面而不同，其中椭圆的长轴垂直于与圆平面相垂直的正投影轴对应的轴测轴，而短轴则平行于这条轴测轴。例如，平行于 XOY 坐标面圆的正等轴测图——椭圆的长轴垂直 Z 轴，而短轴则与 Z 轴平行。

在正投影中，如果圆平行于某一投影面，其投影仍为圆，如果圆倾斜于投影面时，其投影为椭圆。而在正等轴测图中，平行于坐标面的圆其投影为椭圆，且常用近似画法——四心法作图。画椭圆的关键是要确定椭圆的长、短轴的方向和长度。

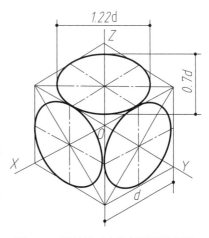

图 9-2　平行于三个坐标平面的圆的
正等轴测图

■ 训练实例 ■

实例 1 如图 9-3 所示，作水平圆的正等轴测图。

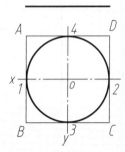

(a) 已知平行于 H 面的圆并作外切正方形

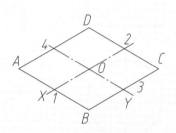

(b) 作投影轴，画菱形

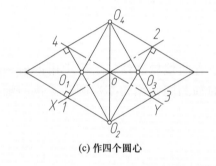

(c) 作四个圆心

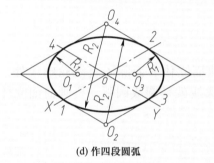

(d) 作四段圆弧

图 9-3 水平圆的正等轴测图——椭圆近似画法

【实例分析】

根据轴测投影原理，水平圆的轴测图为椭圆。画椭圆时的思路是将要作出的椭圆分成四段圆弧，分别求出四段弧的弧心和半径，相连接即构成整个椭圆。

【作图步骤】

（1）确定坐标原点 O，画出圆的外切正方形，如图 9-3a 所示。

（2）根据在正投影中平行投影轴的线段，其轴测图中平行性不变的特性，画出外切正方形的正等轴测投影即菱形，如图 9-3b 所示。

（3）确定四段圆弧的弧心。菱形的短对角线两端点即为四心法中的两个弧心，分别为 O_2、O_4，连接 O_24、O_22，O_41、O_43，它们分别垂直于菱形的相应边并交长对角线于 O_1、O_3，得到四个圆心 O_1、O_2、O_3、O_4，如图 9-3c 所示。

（4）画四段圆弧。分别以 O_1、O_3 为圆心，O_11 为半径作圆弧；再分别以 O_2、O_4 为圆心，O_22 为半径作圆弧，如图 9-3d 所示。这种近似画椭圆的方法，即为四心圆法。

【实例总结】

画圆正等轴测图时先确定坐标原点和坐标轴，再作圆的外切正方形，作外切正方形的轴测图即菱形，借助菱形确定构成椭圆的四段弧的弧心和半径，画出四段圆弧组成所求椭圆。

平行于 W 面与 V 面的圆的正等测的画法如图 9-4 所示，它们的画法与平行于 H 面的圆的画法相同，但轴测轴的方向不同。作图时，先按圆平行的投影面确定轴测轴的方向，再画菱形，作四个圆心，最后画四段圆弧组成椭圆。

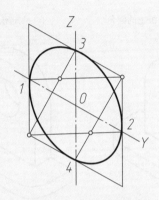 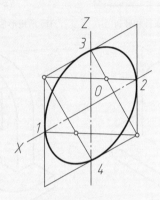

(a) 平行于 W 面的圆的正等轴测图　　　(b) 平行于 V 面的圆的正等轴测图

图 9-4　平行于 W 面、V 面的圆的正等轴测图

如图 9-5 所示，是一个铅垂圆柱的正等轴测图，它的直径为 24 mm，高度为 14 mm，作图时，可按图 9-3 所介绍的方法，作出圆柱顶圆的正等轴测图；再从顶圆的圆心向下引铅垂线，并量取高度 14 mm，得底圆的圆心，用同样的方法作底圆的正等轴测图——椭圆；然后作出椭圆的顶圆和底圆的轴测图的铅垂的公切线，就画出了这个圆柱的正等轴测图。

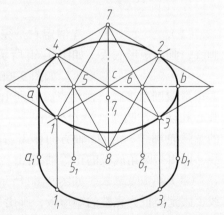

实例 2　如图 9-6 所示，已知组合体的立面图和平面图，画出该组合体的正等轴测图。

图 9-5　作铅垂圆柱的正等轴测图

【实例分析】

根据图 9-6a 所示，从图中可以看出：这个组合体是由底板和竖板叠加组合而成的。底板的左前角和右前角都是由 1/4 圆柱面形成的圆角，竖板具有圆柱通孔和半圆柱面的上端。组合体左右对称，竖板和底板的后壁位于同一正平面上。根据叠加组合原理先画底板，再画竖板和圆柱通孔。

教学课件
圆角结构形体及半圆柱体正等测图画法

微课扫一扫
圆柱体及圆角结构形体正等测画法

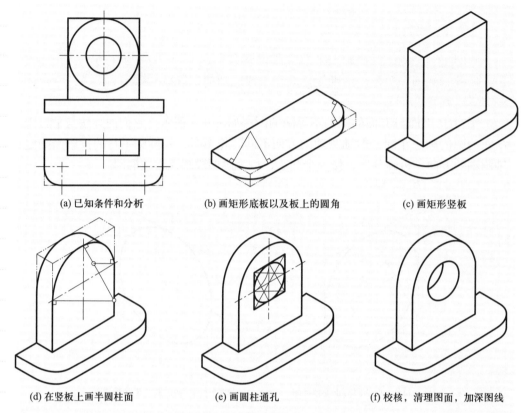

(a) 已知条件和分析　　　　(b) 画矩形底板以及板上的圆角　　　　(c) 画矩形竖板

(d) 在竖板上画半圆柱面　　　　(e) 画圆柱通孔　　　　(f) 校核，清理图面，加深图线

图 9-6　由组合体两视图作正等轴测图

【作图步骤】

（1）画矩形底板。先假定它是完整的矩形，在所给的平面投影图中添加双点画线，画出矩形底板，如图 9-6b 所示。

（2）画底板上的圆角。如图 9-6b 所示，从底板顶面的左右两角点，沿顶面的两边量取圆角半径，得切点。分别由切点作出它所在的边的垂线，交得圆心。由圆心和切点作圆弧。沿 OZ 轴向下平移圆心一个板厚，便可画出底板底面上可见的圆弧轮廓线。沿 OZ 轴方向作出右前圆角在顶面和底面上的圆弧轮廓线的公切线，即得带圆角底板的正等轴测图。

（3）画矩形竖板。如图 9-6c 所示，按平面图、立面图及图中所添加的双点画线，假定竖板为完整的矩形板，画出其正等轴测图。

（4）在竖板上端画半圆柱面。如图 9-6d 所示，在矩形竖板的前表面上作出图 9-6a 中所示的中心线（即过圆孔中心线的轴测轴 OX、OZ）的平行线，它们与完整的矩形竖板前表面的轮廓线有三个交点，过这三个点分别作所在边的垂线，垂线的交点是近似轴测椭圆圆弧的圆心。由此可分别画大弧和小弧。用向后平移这两个圆心一个板厚的方法，即可画出竖板后表面上的半圆轮廓线的近似轴测椭圆的大、小两个圆弧，作 OX 方向的公切线，将竖板上端改画成半圆柱面。

（5）画圆柱通孔。如图 9-6e 所示，圆柱形通孔画法基本上与画正垂圆柱相同，但要注意竖板后表面上圆孔的可见部分，在正等轴测图中应画出用圆弧代替的近似椭圆弧的轮廓线，也可以应用向后平移前孔口的近似轴测椭圆的圆弧的圆心一个板厚的方法求得。

（6）完成作图。从图 9-6b 至图 9-6e 完成该组合体的正轴测底稿后，经校核和清理图面，加深图线，完成全图，如图 9-6f 所示。

【实例总结】

画组合体正等轴测图时，先分析出是叠加或切割类型，然后根据先主后次、先大后小的原则作轴测图。此例中注意矩形底板两个圆角的画法和竖板半圆柱面的画法。

■ 课堂训练 ■

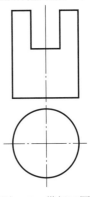

训练　如图 9-7 所示，使用坐标法与切割法，根据带切口圆柱的正投影图，在右侧作切口圆柱的正等轴测图，尺寸在图中量取。

■ 学习思考 ■

思考 1　什么是四心法？怎样确定四段圆弧的弧心和半径？

思考 2　形体正等轴测图的圆角怎么作？半圆柱面形体怎么作？

图 9-7　带切口圆柱的正投影图

项目 10　正面斜等测和正面斜二测图的画法

🔘 项目目标

思政目标：培养学生追求卓越的工匠精神。

知识目标：掌握形体正面斜等测和正面斜二测图的基本知识及作图方法。

能力目标：能熟练绘制形体正面斜等测和正面斜二测图。

素质目标：培养学生敬业奉献的思想品质。

任务　正面斜等测和正面斜二测图的画法

■ 任务引入与分析 ■

图 10-1 为某圆管正面斜二测图，此图是依据什么作图原理和方法完成的呢？通过本任务的学习，将能正确地理解正面斜二测图和正面斜等测图的画图方法，并能熟练地绘制出形体的正面斜二测图和正面斜等测图。

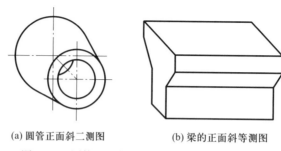

(a) 圆管正面斜二测图   (b) 梁的正面斜等测图

图 10-1   圆管正面斜二测图及梁的正面斜等测图

■ 相关知识 ■

如图 10-2 所示，当投射方向 S 倾斜于轴测投影面 P 时，在 P 面上所得的投影就是斜轴测投影。

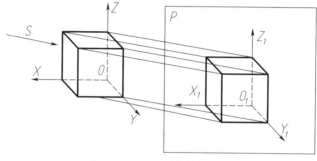

图 10-2   斜轴测图的形成

当形体上两个坐标轴的轴向伸缩系数相同时，在 P 面上所得到的投影称为斜二等轴测投影，简称斜二测。如果 $p=r$，即坐标面 XOZ 面（正面）平行于 P 面，得到的是正面斜二测；如果 $p=q$，即坐标面 XOY 面（水平面）平行于 P 面，得到的是水平斜二测。在工程实践中使用较多的是斜二测画法。正面斜等测和斜二测图是以平行于 XOZ 面的平面 P 作为轴测投影面。在这种轴测投影中，形体上凡是与 XOZ 坐标面平行的图形在 P 面上反映实形，这种斜投影称为正面斜轴测投影。

正面斜等测和正面斜二测通常都采用如表 8-1 所示的 OY 与 OX 延长线的夹角为 45° 画出，即 OY 与 OZ 的轴间角为 135°。画正面斜等测、正面斜二测的方法与步骤和正等测的画法基本相同。由于正面斜等测和正面斜二测的投影面与正立投影面 V 相平行，因此，物体表面的正平面上的所有图形在正面斜等测和正面斜二测中都反映实形，作图就比正等测方便。

在正面斜轴测投影中，轴间角 $\angle ZOX=90°$，$\angle ZOY=\angle XOY= 135°$。正面斜等测轴向伸缩系数为 $p=q=r=1$；正面斜二测轴向伸缩系数为 $p=r=1$，$q=0.5$。

在作回转体的斜等轴测图时，平行于正面的斜轴测图，其投影仍然是圆；平行水平面或侧立面的圆的斜轴测图，其投影为椭圆，如图 10-3 所示。所以在作回转体斜轴测图

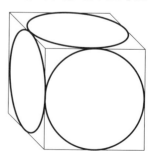

图 10-3   平行于坐标面的
圆的斜二测图

时，首先选择圆平行于正面，其投影是圆。选择圆平行于其他投影面，绘图将变得麻烦，应尽量避免。

■ 训练实例 ■

实例 1　如图 10-4 所示，已知一段梁的三视图，用端面法画出它的正面斜等测图。

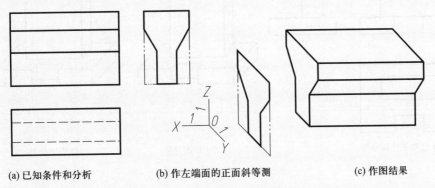

(a) 已知条件和分析　　　(b) 作左端面的正面斜等测　　　(c) 作图结果

图 10-4　作一段梁的正面斜等测图

【实例分析】

如图 10-4a 所示，通过阅读三视图可以知道，这段梁是一个垂直于侧立投影面的棱柱，表达梁形状特征的视图为左视图，平行 W 面。作图时先画出可见的左端面，然后再沿 X 轴向右作棱线，量取三视图中的长度，就可画出这段梁的正面斜等测图。

【作图步骤】

（1）画可见的左端面。在左端面的八条轮廓线中，除了两条斜线外，都与坐标轴平行，于是如图 10-4a 所示，在反映左端面实形的左侧立面图中，加画以双点画线表示的假想轮廓线，将左端面补成一个矩形，就可利用坐标轴的平行线作图。具体的作图过程如图 10-4b 所示，按斜等测的 Y 轴向、Z 轴向及它们的轴向伸缩系数 1，画出这个矩形的斜等测，从而确定与坐标轴平行的六条轮廓线；然后，分别连接斜线的两端点，作出这两条倾斜的轮廓线，就完成了左端面的斜等测。当画出左端面后，可立即擦去辅助的作图线，即擦去以双点画线画出的假想轮廓线，就成为图 10-4b 中所示的左端面。

（2）沿 X 轴向作出各条可见棱线，连成其他各个可见表面。如图 10-4b 所示，从左端面轮廓线上方和前方的诸角点，沿 X 轴向右画出各条可见棱线，并从图 10-4a 中按轴向伸缩系数 1 量取梁的长度，得出这些棱线的右端点，连成这段梁右端面的可见轮廓线，显示出这段梁可见的顶面和前面的三个表面，就画出了这段梁的正面斜等测图（图 10-4c）。

【实例总结】

作形体斜等测图时，首先找出平行于投影面的特征视图，以便于作特征斜等测图，然后根据视图表达方向给出形体延伸的长度即可较快地作出形体斜等测图。

实例 2　如图 10-5a 所示，已知一座纪念碑的三视图，画出它的正面斜二测图。

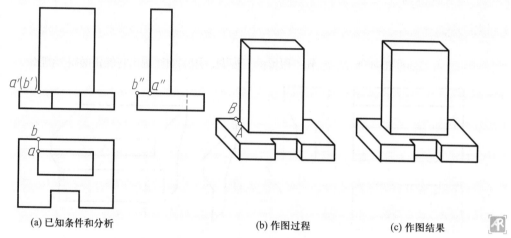

(a) 已知条件和分析　　　　　　(b) 作图过程　　　(c) 作图结果

图 10-5　作纪念碑的正面斜二测图

【实例分析】

如图 10-5a 所示，通过阅读三视图可以看出，这座纪念碑由长方体的碑身和凹字形的底座两部分叠加组合而成。应用坐标法和叠加法可以顺利地完成作图，作图中由于顶面、前面和左侧面在轴测图中可见，因而先从这些面开始作图比较理想。

【作图步骤】

（1）画碑身。如图 10-5b 所示，当确定了轴测轴和轴向伸缩系数后，先从碑身的一个可见面画起，画出碑身的正面斜二测。

（2）画底座。如图 10-5a 所示，将碑身的左侧面与底座顶面的交线，从后端点 A 用细实线向后继续延长，与底座顶面的后轮廓线交得点 B，利用这条辅助线就可确定碑身与底座的相对位置，由此在图 10-5b 中画出凹字形底座的顶面。然后，从凹字形底座顶面上处于底座左侧面、前面和凹槽右侧面的诸角点，向下作可见的铅垂棱线；对照底座顶面上的顶边，连接诸铅垂棱线的下端，得到底座左侧面、前面和凹槽右侧面的底边；由凹槽的后面和右侧面相交的棱线的下端点，作凹槽后面顶边的平行线，画出凹槽后面底边的可见部分，从而画出底座的各可见棱面，便画出了这座纪念碑的正面斜二测的底稿。

（3）清理图面，加深可见轮廓线。如图 10-5c 所示，擦去作图线，清理图面，加深可见轮廓线，便画出了这座纪念碑的正面斜二测。

【实例总结】

作此类形体斜二测图时应分析出形体的组合形式，选用合适的作图思路，应用正确的斜二测图作图方法，便可顺利地完成斜二测图的作图。

实例 3　如图 10-6 所示，已知半圆拱门洞的两视图，画出它的正面斜二测图。

【实例分析】

图 10-6 所示的半圆拱门洞，按形体分析可以看成是由底板和挡墙叠加而成。底板为长方体；挡墙也是长方体，位于底板之上。挡墙上挖通了两个半圆拱门洞，整个挡墙与底板彼此都是前后对称和左右对称的；画这个双拱门洞的正面斜二测时，可先画出底板与挡墙，由于挡墙前表面在正面斜轴测投影中反映实形，所以可在挡墙前表面确定两个圆拱门洞的位置；最后，画出门洞。

【作图步骤】

（1）作出底板的正面斜二测，如图 10-6b 所示。

（2）如图 10-6c 所示，画长方体挡墙，在挡墙的前壁面上确定门洞的位置，再按 Y 轴的轴向伸缩系数沿 Y 轴用平移圆心的方法，画出两个圆拱门洞的正面斜二测图，擦去被挡墙所遮的底板的部分后顶边和部分右顶边。

（3）如图 10-6d 所示，校核，擦掉被遮挡的不可见轮廓线及作图过程中的辅助作图线，清理图面，加深图线，完成全图。

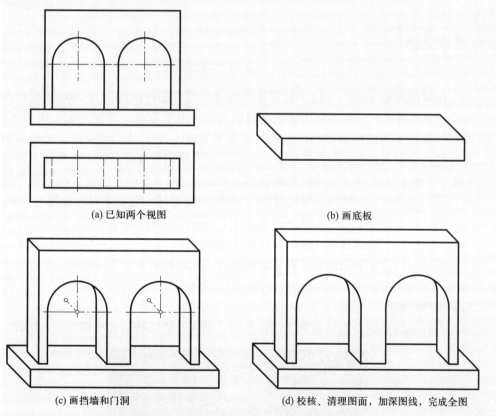

(a) 已知两个视图　　　　　　　　　　　(b) 画底板

(c) 画挡墙和门洞　　　　　　(d) 校核、清理图面，加深图线，完成全图

图 10-6　作半圆拱门洞的正面斜二测

【实例总结】

作此类形体斜二测图时应分析出形体的组合形式，选用合适的作图思路，应用正确的斜二测图作图方法，特别是拱门洞前壁半圆洞口线和向后移心作后壁半圆洞口线的画法，为此题难点，请注意掌握。

■ 课堂训练 ■

训练   如图 10-7 所示，已知某棱台的两视图，作出其正面斜二测图。

■ 学习思考 ■

思考 1   斜轴测投影有什么优点？
思考 2   画轴测图在本书中有哪几种方法？
思考 3   作某个形体的轴测图时，首先应该选择的是什么？

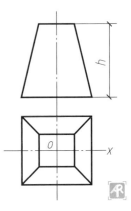

图 10-7   棱台两视图

🏢 **建筑故事**

国家体育场（鸟巢）

国家体育场（鸟巢）位于北京奥林匹克公园中心区南部，为 2008 年北京奥运会的主体育场，占地 20.4 公顷，建筑面积 25.8 万平方米，可容纳观众 10 万人。国家体育场外形结构主要由巨大的门式钢架组成，共有 24 根桁架柱。主体结构设计使用年限 100 年，耐火等级为一级，抗震设防烈度 8 度，地下工程防水等级 1 级。工程主体建筑呈空间马鞍椭圆形，南北长 333 m，采用巨型空间马鞍形钢桁架编织式"鸟巢"结构，钢结构总用钢量为 4.2 万吨，混凝土看台分为上、中、下三层，看台混凝土结构为地下 1 层、地上 7 层的钢筋混凝土框架–剪力墙结构体系。盘根错节的体育场立面与几何体的建筑结构，如同"树和树根"组成了一个体量庞大的建筑织体，其设计新颖激进，外观如同孕育生命的巢，更像一个摇篮，寄托了人类对未来的希望，因而成为 2008 年北京奥运会的标志性建筑，博得了世界的瞩目。

课程思政知识点：培养学生创新意识、民族自豪感和精益求精的工匠精神。

建筑物从形体的角度看大多数都是组合体。本模块将学习组合体的组合方式和投影图的画法。

项目 11　组合体的形成方式和三面投影图的画法

📍 项目目标

思政目标：培养学生的爱国精神。
知识目标：理解组合体的形成方式，掌握组合体三面投影图的绘制方法。
能力目标：能熟练绘制组合体三面投影图。
素质目标：培养学生诚信做人的思想品质。

任务　组合体的形成方式和三面投影图的画法

■ 任务引入与分析 ■

如图 11-1 所示的建筑形体，如何绘制其三面投影图？要进行正确的投影图绘制，需熟悉该建筑物的形成方式和投影图的绘图步骤。要解决这一问题，必须掌握组合体的形成方式、投影图的绘制方法。下面就相关知识进行具体的学习。

图 11-1 建筑形体

■ **相关知识** ■

一、组合体的形成方式

由基本形体按一定方式组合而成的形体，称为组合体。组合体的形成方式一般分为叠加式、切割式和混合式三种，如图 11-2 所示。

(a) 叠加式 (b) 切割式 (c) 混合式

图 11-2 组合体的形成方式

许多工程建筑物属混合方式形成的，既有叠加又有切割，如图 11-2c 所示。

二、基本形体之间的表面连接关系及其画法

形成组合体的各基本形体之间的表面连接关系可分为三种：相交、平齐、相切。

（1）相交。两立体表面彼此相交，在相交处有交线，投影图中必须画出交线的投影，如图 11-3a 所示。

（2）平齐与不平齐。平齐是指两基本形体的表面共面，没有间隔，故其间不应画线，如图 11-3b 所示。若两形体表面不共面即不平齐，必须画出分界线，如图 11-3c 所示。

（3）相切。相切是指两基本形体的表面光滑过渡，形成相切组合面。相切处没有交线，如图 11-3d 所示。

三、组合体投影图的画法

绘制组合体的投影图，首先应对组合体进行形体分析，然后选择投影图，画底稿和校核，最后加深和复核，完成全图。

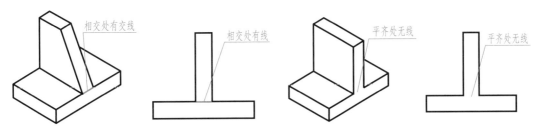

(a) 形体相交处轴测图和视图　　　　　　　　(b) 形体平齐处轴测图和视图

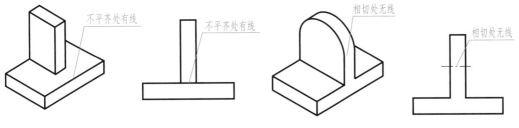

(c) 形体不平齐处轴测图和视图　　　　　　　(d) 形体相切处轴测图和视图

图 11-3　表面连接方式及其画法

以图 11-4 所示建筑形体为例，说明叠加式组合体投影图的画法。

1. 形体分析

所谓形体分析，就是将组合体看成是由若干个基本形体组成的，在分析时将其分解成单个基本形体，并分析各基本形体之间的组合形式和相邻表面间的位置关系，判断相邻表面是否处于相交、平齐或相切的位置。如图 11-4 所示，该组合体由四部分组成，A、B 是四棱柱，C 是具有拱形门洞的四棱柱，D 是直角三棱柱。四部分以叠加的方式组合，A、B 在下面，C、D 在上面，各组成部分相邻表面间的位置关系，如图 11-4 所示。

2. 确定投影图的数量

选择投影图时，通常先将组合体安置成自然位置，即它的正常使用位置，然后选择正立面图的方向并确定还需画几个投影图。

（1）选择正立面图的原则。选择最能反映组合体的形状特征和各组成部分之间的相对位置，并使投影图中的虚线尽量少的方向为正立面图的方向。现选择图 11-4 中的箭头方向作为正立面图的投射方向，也就选择了正立面图。

（2）正立面图确定后，平面图、左侧立面图的投射方向即已确定。但投影图的数量应由组成组合体的基本形体所需投影图的数量来确定，原则是尽量用最少的投影图完整、清晰地表达物体。如图 11-4 所示的组合体中，A、B 应选择水平投影和

图 11-4　形体分析和正面投射方向

正面投影来表达，C 应选择正面投影和水平投影来表达，D 应选择侧面投影和正面投影来表达。所以，综合分析该组合体应由正面投影、水平投影、侧面投影三面投影来表达。

3. 绘制组合体投影图

投影图确定后，即可使用绘图仪器和工具开始画投影图。

（1）选比例，定图幅。根据组合体尺寸的大小确定绘图比例，再根据投影图的大小确定图纸幅面，然后画出图框和标题栏。

（2）画底稿，校核。画底稿前，应根据图形大小以及预留标注尺寸的位置合理布置图面。绘制底稿的顺序是：先画作图基准线，如投影图的对称中心线和底面或端面的积聚投影线等，以确定各投影图的位置；然后用形体分析法按主次关系依次画出各组成部分的三面投影图。注意各组成部分的三面投影图应同时画出，并应先画出反映其形状特征的投影。当底稿画完后，必须进行校核，改正错误并擦去多余的图线。画底稿的步骤，如图 11-5 所示。

（3）加深图线。在校核无误后，应清理图面，用铅笔加深。加深完成后，还应再作复核，如有错误，必须进行修正，完成全图，如图 11-5 所示。

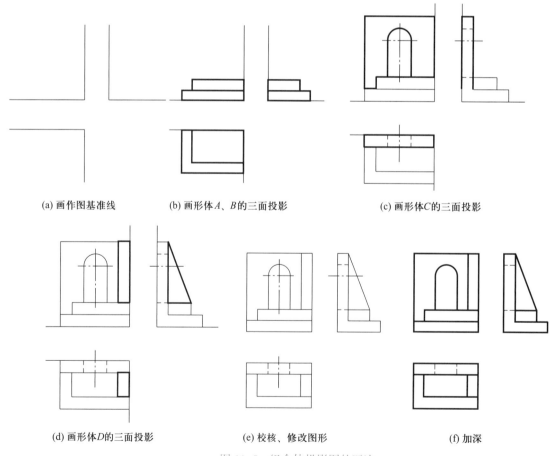

(a) 画作图基准线　　　(b) 画形体 A、B 的三面投影　　　(c) 画形体 C 的三面投影

(d) 画形体 D 的三面投影　　　(e) 校核、修改图形　　　(f) 加深

图 11-5　组合体投影图的画法

■ 训练实例 ■

实例　图 11-6a 所示为榫头形体轴测图。试绘制榫头形体的三面投影图，尺寸在立体图上量取。

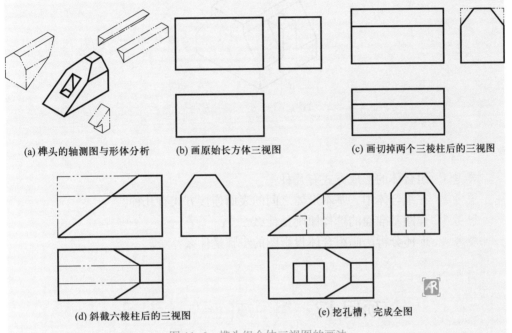

(a) 榫头的轴测图与形体分析　　(b) 画原始长方体三视图　　(c) 画切掉两个三棱柱后的三视图

(d) 斜截六棱柱后的三视图　　　　　(e) 挖孔槽，完成全图

图 11-6　榫头组合体三视图的画法

【实例分析】

先进行形体分析，榫头基本形体的原始形状为四棱柱，即长方体。在长方体的上方，左右对称地切割掉两个大小相同的三棱柱；然后在左侧切割掉一块，成为一个斜截六棱柱；最后在左上方斜面上挖掉一个五边形柱体，形成前后对称的孔槽。

【作图步骤】

（1）确定作图基准面及基准线并作原始长方体三视图，如图 11-6b 所示。

（2）作切掉两个三棱柱后的三视图，如图 11-6c 所示。

（3）作斜截六棱柱后的三视图，如图 11-6d 所示。

（4）挖孔槽，完成全图，如图 11-6e 所示。

【实例总结】

画切割式组合体应首先画出基本形体原始形状的三视图，再根据被切割的顺序依次画出被切部分的投影。

课堂训练

训练 如图 11–7 所示，完成该形体的三视图，尺寸在轴测图上量取。

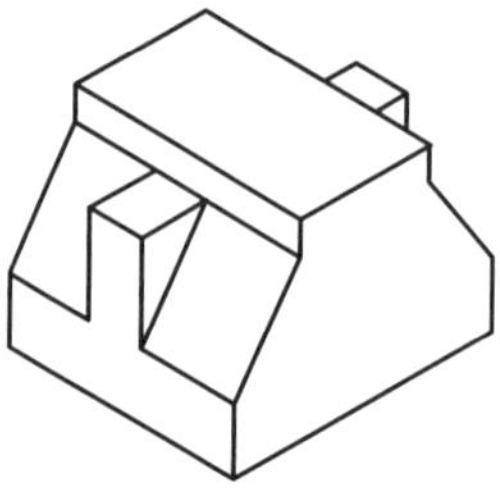

图 11–7 形体轴测图

学习思考

思考 1 组合体的形成方式有几种？

思考 2 在组合体中，基本形体之间的表面连接方式有几种？

思考 3 作图基准面的选择原则是什么？

思考 4 形体分析法画组合体投影图的步骤是什么？

项目 12 组合体的尺寸标注

项目目标

思政目标：培养学生的爱国精神。

知识目标：熟悉组合体尺寸的种类及尺寸基准的选取，掌握组合体投影图的尺寸标注方法。

能力目标：能熟练标注组合体的尺寸。

素质目标：培养学生友善待人思想品质。

任务 组合体的尺寸标注

任务引入与分析

图 12–1 所示为水槽形体的尺寸标注，其投影图上的尺寸是如何标注的？通过组合体的尺寸标注这一任务的学习，我们将会掌握组合体尺寸标注的方法和步骤。

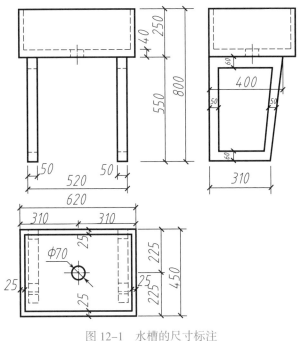

图 12-1　水槽的尺寸标注

■ 相关知识 ■

教学课件
基本几何体的
尺寸标注

由于组合体是一些几何体通过叠加、相交、相切和切割等各种方式而形成的，因此，标注组合体尺寸必须标注各几何体的尺寸和各几何体之间的相对位置尺寸，最后再考虑标注组合体的总尺寸。按这样的方法和步骤标注尺寸，就能完整地标注出组合体的全部尺寸。由此可见，只有在形体分析的基础上，才能完整地标注组合体的尺寸。

一、基本几何体的尺寸标注

微课扫一扫
基本几何体的
尺寸标注

常见的基本几何体有棱柱、棱锥、圆柱、圆锥和球等。如图 12-2 所示为一些常见的基本几何体的尺寸标注示例。

基本几何体的尺寸一般只需注出长、宽、高三个方向的定形尺寸。

如图 12-2a、b、c、d 所示为平面体，其长、宽尺寸宜注写在能反映其底面实形的平面图上，高度尺寸宜注写在反映高度方向的正立面图上。

如图 12-2e、f、g 所示为最常见的三种曲面体，需注写直径与高度方向的尺寸。对于直径尺寸，宜注写在非圆的视图中，数字前应加注符号 ϕ。

如图 12-2h 所示的曲面体为球体，在直径符号 ϕ 前常加注字母 S。

如图 12-3 所示，当标注被截切的立体和相贯体的尺寸时，应标注基本体的定形尺寸，并标注确定截平面位置的定位尺寸，而不标注截交线的尺寸；标注相贯体尺寸时，只注各个参与相贯的几何体的定形尺寸以及确定参与相贯的几何体之间的定位尺寸，不注相贯线的尺寸。

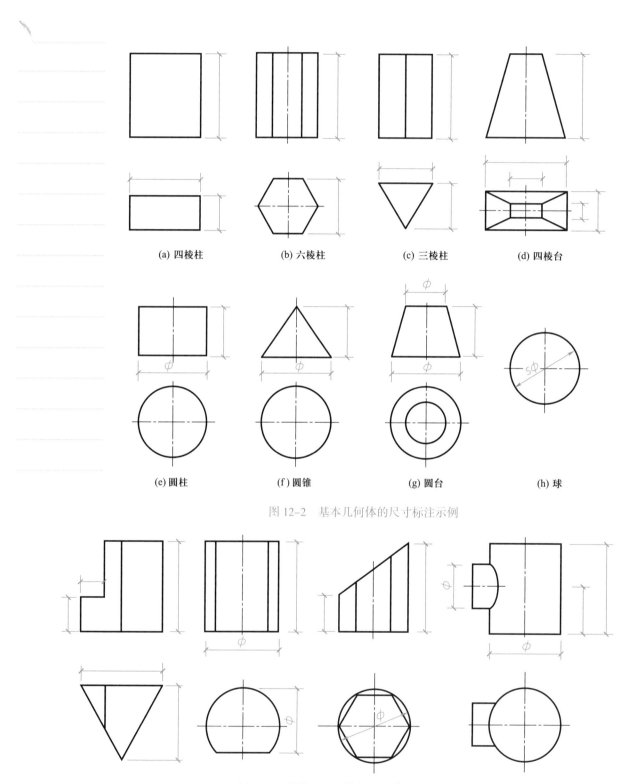

(a) 四棱柱 (b) 六棱柱 (c) 三棱柱 (d) 四棱台

(e) 圆柱 (f) 圆锥 (g) 圆台 (h) 球

图 12-2 基本几何体的尺寸标注示例

图 12-3 被截切的立体与相贯体的尺寸标注示例

二、组合体的尺寸分析

组合体的尺寸分为三类：定形尺寸、定位尺寸和总尺寸。现以图 12-4 所示的水槽为例进行尺寸分析。

（1）定形尺寸。表示各几何体形状大小的尺寸，称为定形尺寸。

水槽体的外形尺寸为 620×450×250；水槽四面壁厚均为 25，槽底厚 40，圆柱形通孔直径为 70。

支承板为直角梯形空心板，外形尺寸为：底边 550，两直角边分别为 400 和 310，板厚 50，制成空心板后的四条边框的宽度分别为水平方向 50，铅垂方向 60。

（2）定位尺寸。确定各几何体之间相对位置的尺寸，称为定位尺寸。

在图 12-4 中的水槽体底面上的圆柱孔，左右、前后对称于水槽体，若画出水槽的对称中心线，可不注圆孔的定位尺寸。但图中未画出水槽体的对称中心线，则长度方向、宽度方向都应注出定位尺寸。

两支承板外壁之间的尺寸 520，是两支承板之间的定位尺寸，也是水槽体与支承板沿左右方向的定位尺寸，并表明水槽体和支承板都是左右对称，有共同的左右对称面。由于水槽体与支承板的后壁为同一平面，所以前后的定位尺寸可不注写。由于水槽体与支承板的顶面相接合，沿高度方向的定位尺寸也可不注写。

（3）总体尺寸。表示组合体总长、总宽、总高的尺寸，称为总体尺寸。

从图 12-4 中可看出：620、450、800（550＋250）分别为总长、总宽和总高尺寸，也就是这个水槽的总体尺寸。

教学课件
组合体尺寸分析与标注方法步骤

微课扫一扫
组合体尺寸分析与标注方法步骤

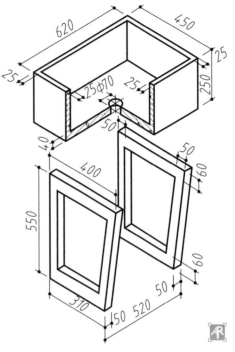

图 12-4　水槽的尺寸分析

三、组合体尺寸标注的方法和步骤

如图 12-5 所示，在水槽组合体的三视图上标注尺寸的方法和步骤如下：

（1）标注各基本体的定形尺寸。标注水槽体的外形尺寸 620、450、250；标注四壁的壁厚均为 25，底厚 40；槽底圆柱孔直径 $\phi70$。标注支承板的外形尺寸 550、400、310 和板厚 50，制成空心板后边框四周沿水平和铅垂方向的边框尺寸 50 和 60。

（2）标注定位尺寸。水槽体底面上 $\phi70$ 圆柱孔沿长度方向的定位尺寸，因左右对称，标注两个 310；宽度方向定位尺寸，因前后对称，标注两个 225。标注两支承板之间沿长度方向的定位尺寸 520。

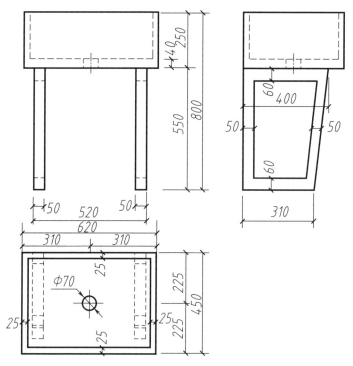

图 12-5　标注组合体尺寸的方法和步骤

（3）标注总体尺寸。水槽的总长、总宽尺寸与水槽体的定形尺寸相同，即总长620，总宽450。总高尺寸800，是这两个基本体的高度相加后的尺寸。

四、合理布置尺寸的注意事项

组合体的尺寸标注，除应遵守模块1中所述尺寸注法的规定外，还应注意做到：

（1）应尽可能地将尺寸标注在反映基本体形状特征明显的视图上。如图 12-5 中支承板的定形尺寸，除板厚50外，其余都集中注在左侧立面图上。

（2）为了使图面清晰，尺寸应注写在图形之外。但有些小尺寸，为了避免引出标注的距离太远，也可标注在图形之内。如图 12-5 中的尺寸 25、ϕ70、50、60 等。

（3）两视图的相关尺寸，应尽量注在两视图之间；一个基本体的定形和定位尺寸应尽量注在一个或两个视图上，以便读图。如图 12-5 中 620、520，450、310，250、550、800 等尺寸。

（4）为了使标注的尺寸清晰和明显，尽量不要在虚线上标注尺寸。如两支承板外壁间的距离 520，标注在正立面图的实线上，而不注在平面图的虚线上。

（5）一般不宜标注重复尺寸，但在需要时也允许标注重复尺寸，如图 12-5 中有三组尺：310、310、620，225、225、450，550、250、800，每组各有一个重复尺寸，都是为了便于看图和建造而标注的。

五、徒手绘制组合体草图

在实际工作中，常常需要用徒手按目测绘制草图。组合体投影视图的草图，通常是根据建筑物的轴测图或实物，通过目测比例绘制出来。

徒手绘图与使用工具仪器绘图有着相同的规范要求，相同的方法和步骤，都需认真绘制。徒手绘制组合体草图可以从以下几个方面进行学习训练。

（1）草图一般在坐标方格纸上绘制。画图前先要目测或测量物体的长、宽、高，并确定各基本体间的相对位置尺寸，分析各形体之间表面的结合方式。然后利用方格纸上相应的格数确定视图比例。一般轮廓尺寸按比例算好之后取整格子数，以便作图。

（2）绘制草图也应该画底稿（也称找底图），底稿图线宜用 HB 铅笔，加深粗实线宜用 2B 铅笔，虚线用 B 型铅笔。点画线、细实线可直接用 HB 铅笔一次画成，字体仍按规范使用长仿宋体，不得随意书写。

■ 训练实例 ■

实例　完成如图 12-6a 所示组合体的侧立面投影图并标注尺寸。

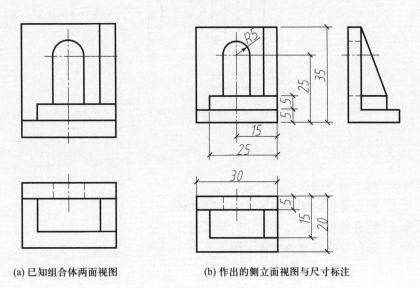

(a) 已知组合体两面视图　　　(b) 作出的侧立面视图与尺寸标注

图 12-6　组合体三视图与尺寸标注

【实例分析】

如图 12-6 所示，通过读图可知该形体是由三部分组成的组合体，分别为带有 U 形孔的 L 形立板、中上方平板和右侧的立板，画图时应先画各组成部分的特征投影。

【作图步骤】

（1）完成 L 形立板的侧立面投影。

（2）完成 L 形立板上 U 形孔的侧立面投影。

（3）完成侧立板的侧立面投影。

（4）完成中上方平板的侧立面投影。

（5）在投影图上标注尺寸，最后结果如图12-6b所示。

【实例总结】

对于补画第三投影时，首先要分析读图，读图后可知此形体是由三部分叠加构成的组合体，并带有一个U形孔，作图时按叠加原理先作L形主要形体，再画孔和叠加其他两个形体，最后修改完成侧立面投影并标注尺寸。

■ 课堂训练 ■

训练　标注如图12-7所示门洞形体投影图的尺寸，尺寸在图中量取。

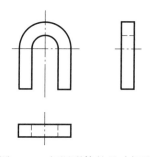

图12-7　门洞形体的尺寸标注

■ 学习思考 ■

思考1　尺寸基准的选择原则是什么？

思考2　组合体投影图中的尺寸包括哪几种？

思考3　组合体投影图尺寸标注的步骤是什么？

思考4　如何绘制组合体的徒手图？

项目13　组合体投影图的识读

项目目标

思政目标：引导学生树立坚定的理想信念。

知识目标：熟悉组合体投影图的读图方法与注意事项。

能力目标：能熟练应用形体分析法和线面分析法读图。

素质目标：引导学生养成良好的生活习惯。

任务　组合体投影图的识读

■ **任务引入与分析** ■

图 13-1 所示为一建筑形体投影图，如何识读其空间结构呢？

■ **相关知识** ■

识读组合体视图，是识读专业图的重要基础。读图的基本方法有两种：形体分析法和线面分析法。读图时，以形体分析法为主；对于切割式组合体，则采用线面分析法。

一、读图的基本要领

1. 将几个投影图联系起来

物体的单面投影不能确定物体的准确形状。因此，看图时必须把所有投影图联系起来，进行分析、构思，才能想象出空间形体的形状。下面列举几组图形供阅读，以提高读图的能力。

如图 13-2 所示的投影图，它们具有相同的正面投影，但水平投影不同，则分别表示着不同的形体。

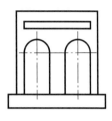
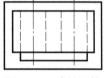

图 13-1　建筑形体
投影图示例

教学课件
识读组合体视
图基本要领

微课扫一扫
识读组合体视
图基本要领

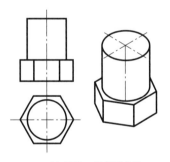

(a) 圆柱、棱柱组合体

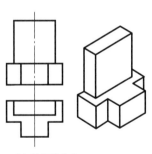

(b) 棱柱组合体

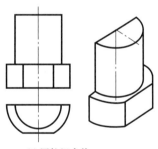

(c) 圆柱组合体

图 13-2　两面投影确定立体

如图 13-3 所示的投影图，它们具有相同的正面投影和水平投影，但侧面投影不同，则分别表示着不同的形体。

2. 掌握投影图上每条图线、线框的含义

视图是由图线及图线围成的封闭线框所组成的。读图就是研究这些图线及线框表示的是哪些空间几何元素的投影，进而构思想象出视图所表达的形体的形状。

（1）如图 13-4 所示，视图中的一条图线可以是以下几何元素的投影。

① 面和面交线的投影；② 曲面体轮廓素线的投影；③ 平面或曲面的积聚性投影。

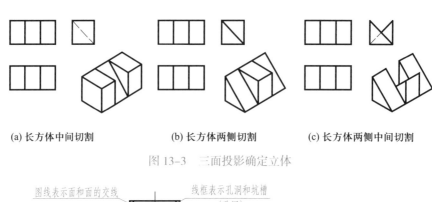

(a) 长方体中间切割　　　(b) 长方体两侧切割　　　(c) 长方体两侧中间切割

图 13-3　三面投影确定立体

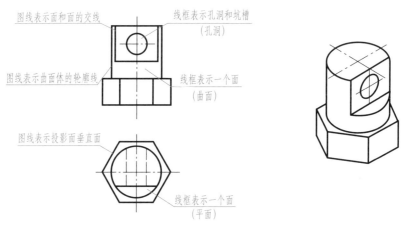

图线表示面和面的交线　　　线框表示孔洞和坑槽（孔洞）

图线表示曲面体的轮廓线　　　线框表示一个面（曲面）

图线表示投影面垂直面　　　线框表示一个面（平面）

图 13-4　图线与图框的含义

（2）如图 13-4 所示，视图中的一个封闭线框可以是以下几何元素的投影。

① 平面的投影；② 曲面的投影；③ 洞或坑槽的投影。

视图中的线框具有如下投影规律：该线框在其他视图中或者是其类似形，或者积聚成一条线（直线或曲线）。如图 13-5 所示，正面投影中封闭线框 s' 是圆柱面 S 的投影，圆柱面的水平投影积聚成一个圆（曲线），而其侧面投影为类似形（矩

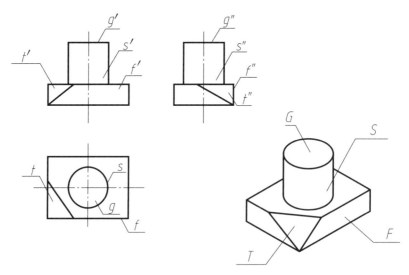

图 13-5　线框投影规律

形）。水平投影中的封闭线框 g 是水平面 G 的投影，该封闭线框在正面和侧面投影图中的投影均为一条直线。因此，视图中的封闭线框在其他视图中的投影只有两种结果：类似形或积聚线段，这种关系被称为"无类似必积聚"。

二、读图方法和步骤

读图最基本的方法是形体分析法和线面分析法，本任务分别介绍其要领，但实际读图时，两种方法常常配合起来运用。不管用哪种方法读图，都要先认清给出的是哪几面投影，从投影特征和位置特征明显的投影图入手，联系各投影图，想象形体的大致形状和结构，然后由易到难，逐步深入地进行识读。

1. 读图方法

（1）形体分析法。以基本形体的投影特征为基础，根据形体投影图的特点，将组合体分解为几个组成部分，根据每个组成部分的投影想象出它们的形状，再根据各部分的相对位置想象出整个形体的形状。形体分析法适用于投影图的基本形体视图特征较明显，以叠加方式形成的组合体。读图的方法可总结为：抓特征，分部分，对投影，识形体，辨位置，明关系，综合起来想整体。以图 13-6 组合为例识读叠加组合体投影图的步骤如下：

① 找到反映形状特征或位置特征的投影（一般为正面投影），以此投影划分线框，该组合体可分为三部分。

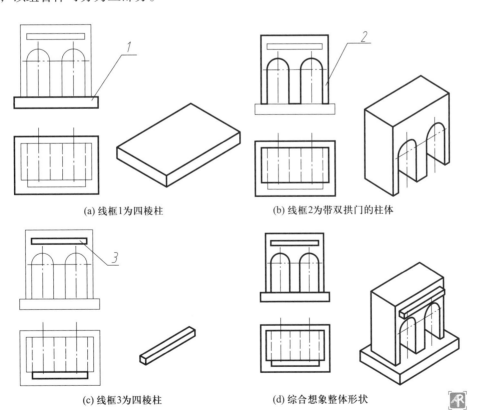

(a) 线框1为四棱柱

(b) 线框2为带双拱门的柱体

(c) 线框3为四棱柱

(d) 综合想象整体形状

图 13-6 识读叠加组合体投影图

教学课件
识读组合体视图的方法和步骤

微课扫一扫
识读组合体视图方法和步骤

② 根据所分线框，利用三等关系在其他投影图上找到其对应的线框，通过有投影关系的线框确定该部分的形状。

③ 利用整体投影图分析确定各部分的相对位置和连接关系。

④ 综合想象出组合体的整体形状。

（2）线面分析法。以线面的投影规律为基础，根据围成形体的某些棱线和线框，分析它们的形状和相互位置，从而想象出它们所围成形体的整体形状。线面分析法适用于形成形体斜线和斜面较多，以截切方式形成的组合体。如图 13-7 所示的识读切割组合体投影图的方法即为线面分析法。

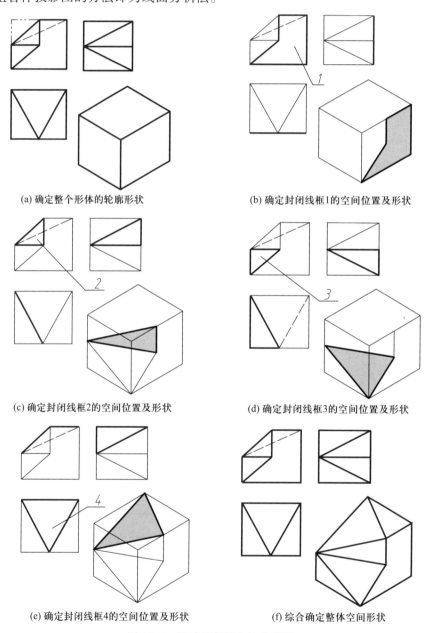

(a) 确定整个形体的轮廓形状

(b) 确定封闭线框1的空间位置及形状

(c) 确定封闭线框2的空间位置及形状

(d) 确定封闭线框3的空间位置及形状

(e) 确定封闭线框4的空间位置及形状

(f) 综合确定整体空间形状

图 13-7　识读切割组合体投影图

2. 读图步骤

首先，分清投影与投影之间的对应关系；其次，从正面投影（通常正面投影是表示形体特征的投影）为主，联系其他投影，大致分析形体由哪几部分组成，确定整个形体的轮廓形状。

（1）将特征投影用实线划分成若干个封闭线框（不考虑虚线）。

（2）确定每个封闭线框所表达的空间意义。

（3）综合分析整体形状。

在读懂每部分形体的基础上，根据形体的三面投影进一步研究它们之间的相对位置和组合关系，将各个形体逐个组合，形成一个整体。

组合体投影图读图方法总结——形体分析对投影，线面分析解难点，综合起来想整体。

■ 训练实例 ■

实例　已知一个连接配件模型的正立面图和左侧立面图如图 13-8a 所示，要求补画它的平面图。

【实例分析】

左侧立面图为特征投影，用实线可划分为三个封闭线框，因此该物体是由三部分组成的。通过对投影，想象出各基本体的形状，并同时补画出它们的平面图；最后，想象出组合体的整体形状，校核修正所补画的这个组合体的平面图。

【作图步骤】

（1）如图 13-8b 所示，在形状特征比较明显的左侧立面图上划分三个线框：Z 字形线框 1、三角形线框 2、两条铅垂粗实线与两条虚线所组成的矩形线框 3。通过对投影，由 Z 字形线框对照正立面图可以看出，它是一个 Z 字形棱柱。按三等规律补画出它的平面图。

（2）如图 13-8c 所示，通过三角形线框与正立面图对投影可知，它是一个三棱柱，可按三等规律补画出它的平面图。

（3）如图 13-8d 所示，通过两条虚线和两段铅垂线所组成的矩形线框与正立面图对投影得到两个粗实线圆获知，Z 字形棱柱的竖板上有左右对称的两个圆柱孔，可按三等规律补画出它们的平面图。

（4）最后，按这些基本体的相对位置，想象出这个连接配件模型的整体形状，并从整体形状出发，校核所补画的平面图。校核无误后，加深图线，完成全图。

【实例总结】

此例注意找准特征投影，线框划分要合理，运用正投影原理及三大类基本体的视图特征确定各组成部分的形状，同时读图与绘图时注意形体表面间的相对位置关系。

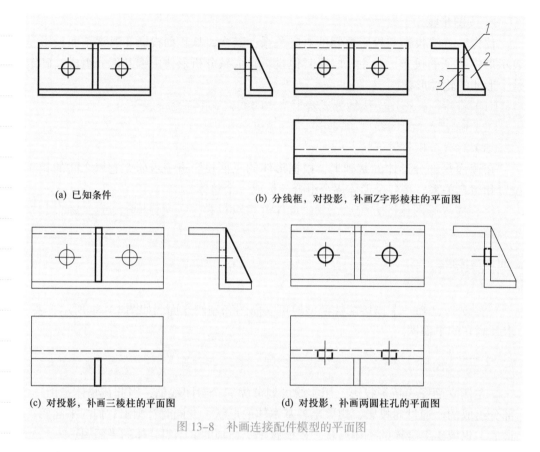

(a) 已知条件

(b) 分线框，对投影，补画 Z 字形棱柱的平面图

(c) 对投影，补画三棱柱的平面图

(d) 对投影，补画两圆柱孔的平面图

图 13-8　补画连接配件模型的平面图

■ 课堂训练 ■

训练　如图 13-9 所示，请根据给定的三面投影图选择正确的轴测图。

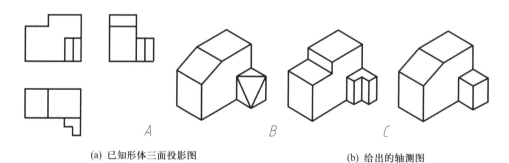

(a) 已知形体三面投影图

(b) 给出的轴测图

图 13-9　形体三面投影图与轴测图

■ 学习思考 ■

思考 1　组合体投影图的识读方法有几种？

思考 2　用形体分析法如何识读组合体投影图？该方法适合于什么样的形体？

思考 3　用线面分析法如何识读组合体投影图？该方法适合于什么样的物体？

中国近现代著名建筑家

梁思成（1901—1972）　广东新会人，中国著名的建筑学家和建筑教育家，中国科学史事业的开拓者。毕生从事中国古代建筑的研究和建筑教育事业，系统地调查、整理、研究了中国古代建筑的历史和理论，是这一学科的开拓者和奠基者。曾参加人民英雄纪念碑等作品的设计，是新中国首都城市规划工作的推动者，是新中国成立以来几项重大设计方案的主持者，是新中国国旗、国徽评选委员会的顾问。"梁思成建筑奖"是授予我国建筑师的最高荣誉。

杜仙洲（1915—2011）　1915年生于河北迁安，著名古建筑专家、中国文化遗产研究院教授级高级工程师，1942年毕业于北京大学工学院建筑工程系。1942年开始，他长期从事中国古建筑勘察设计和研究工作，整理编辑北京多处庙宇的调查资料，主持山西五台山碧山寺、太原晋祠鱼沼飞梁的修缮工程，担任泉州开元寺正殿、天津天后宫等修缮工程技术指导，率队勘察晋、冀、豫、辽、黔、闽、陕、甘等地古建筑，搜集整理大量文献资料。先后受聘为黄崖关长城、慕田峪长城、十三陵、颐和园、恭王府等重大国家文物修缮工程技术负责人或顾问。

程泰宁　1935年出生于南京市，建筑学专家。1991年人事部授予"有突出贡献中青年专家"，2000年被评为"中国工程设计大师"，2004年获梁思成建筑奖，2005年当选为中国工程院院士。中国联合工程公司总建筑师、中联·程泰宁建筑设计研究所主持人。参加过人民大会堂等重大工程的方案设计，主持了杭州铁路新客站、加纳国家剧院等国内外重要工程五十余项。三项获全国优秀设计奖，八项获省部级特等奖或一等奖。

张锦秋　女，1936年生于四川成都，教授级高级建筑师。1954—1960年就读于清华大学建筑系，1962—1964年在清华大学建筑系攻读建筑历史和理论专业研究生，师从梁思成、莫宗江教授。1966年至今在中国建筑西北设计研究院从事建筑设计工作。其间，主持设计了许多有影响的工程项目。多年来，她始终坚持探索建筑传统与现代相结合，其作品具有鲜明的地域特色，并注重将规划、建筑、园林融为一体。1994年当选为中国工程院首批院士。

课程思政知识点：培养学生志存高远、立志成才、为人民服务的孺子牛精神。

模块 6

建筑形体的表达方法

项目 14　建筑形体的视图

📍 项目目标

思政目标：培养学生的担当精神。

知识目标：掌握建筑形体的六面正投影、镜像投影法原理及视图配置。

能力目标：能熟练绘制建筑形体的六面正投影图。

素质目标：引导学生锻炼强健的体魄。

任务　建筑形体的视图

▪ 任务引入与分析 ▪

对于较复杂的建筑形体，仅用三面投影图还难以清楚地表达形体的内部结构和外部形状。这时应该采用什么方法才能更加形象地表现出形体的真实形状？对于一个复杂的建筑形体来说，这时则需要增加新的投影面，用更多的投影面作形体的投影。下面介绍六面基本视图和镜像视图。

■ 相关知识 ■

一、六面基本视图

将物体按正投影法向投影面投射所得到的投影称为视图。

建筑形体的视图是采用第一角画法并按正投影法绘制的多面投影图。所谓第一角画法，就是将形体置于观察者与投影面之间进行投射。

前面已经学习了形体的三面正投影，是从形体的正上方、正前方、正左方分别向 H、V、W 三个投影面作投影。而对于一个物体来说有上、下、前、后、左、右六个基本投射方向，相应地有六个基本投影面，即在原有的 H、V、W 三个投影面中再增加 H_1、V_1、W_1 三个新投影面。这样就有了六个基本投影面分别垂直于六个基本投射方向，形成一个六投影面体系，如图 14-1 所示。

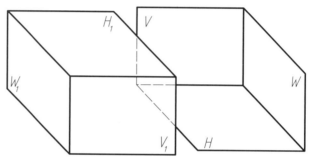

图 14-1　六投影面体系

教学课件
六个基本视图
及配置

微课扫一扫
六个基本视图
及配置

相应地，将形体向六投影面体系进行正投影所得到的六个投影图，称为形体的六面投影或六面基本视图，这种投影方法称为六面正投影法。

将形体向这六个基本投影面进行投射，如图 14-2a 所示，可得到如下视图。

（1）正立面图。由前向后作投影（从 A 方向进行投射）所得的视图。

（2）平面图。由上向下作投影（从 B 方向进行投射）所得的视图。

（3）左侧立面图。由左向右作投影（从 C 方向进行投射）所得的视图。

（4）右侧立面图。由右向左作投影（从 D 方向进行投射）所得的视图。

（5）底面图。由下向上作投影（从 E 方向进行投射）所得的视图。

（6）背立面图。由后向前作投影（从 F 方向进行投射）所得的视图。

上述六个视图称为基本视图。然后将它们都展开在 V 面所在的平面上，如图 14-2b 所示，便得到六个投影图的排列位置，如图 14-2c 所示。

同三面投影图一样，六个基本视图之间仍然保持着内在的投影关系，即"长对正，高平齐，宽相等"的三等规律。

二、镜像视图

某些工程构造直接用正投影法不易表达清楚时，可选用镜像投影法绘制其视图。镜像投影法同样属于正投影法，镜像投影是物体在镜面中的反射图形成的正投影，该镜面代替相应的投影面，如图 14-3a 所示，镜像投影图又称为镜像视图。用镜像投影法绘图时，应在图名后加注"镜像"两个字，并加括号，如图 14-3b 所示。这种图在室内设计中常用来表现吊顶（天花）的平面布置。

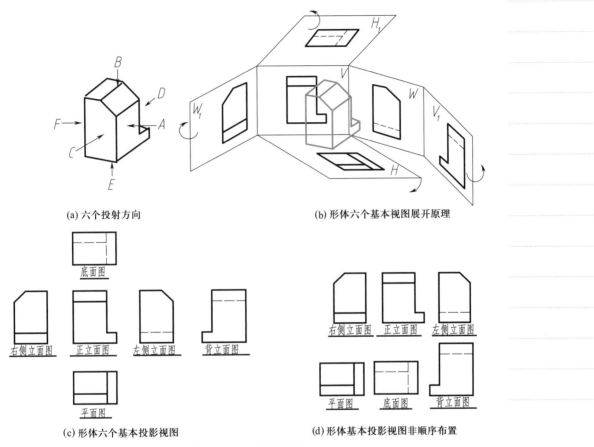

(a) 六个投射方向

(b) 形体六个基本视图展开原理

(c) 形体六个基本投影视图

(d) 形体基本投影视图非顺序布置

图 14-2 六面正投影图

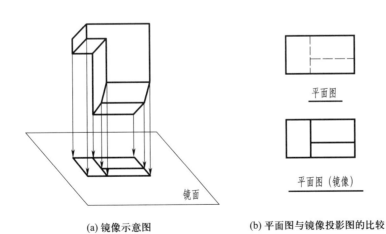

(a) 镜像示意图

(b) 平面图与镜像投影图的比较

图 14-3 镜像视图

三、视图配置

通常把反映物体信息量最多的那个立面作为物体的正立面,应在物体处于工作位置、加工位置或安装位置的情况下选定为正立面,并按正投影法画出物体的正立面图,再根据实际需要画出物体其他的视图。在完整、清晰表达物体形状的前提下,应使物体的视图数量越少越好,并尽量减少虚线。

在实际工作中,当在同一张图纸上绘制同一个形体的六面基本视图时,按图14-2c所示的位置进行视图配置时,则可不标注各投影图的名称;如不能按此顺序放置时,则应标注各投影图的名称,如图14-2d所示,以免混淆。图名宜标注在视图的下方或一侧,并在图名下用粗实线绘一条横线,其长度应以图名所占长度为准。

■ 训练实例 ■

实例　如图14-4a所示,已知一个组合体模型的正立面图和平面图,补画它的右侧立面图和底面图。

【实例分析】

如图14-4a所示,通过读图可知该形体上部有一U形体并有台阶孔,下部为一底板,两侧各有一圆柱孔,画图时按形体六面基本投影视图原理布图与绘图。

【作图步骤】

(1)画底面图,注意台阶孔投影与平面图中方向的变化,如图14-4b所示。
(2)完成形体的右侧立面图,如图14-4b所示。

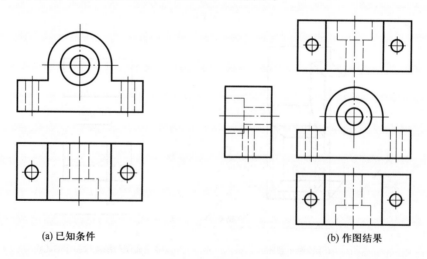

(a) 已知条件　　　　　　　　　　(b) 作图结果

图14-4　作形体基本视图

【实例总结】

补画形体基本投影时，首先要分析读图、构思形体，画图时按形体六面基本投影视图原理布图与绘图。

■ 课堂训练 ■

训练　如图 14-5 所示，请根据给定的基础两面投影图，补画它的左侧立面图并补全底面图。

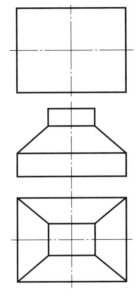

图14-5　作基础基本投影图

■ 学习思考 ■

思考 1　什么是镜像投影法？

思考 2　镜像投影图与平面图的区别是什么？

项目 15　建筑形体的剖面图

项目目标

思政目标：培养学生社会责任感。

知识目标：了解建筑形体剖面图的形成方法及画法。

能力目标：能熟练绘制建筑形体剖面图。

素质目标：引导学生具有积极乐观的态度、健全的人格、健康的心理。

任务　建筑形体的剖面图

■ 任务引入与分析 ■

图 15-1a、b 所示为一杯形基础及其三面正投影图，其中正立面图及侧立面图中存在虚线，那么如何能够更清楚地表达该形体的内部形状、构造及材质呢？

如图 15-1c 所示，为了清楚地表达形体内部构造的形状和材料，可以用一个面假想地将形体剖开，让它内部显露出来，使物体的不可见部分成为可见部分，用粗实线表示其内部形状和构造，如图 15-1d 所示。本任务将学习剖面图相关内容。

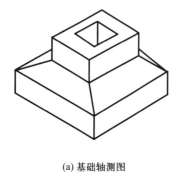

(a) 基础轴测图

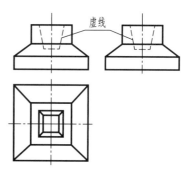

(b) 基础三视图

图：剖面图的
形成

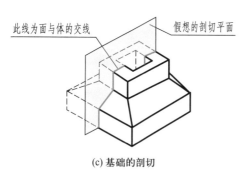

(c) 基础的剖切

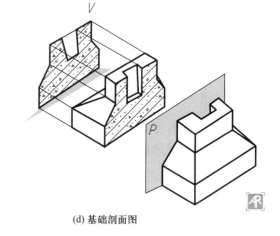

(d) 基础剖面图

图 15-1　基础剖面图的形成

■ 相关知识 ■

在绘制建筑形体的视图时，由于建筑物、构筑物及其构配件的内外形状都比较复杂，视图中往往有较多虚线，会给读图和标注尺寸都带来不便。剖面图的表达方法可直接表达形体内部的形状，下面学习剖面图的知识。

一、剖面图的形成

为了清晰表达物体的内部构造，假想用一个剖切平面将形体切开，移去剖切平面与观察者之间的部分形体，将剩余的部分形体向投影面作正投影，所得到的投影图称为剖面图，如图 15-1d、图 15-2 所示。

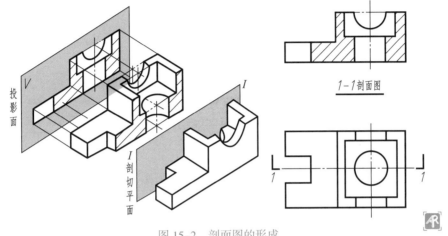

图 15-2　剖面图的形成

从剖面图的形成过程可以看出：形体被剖切开并移去剖切平面与观察者之间的部分形体之后，其内部即显露出来，使形体内部原来看不见的部分变成看得见的部分，而原来在投影图中表示内部结构的虚线，则在剖面图中变成了看得见的粗实线。

二、剖面图的表示方法

1. 剖面图的标注

剖面图本身不能反映剖切平面的位置，故应在其他投影图上标注出剖切符号。剖切面的标注由剖切符号及编号组成。

剖面图的剖切符号应注在 ±0.000 标高的平面图或首层平面图上。剖切符号优先选择国际通用方法表示，如图 15-3 所示；也可采用常用方法表示，如图 15-4 所示；同一套图纸应选用一种表示方法，本教材中采用常用方法。

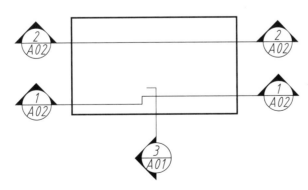

图 15-3　国际通用方法剖切符号

采用国际通用方法时，剖面及断面的剖切符号应符合下列规定：

（1）剖面剖切索引符号由直径为 8 ~ 10 mm 的圆和水平直径以及两条相互垂直且外切圆的线段组成，水平直径上方为索引编号，下方为图纸编号，如图 15-3 所示，线段与圆之间填充黑色并形成箭头表示剖视方向，索引符号位于剖线两端。断面及剖视详图剖切符号的索引符号位于平面图外侧一端，另一端为剖视方向线，长度为 7 ~ 9 mm，宽度为 2 mm。

（2）剖切线与剖切符号线的线宽为 0.25b。

（3）需要转折的剖切位置线连续绘制。

（4）剖切符号的编号宜由左至右、由下向上连续编排。

采用常用方法表示时，剖面剖切符号及编号应符合下列规定：

（1）剖切符号。剖切符号由剖切位置线及剖视方向线所组成，用两端相互垂直的粗实线绘制。剖切位置线表示剖切面的剖切位置，用一条长度为 6 ~ 10 mm 的粗实线绘制。剖视方向线应为一条垂直于剖切位置线的长度为 4 ~ 6 mm 的粗实线。剖切符号应尽量不穿越图面上的图线。

（2）剖切符号的编号。如果在绘图时，利用两个或两个以上的平面剖切形体时，为了区分同一形体上的几个剖面图，在剖切符号上应用阿拉伯数字加以编号，数字应写在剖视方向线的一边，按顺序由左至右、由下至上连续编排，编号一律用水平数字书写，如图 15-4 所示。

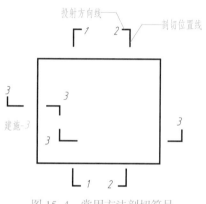

图 15-4　常用方法剖切符号
及其编号的标注

剖切位置线需要转折时为了避免其在转折处与其他图线发生混淆，应在转角的外侧加注与该符号相同的编号，如图 15-4 中"3-3"所示。

剖面图如与被剖切图样不在同一张图纸内，可在剖切位置线的另一侧注明其所在图纸的图纸号，如图 15-4 中 3-3 剖切位置线下注写的"建施 -3"，即表示 3-3 剖面图画在"建施"第 3 号图纸上。

对习惯使用的剖切符号，如画房屋平面图时通过门、窗洞的剖切位置以及通过构件对称平面的剖切符号，可以不在图上作任何标注。

（3）剖面图的名称。剖面图的名称，用相应的编号注写在相应的剖面图的下方，并在图名下面画一条粗实线，长度为图名所占长度，如"× — × 剖面图"。

2. 剖面图的线型要求和剖面图例

在绘图时，形体被剖切到的界面轮廓线一律用粗实线绘制，对未剖切到的剖面轮廓线，投影时若为可见的，则用中实线或者细实线绘制，不可见的轮廓线在剖面图中一般不需要画出。

为了使绘制的剖面图清晰，在图中区分剖切到的截面和看到的部分，按国家制图标准规定，画剖面图时，在截断面上应画上物体的材料图例，材料图例应符合《房屋建筑制图统一标准》（GB/T 50001—2017）的规定。常见建筑材料图例见表 15-1。当不指明材料种类时，可用同方向、等间距的 45° 细实线（称为剖面线）

来表示。剖面线的间隔一般为 2 ~ 6 mm，绘图时，同一个组合体或者建筑形体的各个剖面图中，剖面线的方向、间距应保持一致。

表 15–1　常用建筑材料图例

序号	名　　称	图　　例	备　　注
1	自然土壤		包括各种自然土壤
2	夯实土壤		—
3	砂、灰土	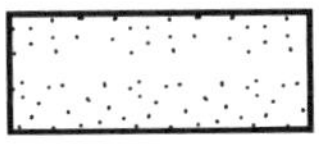	—
4	砂砾石、碎砖三合土	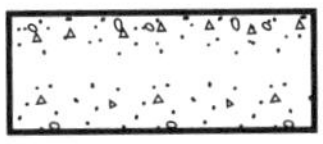	—
5	石材	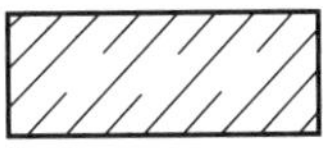	—
6	毛石	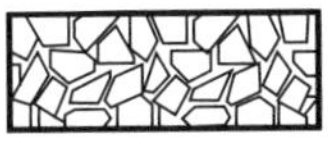	—
7	实心砖、多孔砖	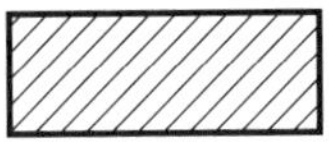	包括普通砖、多孔砖、混凝土砖等砌体
8	耐火砖	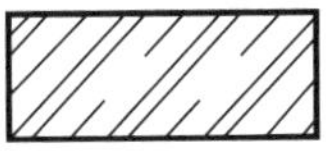	包括耐酸砖等砌体
9	空心砖、空心砌块		包括空心砖、普通或轻骨料混凝土小型空心砌块等砌体
10	加气混凝土	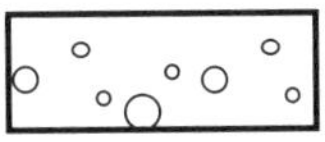	包括加气混凝土砌块砌体、加气混凝土墙板及加气混凝土材料制品等
11	饰面砖		包括铺地砖、玻璃马赛克、陶瓷锦砖、人造大理石等
12	焦渣、矿渣	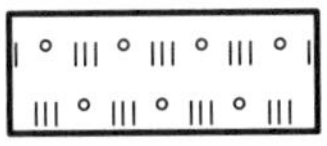	包括与水泥、石灰等混合而成的材料
13	混凝土		1. 包括各种强度等级、骨料、添加剂的混凝土 2. 在剖面图上绘制表达钢筋时，则不需绘制图例线
14	钢筋混凝土	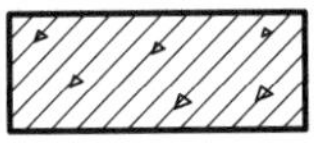	3. 断面图形较小，不易绘制表达图例线时，可填黑或深灰 (灰度宜 70%)

续表

序号	名　称	图　例	备　注
15	多孔材料	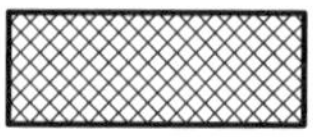	包括水泥珍珠岩、沥青珍珠岩、泡沫混凝土、软木、蛭石制品等
16	纤维材料	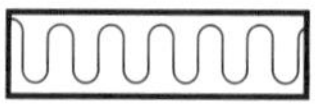	包括矿棉、岩棉、玻璃棉、麻丝、木丝板、纤维板等
17	泡沫塑料材料	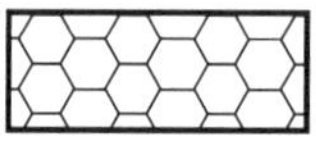	包括聚苯乙烯、聚乙烯、聚氨酯等多聚合物类材料
18	木材		1. 上图为横断面，左上图为垫木、木砖或木龙骨 2. 下图为纵断面
19	胶合板	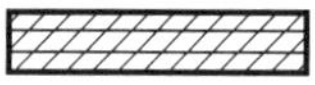	应注明为 × 层胶合板
20	石膏板	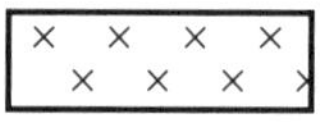	包括圆孔或方孔石膏板、防水石膏板、硅钙板、防火石膏板等
21	金属	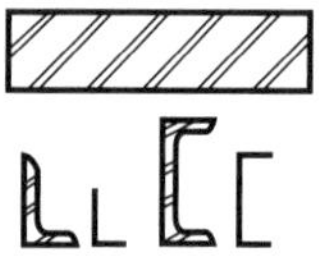	1. 包括各种金属 2. 图形较小时，可填黑或深灰（灰度宜 70%）
22	网状材料		1. 包括金属、塑料网状材料 2. 应注明具体材料名称
23	液体	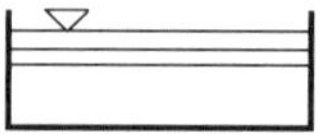	应注明具体液体名称
24	玻璃		包括平板玻璃、磨砂玻璃、夹丝玻璃、钢化玻璃、中空玻璃、夹层玻璃、镀膜玻璃等
25	橡胶		—
26	塑料		包括各种软、硬塑料及有机玻璃等
27	防水材料		构造层次多或绘制比例大时，采用上面的图例
28	粉刷	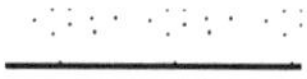	本图例采用较稀的点

注：1. 本表中所列图例通常在 1∶50 及以上比例的详图中绘制表达。

　　2. 如需表达砖、砌块等砌体墙的承重情况时，可通过在原有建筑材料图例上增加填灰等方式进行区分，灰度宜为 25% 左右。

　　3. 序号 1、2、5、7、8、14、15、21 图例中的斜线、短斜线、交叉线等倾斜度均为 45°。

使用常用建筑材料的图例时，应符合下列规定：

（1）图例线应间隔均匀、疏密适度，做到图例正确、表示清楚。

（2）不同品种的同类材料使用同一图例时，应在图上附加必要的说明。

（3）两个相同的图例相接时，图例线宜错开或使倾斜方向相反，如图 15-5 所示。

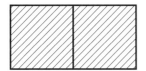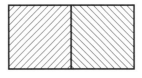

图 15-5 相同图例相接时的画法

（4）两个相邻的填黑或灰的图例间应留有空隙，其净宽度不得小于 0.5 mm，如图 15-6 所示。

图 15-6 相邻涂黑图例的画法

（5）下列情况可不绘制图例，但应增加文字说明：

① 一张图纸内的图样只采用一种图例时。

② 图形较小无法绘制表达建筑材料图例时。

（6）需画出的建筑材料图例面积过大时，可在断面轮廓线内，沿轮廓线作局部表示，如图 15-7 所示。

（7）当选用本标准中未包括的建筑材料时，可自编图例。但不得与本标准所列的图例重复。绘制时，应在适当位置画出该材料图例，并加以说明。

图 15-7 局部表示图例

3. 剖面图的画法

（1）绘制剖面图的步骤

① 确定剖切平面的位置及数量。首先，绘制剖面图时应选择适当的剖切位置，使剖切后画出的图形能确切、全面地反映所要表达部分的真实形状。例如，作房屋的水平剖面图时，剖切平面从窗台略上一点的位置剖切房屋所得到的投影图不仅可以知道墙体的厚度，而且还可以知道门窗洞口的位置及大小，而如果剖切位置在窗台下部，则从剖面图中看不到窗洞的位置及大小。从前文可知，当剖切平面平行于投影面时，其被剖切到的部分在投影面上反映实形，所以，选择的剖切平面应平行于投影面，并且通过形体的对称面或孔的轴线，如图 15-8 所示。其次，应根据形体的复杂程度确定需要画几个剖面图。一般较简单的形体可不画或少画几个剖面图，而较复杂的形体则应多画几个剖面图来反映其内部的复

杂形状。

②画剖切符号。剖切平面位置确定后，应在视图上的相应位置上画出剖切符号并进行编号。

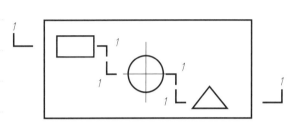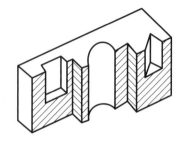

图 15-8　剖切平面位置的选取

③将物体剩余部分进行投射。假想在剖切位置用剖切平面将物体剖开，移去观察者和剖切平面之间的部分，将剩余部分作投影，按照剖面图的线型要求画出投影图。

④绘制材料图例。将剖切到的实体部分画上材料图例或剖面线。

⑤标注剖面图名称。根据剖切的不同位置，在相应的剖面图的下方中间位置标注视图名称。

（2）画剖面图的注意事项

①剖切位置的选择。剖面图是为了清楚地表达物体内部的结构形状，因此剖切平面应选择在适当的位置使剖切后画出的图形能准确全面地反映所要表达部分的真实形状。一般情况下，剖切平面应平行于某一投影面，并应通过物体内部的孔、洞、槽等结构的轴线或对称线，如图 15-4 所示。

②剖切的假想性。剖切是假想的，把形体剖开是为了表达内部形状所作的假设，物体仍是一个完整体，并没有真的被切开和移去一部分。因此，每次剖切者应把物体看成是一个整体，不应受前面剖切的影响，其他视图仍按原先未剖切时完整地画出。

③省略不必要的虚线。为了使图形更加清晰，剖面图中不可见的虚线，当配合其他图形已能表达清楚时，应省略不画。没有表达清楚的部分，必要时可画出虚线。

三、剖面图的种类及用途

在画剖面图和断面图时，应根据建筑形体的不同情况，选用不同的方法进行剖切。剖面图有用一个剖切面剖切的剖面图，用两个或两个以上平行的剖切面剖切的剖面图（阶梯剖面图），用两个相交剖切面剖切的剖面图（旋转视图）三种。

1. 用一个剖切面剖切

用一个剖切面剖切时，剖面图按剖切范围的不同可分为全剖面图、半剖面图、分层剖面图（局部剖面图）。

（1）全剖面图。不对称的建筑形体，或虽然对称但外形比较简单，或在另一个投影中已将它的外形表达清楚时，可假想用一个剖切平面将形体全部剖开，然后画出形体的剖面图，该剖面图称为全剖面图，如图 15-9 中的 1-1 剖面图。

（2）半剖面图。当物体具有对称面时，可在垂直于该形体对称面的那个投影上，以对称中心线为界，将一半画成剖面，以表达形体的内部形状，另一半画成视图，以表达形体的外形，这种由半个剖面和半个视图所组成的图形称为半剖面图，如图 15-9 中的 2-2 剖面图。

在绘制半剖面图时，应注意以下几点：

① 半剖面图与半外形投影图应以对称轴线作为分界线，即画成细点画线。

② 半剖面图一般应画在水平对称轴线的下侧或垂直对称轴线的右侧。

③ 半剖面图一般不画剖切符号。

（3）分层剖面图（局部剖面图）。在建筑工程中，对一些具有不同构造层次的工程建筑物，可按实际需要，按层次以波浪线将各层隔开的分层剖切的方法剖切，所得到的剖面图称为分层剖面图。

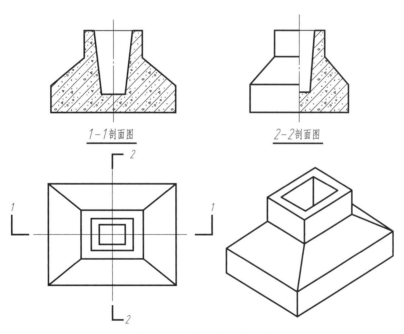

图 15-9　全剖面图半剖面图

如图 15-10a 所示，是用分层剖切的剖面图表示墙面构造的例图，图中用两条波浪线为界，分别将三层构造同时表达清楚。如图 15-10b 所示，是用分层剖切的方法表示地面、墙面、屋顶等处的构造做法和各层所用材料的情况。

如图 15-11 所示，在杯形基础的平面图上将其局部画成剖面图，由此局部剖面图可表达出基础内部钢筋的配置情况。

在绘制分层剖面图或局部剖面图时，应注意以下几点：

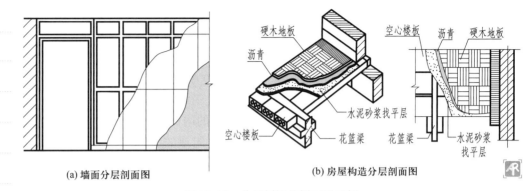

(a) 墙面分层剖面图　　　　　(b) 房屋构造分层剖面图

图 15–10　分层剖切的剖面图示例

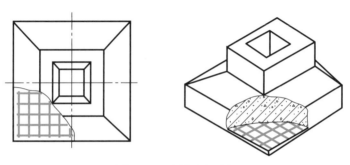

图 15–11　局部剖面图

① 绘制分层剖面图或局部剖面图时，不需要进行剖视的标注，在局部剖切部分画出物体内部结构和断面材料图例，其余部分仍画外形视图。

② 外形与剖切部分以及几个剖切部分之间，是以波浪线为分界线的，波浪线不能超出物体轮廓线，也不可与视图上其他线条重合。

2. 用两个或两个以上平行的剖切面剖切的剖面图（阶梯剖面图）

当物体内部结构形状较复杂，采用一个剖切平面不能将物体内部复杂的部分同时剖开，而采用两个剖切平面进行剖切又没有必要，此时可用两个或两个以上相互平行的剖切平面将形体沿着需要表达的地方剖切，得到的剖面图，称为阶梯剖面图，如图 15–12a、b、d 所示。

在绘制阶梯剖面图时，应注意以下几点：

① 剖切位置线的转折处用两个端部垂直相交的粗实线画出，并应在每个转角的外侧标注与该剖面图剖切符号相同的编号，如图 15–12b 所示。

② 剖切是假想的，在阶梯剖面的转折处，不画分界线，如图 15–12c 所示。

3. 用两个相交剖切面剖切的剖面图（旋转剖面图）

有些形体，由于发生不规则的转折或圆柱体上的孔洞不在同一轴线上时，采用以上三种剖切方法都不能够将形体表达清楚，则可用两个或两个以上相交且交线垂直于某一基本投影面的剖切面剖开物体，将其中倾斜部分绕交线旋转至投影面平行的位置，然后再进行投射，所得到的剖面图称为展开剖面图或旋转剖面图，如图 15–13 所示。

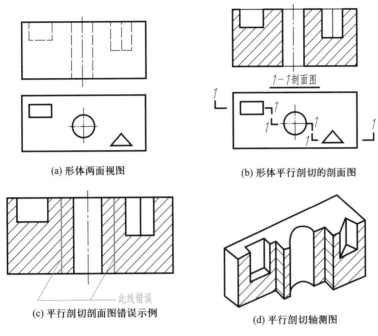

(a) 形体两面视图　　(b) 形体平行剖切的剖面图

1—1剖面图

(c) 平行剖切剖面图错误示例　　(d) 平行剖切轴测图

此线错误

图 15-12　平行剖切的剖面图（阶梯剖面图）

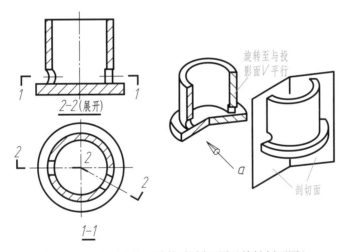

2—2(展开)

1—1

旋转至与投
影面V平行

剖切面

a

图 15-13　相交剖切面剖切的剖面图（旋转剖面图）

在绘制展开剖面图时，应注意以下几点：

（1）两个相交剖切平面的交线必须垂直于某一投影面，并且两个剖切平面中必有一个剖切平面与投影面平行。

（2）不能画出剖切平面转折处的交线。

（3）画完的剖面图中应进行标注，即在剖切面的起始、转折和终止处用剖切位置线表示出剖切面的位置，并用剖视方向线表明剖切后的投射方向，然后标注出相应的编号。

（4）旋转剖面图按先旋转再投射的方法绘制，展开剖面图的图名后应加注"展开"字样。

■ 训练实例 ■

实例　图 15-14a 给出了水槽的三面视图，将正立面图和左侧立面图改为剖面图。

【实例分析】

图 15-14a 所示是水槽的三面视图，其三个投影中均出现了许多虚线，使图样不清晰。如图 15-14b 所示，假想用一个通过水槽排水孔轴线，且平行于 V 面的剖切面 P，将水槽剖开，移走前半部分，将剩余的部分向 V 面投射，如图 15-14c 所示，然后在水槽的断面内画上通用材料图例，即得水槽的正剖面图。同理，可用一个通过水槽排水孔的轴线，且平行于 W 面的剖切面 Q 剖开水槽，移去 Q 面的左边部分，然后将形体剩余的部分向 W 面投射，如图 15-14c 所示，得到另一个方向的剖面图。图 15-14d 所示为水槽的剖切位置和剖面图。

【作图步骤】

（1）选择合适的剖切位置。根据水槽的特点，选择通过水槽排水孔轴线的剖切平面将形体剖切开，如图 15-14c 所示。

（2）在平面图中绘制剖切符号，如图 15-14d 所示。

（3）将物体剩余部分进行投射，如图 15-14c、d 所示。

（4）绘制材料图例及标注剖面图名称，最终形成如图 15-14d 所示的剖面图。

图：水槽三视
图与剖面图

图：台阶的剖
面图

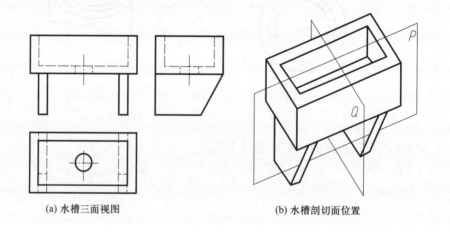

(a) 水槽三面视图　　　　　　　　　(b) 水槽剖切面位置

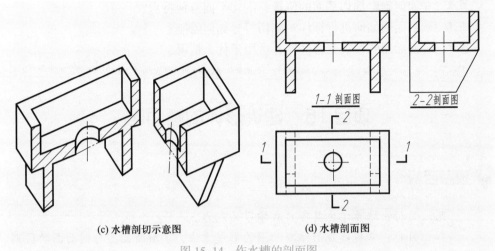

(c) 水槽剖切示意图   (d) 水槽剖面图

图 15-14 作水槽的剖面图

【实例总结】

绘制形体的剖面图时，首先应选择合适的剖切位置，一般情况下，剖切平面应平行于某一投影面，并应通过形体内部的孔、洞、槽等结构的轴线或对称线；在画图时，应根据剖切位置将相应的虚线变实线；由于剖切平面与形体相交的截面为同一个面，所以内部不应有多余的线条；为了区分剖切到的部分与未剖切到的部分，需在截面内绘制材料图例或剖面线。

▪ 课堂训练 ▪

训练 图 15-15 给出了双柱杯形基础的三视图，将正立面图改为全剖面图，左侧立面图改为半剖面图，在右侧画出。

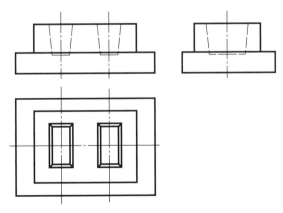

图 15-15 双柱杯形基础三面视图

▪ 学习思考 ▪

思考 1 为什么要绘制剖面图？剖面图是怎样形成的？

思考2 如何确定剖切平面的位置？剖切平面有何特点？

思考3 剖面图如何进行标注？剖切符号如何绘制？

思考4 剖面图的种类有哪些？各适用于什么情况？

项目16 建筑形体的断面图

📍 项目目标

思政目标：培养学生具备自我学习的能力。

知识目标：掌握建筑形体断面图的形成方法，了解断面图与剖面图的区别。

能力目标：能熟练绘制建筑形体断面图。

素质目标：引导学生形成健康的心理，提高承受挫折与失败的能力。

任务 建筑形体的断面图

▪ 任务引入与分析 ▪

对于某些单一或简单的建筑构件，需明确其截面形状、尺寸及内部配筋来指导工程施工，如表示梁、板、柱的某一截面。此时采用剖面图表示有些繁琐，那么用什么样的视图来表示构件某一截面的形状及尺寸呢？如图16-1所示，下面通过学习断面图的知识来解决这一问题。

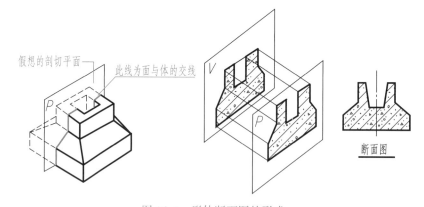

图16-1 形体断面图的形成

▪ 相关知识 ▪

为了清楚地表达建筑构件的某一截面形状、尺寸及材料，只需把剖切平面剖到的部分表示出来，而未剖切到的部分不需画出，这就需要掌握断面图的相关知识。

教学课件
断面图的形成
及表示方法

一、断面图的形成

假想用一个平行于某一基本投影面的剖切平面将形体剖开，仅将剖切面切到的截面部分向投影面投射，所得到的图形称为断面图，简称断面，如图 16-1 所示。

断面图常用来表示建筑工程中梁、板、柱造型等某一部位的断面形状及大小，需单独绘制。

微课扫一扫
断面图的形成
及表示方法

二、断面图的表示方法

1. 断面图的标注

断面图的标注包括绘制剖切符号、注写编号及标注断面图的名称。

（1）剖切符号及编号。断面图的剖切符号绘制在投影图的外侧，仅用剖切位置线来表示，而没有剖视方向线。剖切位置线用一条长度为 6 ~ 10 mm 的粗实线绘制。为了区分同一形体上的几个断面图，在剖切符号上应用阿拉伯数字加以编号。投影方向则以编号与剖切位置线的相互位置来表示，断面图剖切符号的编号写在剖切位置线的哪一侧，则表示向哪一个方向进行投影。

（2）断面图的名称。断面图的名称，用相应的编号注写在相应的断面图的下方，并在图名下面画一条粗实线，长度为图名所占长度，如"×-×"。

（3）断面图的线型要求和图例。断面图的线型要求和图例的绘制，与剖面图的完全相同，一般用粗实线绘制，图例按照建筑制图标准的规定执行。

2. 断面图与剖面图的区别

（1）断面图只画出剖切平面剖切物体所得到的截面的图形；而剖面图除了画出断面图形外，还要画出物体剖开后剩余可见部分的投影。即断面图是"面"的投影，剖面图是"体"的投影，剖面图中包含断面图，如图 16-2 所示。

动画扫一扫
悬挑楼板的断
面图

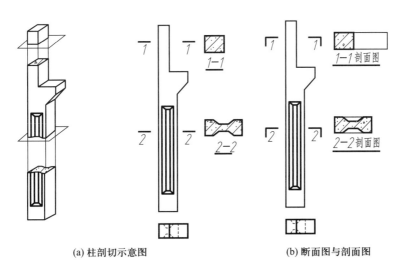

(a) 柱剖切示意图　　(b) 断面图与剖面图

图 16-2　断面图与剖面图比较

图：剖面图与
断面图

（2）断面图与剖面图的剖切符号不同。断面图的剖切符号只画剖切位置线，用编号所在位置的一侧表示断面图的投射方向；而剖面图的剖切符号由剖切位置线和剖视方向线所组成。

（3）断面图与剖面图中剖切平面的数量不同。断面图一般只能使用单一的剖切平面，不允许转折；而剖面图可采用多个剖切平面，可以发生转折。

（4）断面图与剖面图的作用不同。断面图是为了表达构件的某一局部的断面形状，主要用于结构施工图；而剖面图则是为了表达形体的内部形状和构造，一般用于绘制建筑施工图。

（5）断面图与剖面图的命名不同。根据视图中相应的标注编号，断面图的图名为"×-×"，不需注写断面图字样；而剖面图的图名为"×-× 剖面图"。

3. 断面图的画法

（1）确定剖切位置，在所要表达形体截面的位置处，画出断面图的剖切位置线。

（2）根据投影方向，在剖切位置线相应的一侧注写剖切符号的编号，编号用阿拉伯数字按顺序编写，其所在的一侧表示该断面剖切后的投影方向。

（3）将剖切平面剖开物体后所得的截断面进行投影，剖切到的物体轮廓线用粗实线绘制。

（4）在断面图内绘制物体的材料图例或剖面线。

（5）在断面图下方中间位置处标注断面图的名称。

教学课件
断面图的种类

三、断面图的种类

根据断面图与视图位置关系的不同，断面图分为移出断面图、中断断面图和重合断面图。

1. 移出断面图

微课扫一扫
断面图的种类

绘制在投影图之外的断面图称为移出断面图，如图16-2所示。

由于所绘制的截面图很多，为了便于将断面图和投影图对照，采用移出断面图时，一般将断面图绘制在剖切位置的附近，断面图可以放大比例，以便于清楚地表达截面的形状，便于尺寸标注。

2. 中断断面图

对于长向的等截面杆件，也可在杆件投影图的某一处用折断线断开，然后将其断面图画在杆件视图轮廓线的中断处，这种移出断面也称为中断断面图，如图16-3所示。

图16-3　中断断面图的画法

中断断面图不需要标注剖切位置符号和编号。

同样，钢屋架的大样图也可采用中断断面图的画法，如图16-4所示。

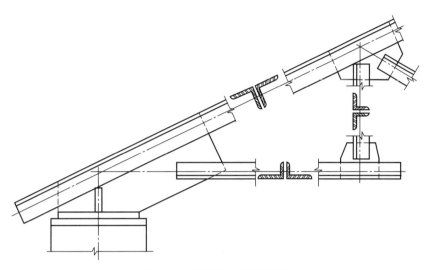

图 16-4　钢屋架中断断面图

3. 重合断面图

将断面图按与原投影图相同的比例，旋转 90° 后直接绘制在物体视图轮廓线内的断面图称为重合断面图。断面轮廓线可能是闭合的，如图 16-5 所示；也可能是不闭合的，此时应在断面轮廓线的内侧加画 45° 细斜线图例符号，如图 16-6 所示。

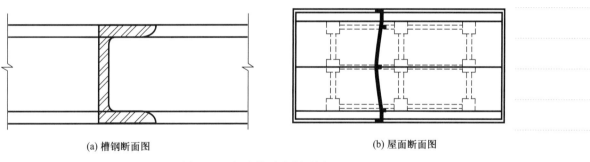

(a) 槽钢断面图　　　　　　　　　　　　　　　(b) 屋面断面图

图 16-5　闭合的重合断面图

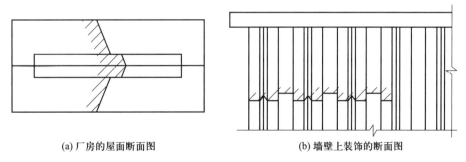

(a) 厂房的屋面断面图　　　　　　　　　(b) 墙壁上装饰的断面图

图 16-6　不闭合的重合断面图

为了表达明显，重合断面图轮廓线在建筑图中一般采用比视图轮廓线粗的实线绘制。当视图的轮廓线与重合断面的图形重叠时，视图中的轮廓线仍应完整地画出，不可间断，如图 16-5a 所示。

重合断面图一般不加任何标注，只需在断面图内或断面轮廓的一侧画出材料图例或剖面线，如图 16-5a 所示；当断面尺寸较小时，可将断面图涂黑，如图 16-5b 所示。

■ 训练实例 ■

实例　作出图 16-7 所示指定剖切位置的断面图。

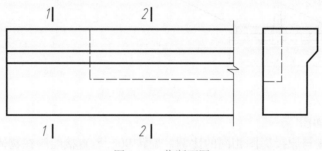

图 16-7　作断面图

【实例分析】

形体的空间分析如图 16-8 所示。

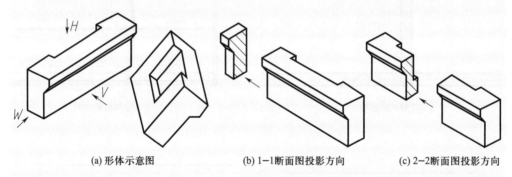

(a) 形体示意图　　(b) 1-1断面图投影方向　　(c) 2-2断面图投影方向

图 16-8　形体断面图分析

【作图步骤】

（1）根据形体的正立面图及侧立面图分析出形体的空间立体图形，如图 16-8a 所示。

（2）根据图 16-7 中所示的 "1-1" "2-2" 所在位置，进行形体分析，如图 16-8b、c 所示。

（3）按图 16-8b、c 所示的投射方向，将剖切后所得到的截面向投影面进行投影将得到所要求的断面图，如图 16-9 所示。

【实例总结】

　　绘制形体的断面图时，应明确断面图是截面的投影图，由于剖切平面与形体相交的截面为同一个面，所以内部不应有多余的线条；截交线应用粗实线绘制，内部绘制材料图例或剖面线。断面图的投射方向为编号所在的一侧，由图 16-9 所示，可知 1-1 和 2-2 断面图均为截面向左投影后所得的断面图，与侧立面图应相反。

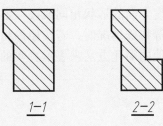

1-1　　　　2-2

图16-9　指定剖切位置的断面图

■ 课堂训练 ■

　　训练　根据图 16-10 所示檩条的投影图，绘制出图中所示剖切位置的断面图。

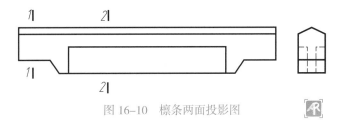

图 16-10　檩条两面投影图

■ 学习思考 ■

　　思考 1　为什么要画断面图？断面图是怎样形成的？
　　思考 2　常用断面图的种类有哪些？各适用于什么情况？
　　思考 3　断面图与剖面图有什么区别？

项目 17　简化画法

📍 项目目标

　　　　思政目标：培养学生树立正确的人生观。
　　　　知识目标：掌握国标中规定的一些建筑形体简化画法。
　　　　能力目标：能熟练绘制一些建筑形体的简化画法图。

素质目标：培养学生的战略意识和发展意识。

任务 简化画法

教学课件
对称、折断、相同要素、局部不同等简化画法

微课扫一扫
简化画法

■ 任务引入与分析 ■

当必须依靠实形图形进行生产时，对图纸上的每一部分都要求准确地投影来作图，当图形对称、构件沿长度方向的形状相同或按一定规律变化及图上有多个完全相同且连续排列的构造要素等特殊情况时，若按原形将形体完全绘制出来，既浪费时间又占用空间，是否有其他的简化方法来表示真实的形体呢？下面学习简化画法可以解决这一问题。

■ 相关知识 ■

为了提高绘图效率，在不影响生产和施工的前提下，《房屋建筑制图统一标准》（GB/T 50001—2017）规定了一些将投影图适当简化处理的方法，即简化画法。

一、对称图形简化画法

1. 用对称符号表示

当物体有一个对称轴时，可只画出该视图的一半，并画上对称符号，如图17-1b所示。当物体有两个对称轴时（图17-1a），可只画出该视图的四分之一，并画上对称符号，如图17-1c所示。

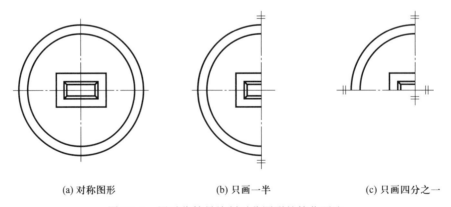

(a) 对称图形   (b) 只画一半   (c) 只画四分之一

图 17-1 用对称符号绘制对称图形的简化画法

对称符号由对称线和两端的两对平行线组成。对称线用细点画线绘制；平行线用细实线绘制，其长度宜为 6 ~ 10 mm，两平行线的间距宜为 2 ~ 3 mm，平行线在对称线两侧的长度应相等，两端的对称符号到图形的距离也应相等。

2. 不用对称符号表示

当物体对称时，对称图形也可稍超出对称线，即略大于对称图形，此时可不

画对称符号，而在超出对称线部分画上折断线，如图 17-2a 所示，或画波浪线，如图 17-2b 所示。

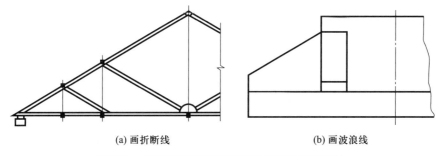

(a) 画折断线　　　　　　　　　　　　(b) 画波浪线

图 17-2　不用对称符号绘制对称图形的简化画法

二、折断省略画法

（1）如果只需要表示物体某一部分的形状时，可以只画出该部分的图形，其余部分可折断不画，并在折断处画上折断线，如图 17-3a 所示。

（2）对于较长的构件，如沿长度方向的形状相同或按一定规律变化，可采用折断省略画法。即假想将物体中间一段去掉，两端靠拢后画出。在断开处应画上折断线，折断线两端应超出图形轮廓线 2 ~ 3 mm，如图 17-3b 所示。

采用折断省略画法应该注意的是：在对构件进行尺寸标注时，虽然视图采用了断开的画法，其长度尺寸数值仍应标注构件的真实长度，即全长，如图 17-3c 所示。

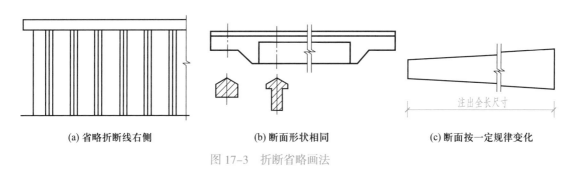

(a) 省略折断线右侧　　　　　(b) 断面形状相同　　　　　(c) 断面按一定规律变化

图 17-3　折断省略画法

三、相同要素省略画法

建筑物或构配件的图样中，如果图上有多个完全相同且连续排列的构造要素，可以仅在视图的两端或适当位置画出部分构造要素的完整形状，其余部分用中心线或中心线交点来确定它们的位置即可，如图 17-4a、b、c 所示。如连续排列的构造要素少于中心线交点，则其余部分应在相同构造要素位置的中心线交点处用小圆点表示，如图 17-4d 所示。

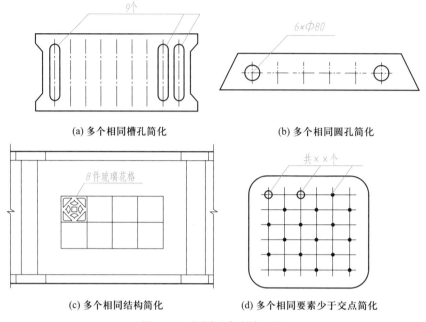

(a) 多个相同槽孔简化　　　　　　　(b) 多个相同圆孔简化

(c) 多个相同结构简化　　　　　　(d) 多个相同要素少于交点简化

图 17–4　相同要素省略画法

四、局部不同的简化画法

当构件的局部发生变化，而其余部分相同时，可以只画发生变化的部分，而将相同部分省略，但要在两个构件相同部位与不同部分的分界线上分别画上连接符号。两个连接符号应对准在同一位置线上，如图 17–5 所示。

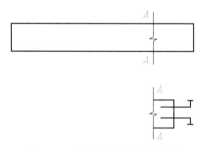

图 17–5　局部不同的简化画法

▪ 学习思考 ▪

思考 1　什么是视图的简化画法？

思考 2　建筑形体有几种简化画法？

外国近现代建筑家

古斯塔夫·埃菲尔（1832—1923）　法国土木工程师，因设计巴黎的埃菲尔铁塔而著名。1855 年从中央工艺和制造学院毕业后，专门研究金属建筑，尤其是桥梁。埃菲尔主要作品有巴黎博览会机器展览馆、法国特吕耶尔河上的钢拱桥、纽约港自由女神像的骨架等。他设计的埃菲尔铁塔震惊了全世界，人们称他为"用铁创造了奇迹的人"。他在巴黎郊外设计了第一座空气动力实验室，1921 年他把实验室赠给国家。

雅马萨奇（1912—1986）　日本裔美国人，著名建筑大师。1960 年被选为美国艺术与科学院院士、美国建筑师协会元老会员。重要作品有：圣路易斯市兰勃特机场候机楼、底特律市威恩州立大学麦克格雷戈尔会议中心、印度新德里国际农业与商业展览会美国展览馆、西雅图 21 世纪世界博览会联邦科学馆、西北国民人寿保险公司大楼、洛杉矶世纪城世纪广场酒店、纽约世界贸易中心、芝加哥芒高梅华德公司总部大楼、李奇蒙市联邦储备银行大楼等。

罗伯特·文丘里　美国建筑师。1925 年生于费城，1957—1965 年在宾夕法尼亚大学建筑系任教，1966 年任罗马美国学院住宅建筑师及学院理事，1977 年任普林斯顿大学建筑与城市设计学院顾问。经典作品有：宾夕法尼亚州费城公会大楼、印第安纳州哥伦布消防队四号大楼、美国俄亥俄州奥伯林美术馆、宾夕法尼亚州费城富兰克林中心广场、巴德学院、哈佛大学纪念堂等。

矶崎新　日本建筑大师。1931 年生于日本大分市，是世界上著名的日本建筑师。其作品多为大型公共建筑，设计风格尤以创新、有气魄著称。以美国佛罗里达州的迪士尼总部大楼、日本京都音乐厅、德国慕尼黑近代美术馆、日本奈良百年纪念馆、西班牙拉古民亚人类科学馆、美国俄亥俄州 21 世纪科学纪念馆、意大利佛罗伦萨时尚纪念馆、日本群马天文台、中国国家大剧院方案等最为著名。

扎哈·哈迪德 （1950—2016） 1950 年出生于巴格达，2004 年获普利兹克建筑奖。1994 年在哈佛大学设计研究生院执掌丹下健三教席。其著名的工程有：德国的维特拉消防站和位于莱茵河畔威尔城的州园艺展览馆，英国伦敦格林尼治千年穹隆上的头部环状带，法国斯特拉斯堡的电车站和停车场，奥地利因斯布鲁克的滑雪台，以及美国辛辛那提的当代艺术中心。北京银河 SOHO 和广州歌剧院也是扎哈·哈迪德的设计作品。

课程思政知识点：培养学生博采众长的学习意识，立志成为具有国际视野，懂得国际规则，了解他国科技文化，精通业务的科技创新型人才。

模块 7

房屋建筑施工图

项目 18　房屋施工图的基本知识

📍 项目目标

思政目标：培养学生树立爱国敬业的价值观。

知识目标：了解房屋的类型和组成，熟悉房屋工程的设计阶段划分；熟悉
　　　　　施工图的分类和编排顺序；熟识施工图中的常用符号；掌握阅
　　　　　读施工图的方法和步骤。

能力目标：能熟练识读房屋施工图。

素质目标：培养学生勤奋学习的意识。

任务　房屋施工图的基本知识

■ 任务引入与分析 ■

在房屋建筑工程中，一幢建筑物从设计、施工、装修到完成都需要一套完整的
房屋施工图作为指导。图 18-1 所示为卫生间、厨房的局部平面图，此图表示哪些结
构？图中符号有什么含义及怎样绘制？要掌握房屋施工图的识读与绘制，需要学习
建筑施工图的知识。

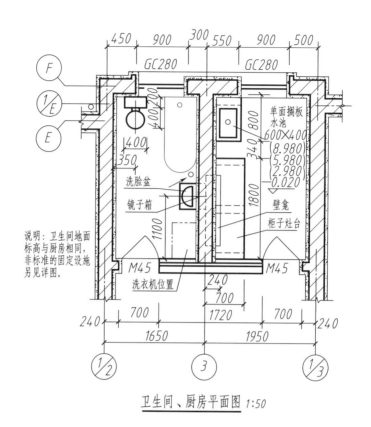

卫生间、厨房平面图 1:50

图 18-1 卫生间、厨房的局部平面图

■ 相关知识 ■

一、房屋的类型和组成

1. 房屋的类型

建筑物按其使用性质，通常可分为生产性建筑——工业建筑和农业建筑；非生产性建筑——民用建筑。其中民用建筑根据建筑物使用功能，又可分为居住建筑和公共建筑。居住建筑是指提供人们生活起居用的建筑物，如住宅、宿舍、公寓、旅馆等；公共建筑是指供人们进行各项社会活动的建筑物，如商场、学校、医院、办公楼、汽车站、影剧院等。

建筑物按建筑数量和规模又可分为大量性建筑和大型性建筑。大量性建筑指建造数量较大的建筑，如住宅、宿舍、商店、医院、学校等；大型性建筑指建造数量较少，但单幢建筑体量大的建筑，如大型体育馆、影剧院、机场、火车站等。

2. 房屋的组成

各种建筑物尽管它们的使用要求、空间组合、外形处理、结构形式、构造方式及规模大小等方面有各自的特点，但其基本构造是相似的。一幢房屋主要由基础、地面、墙（内外墙）、梁或柱、楼梯、楼板、门窗和屋顶等部分组成。它们处于不同的位置，发挥着不同的作用。此外，一般建筑物除以上主要组成部分之外，还有一些其他的配件和设施，如散水或明沟、勒脚、雨篷、阳台、雨水管、通风道、垃圾桶等，如图 18-2 所示。

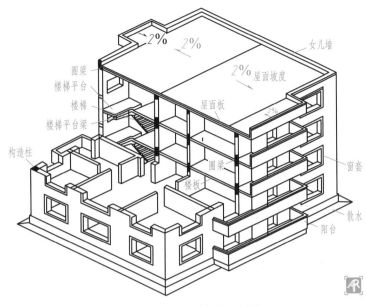

图 18-2　房屋的轴测示意图

二、建筑施工图概述

建造一幢房屋需要经历设计和施工两个过程。一般房屋的设计过程又包括两个阶段，即初步设计阶段和施工图设计阶段。对于大型、比较复杂的工程，可根据其特点和需要按三个阶段设计，即在初步设计阶段之后增加一个技术设计阶段，以解决各工种之间的协调等技术问题。

1. 初步设计阶段

初步设计的主要任务是根据建设单位提出的设计任务和要求，进行调查研究、收集资料、提出设计方案，其内容包括必要的工程图纸、设计概算和设计说明等。初步设计的工程图纸和有关文件只是作为提供方案研究和审批之用，不能作为施工的依据。

2. 施工图设计阶段

施工图设计是修改和完善初步设计，在已审定的初步设计方案基础上，进一步解决实用和技术问题，统一各工种之间的矛盾，在满足施工要求及协调各专业之间关系后最终完成设计，形成一套完整正确的房屋施工图样，这套图样称为房屋建筑工程施工图。

三、房屋施工图的分类和编排顺序

1. 房屋施工图的分类

房屋施工图按其内容和工种不同，可分为建筑施工图、结构施工图、设备施工图等三部分。

教学课件
房屋施工图的
分类、编排顺
序及图示特点

（1）建筑施工图（简称建施）。基本图纸包括建筑总平面图、建筑平面图、建筑立面图、建筑剖面图及建筑详图等。主要表示建筑物的内部布局、外部装修、结构形状、施工要求等。

（2）结构施工图（简称结施）。基本图纸包括基础平面图、基础详图、结构平面图、楼梯结构图和结构构件的结构详图等。主要表示承重结构的布置情况、构件类型、大小及构造做法等。

（3）设备施工图（简称设施）。基本图纸包括给排水、采暖通风、电气照明等设备的平面布置图、系统图和施工详图等。主要表示管道的布置和走向、构件做法和加工安装要求，电气线路走向及安装要求等。

2. 房屋施工图的编排顺序

（1）图纸目录。图纸目录又称为首页图或标题页，说明该套图纸有几类，各类图纸又分为几张，每张图纸的图名、图幅大小和符号；若采用标准图，应写出所使用标准图的名称、所在的标准图集和图号或页码。图纸目录的主要目的是便于查找图纸。

（2）设计总说明。设计总说明又称为首页或首页图，说明施工图的设计依据、本工程项目的设计规模和建筑面积、本项目的相对标高与总图绝对标高的对应关系及室内外用料说明、装修做法等。

（3）建筑施工图。

（4）结构施工图。

（5）设备施工图。

如果是以某专业工种为主题的工程，则应该突出该专业的施工图而另外编排。各专业施工图，应按图纸内容的主次关系系统地排列。通常基本图在前，详图在后；总体图在前，局部图在后；主要部分在前，次要部分在后；布置图在前，构件图在后；先施工图在前，后施工图在后。

四、施工图的图示特点

（1）施工图中的各图样主要用投影法绘制。施工图是根据正投影原理和形体的各种表达方法绘制的。

（2）施工图一般采用较小比例绘制。建筑的平、立、剖面图都采用小比例绘制，对于无法表达清楚的建筑详图，采用大比例绘制。

（3）施工图中采用国家制图标准规定的一系列相应的符号和图例。为了加快设计和施工进度，提高设计和施工质量，把房屋施工图中常用的、大量性的构配件采用国家制图标准规定的符号和图例进行表示。

五、阅读施工图的方法和步骤

一套房屋施工图，简单的有几张，复杂的有几十张，甚至几百张，所以识读房屋施工图的方法和步骤是十分重要的。

1. 阅读施工图的方法

一般先看图纸目录、建筑总平面图和施工总说明，了解工程的概况，如新建房屋的位置、周围环境、施工技术要求等。然后看建筑平、立、剖面图，大体想象建筑物的立体形象和内部布置。

微课扫一扫
阅读施工图的方法和步骤

（1）顺序识读。根据施工的先后顺序，从基础、墙（或柱）、结构平面布置、建筑构造及装修的顺序，仔细阅读有关图纸。

（2）前后对照。识读图纸时，要注意建筑平面图、剖面图、立面图对照看，建筑施工图和结构施工图、设备施工图对照看，要做到对整个工程施工情况及技术要求心中有数。

（3）重点细读。根据工种的不同，将有关专业施工图再有重点地仔细读一遍，并将遇到的问题记录下来，及时向设计部门反映。

2. 阅读施工图的步骤

对于全套施工图纸来说，先看设计总说明，后看"建施""结施"和"设施"。对于每一张图纸来说，先看图标、文字，后看图样。对于"建施""结施"和"设施"来说，先看"建施"，后看"结施"和"设施"；对于"建施"来说，先平、立、剖面图，后详图；对于"结施"来说，先基础施工图、结构布置平面图，后构件详图。当然，这些步骤不是孤立的，要经常相互联系进行，反复多次阅读才能看懂图纸。

教学课件
施工图中常用符号（轴线、标高、索引）

六、施工图中常用的符号

1. 定位轴线

定位轴线是用来确定主要承重结构和构件如承重墙、梁、柱、基础等的位置，以便施工时定位放线和查阅图纸。

微课扫一扫
轴线、标高符号

（1）定位轴线的绘制。如图 18-3 所示，定位轴线用细点画线表示；定位轴线编号圆用细实线表示，直径为 8 mm；定位轴线编号注写在圆内，水平方向从左向右依次用阿拉伯数字编写，竖直方向从下向上依次用大写拉丁字母编写，但不能用 I、O、Z，以免与数字 1、0、2 混淆。

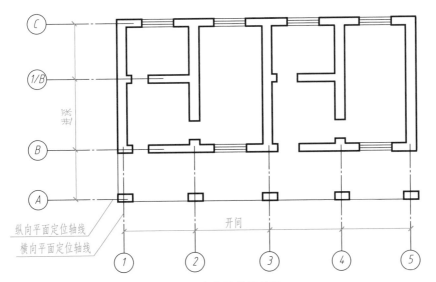

图 18-3　定位轴线及编号

（2）标注位置。图样对称时，一般标注在图样的下方和左侧；图样不对称时，以下方和左侧为主，上方和右方也要标注。

（3）分轴线的标注。对应次要承重构件，不用单独划为一个编号，可以用分轴线表示。表示方法：用分数进行编号，以前一轴线编号为分母，阿拉伯数字如 1、2、3 等为分子依次编写，如图 18-4 所示。

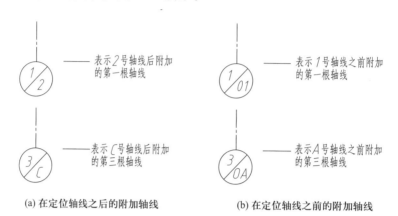

(a) 在定位轴线之后的附加轴线　　　　(b) 在定位轴线之前的附加轴线

图 18-4　附加轴线的编号

2. 标高符号

标高是标注建筑物高度方向的一种尺寸形式，分为绝对标高和相对标高，均以 m 为单位。绝对标高是以青岛附近的黄海平均海平面为零点，以此为基准的标高。在实际施工中，用绝对标高不方便，因此，习惯上常用将房屋底层的室内主要地面高度定为零点的相对标高，比零点高的标高为"正"，比零点低的标高为"负"。在施工总说明中，应说明相对标高与绝对标高之间的联系。

（1）个体建筑物图样上的标高符号，以细实线绘制，通常如图 18-5a 左图所示的形式；如标注位置不够，可按如图 18-5a 右图所示的形式绘制。图中的 l 是注写标高数字的长度，高度 h 则视需要而定。

（2）总平面图上室外地坪的标高符号，宜涂黑表示，具体画法如图 18-5b 所示。

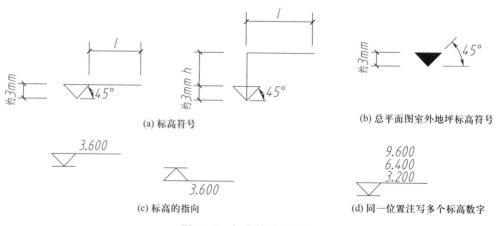

(a) 标高符号　　　　　　　　　　　(b) 总平面图室外地坪标高符号

(c) 标高的指向　　　　　　　　　　(d) 同一位置注写多个标高数字

图 18-5　标高符号的画法

（3）标高数字应以 m 为单位，注到小数点后第三位；总平面图的室内、室外标高符号，用绝对标高，保留两位小数。平面图、立面图、剖面图的标高符号，用相对标高，保留三位小数；零点标高应注写成 ±0.000；标高数字前面没有符号或有"+"，表示高于零点标高，标高数字前面有符号"–"，表示该完成面低于零点标高。例如 6.000、–50.00。标高符号的尖端应指至被注的高度，尖端可向下，如图 18-5c 左图所示；也可向上，如图 18-5c 右图所示。

（4）在图样的同一位置需表示几个不同标高时，标高数字可按图 18-5d 所示的形式注写。

房屋的标高有建筑标高和结构标高的区别。如图 18-6 所示，建筑标高是构件包括粉饰在内的、装修完成后的标高；结构标高则不包括构件表面的粉饰层厚度，是构件的毛面标高。

3. 索引符号

用索引符号可以清楚地表示出详图的编号、详图的位置和详图所在图纸的编号，以方便查找构件详图，如图 18-7 所示。

图 18-6　建筑标高与结构标高

图 18-7　索引符号

（1）绘制方法。引出线指在要画详图的地方，引出线的另一端为用细实线绘制的直径为 10 mm 的圆，引出线应对准圆心。在圆内过圆心画一水平细实线，将圆分为两个半圆。当索引符号用于索引剖面详图时，应在被剖切的部位绘制剖切位置线，引出线所在一侧应为投射方向。

（2）编号方法。上半圆用阿拉伯数字表示详图的编号，下半圆用阿拉伯数字表示详图所在图纸的图纸号。若详图与被索引的图样在同一张图纸上，下半圆中间画一水平细实线；如详图为标准图集上的详图，应在索引符号水平直径的延长线上加注标准图集的编号。

4. 详图符号

详图符号表示详图的位置和编号。

（1）绘制方法。使用粗实线绘制，直径为 14 mm。

（2）编号方法。当详图与被索引的图样在同一张图纸上时，圆内不画水平细实线，圆内用阿拉伯数字表示详图的编号，如图 18-8a 所示。当详图与被索引的图样不在同一张图纸上时，过圆心画一水平细实线，上半圆用阿拉伯数字表示详图的编号，下半圆用阿拉伯数字表示被索引图纸的图纸号，如图 18-8b 所示。

教学课件
施工图中常用符号（详图符号、指北针）

微课扫一扫
索引、详图、指北针符号

(a) 详图与被索引图样在同一张图纸内　　　(b) 详图与被索引的图样不在同一张图纸内

图 18-8　详图符号

5. 指北针或风玫瑰图

指北针或风玫瑰图（风向频率玫瑰图）都可以用来表示建筑物的朝向。指北针用细实线绘制，直径 24 mm。指针尖指向北，指针尾部宽度为直径的 1/8，约 3 mm，在指针尖端处，国内工程注"北"字，涉外工程注"N"字，如图 18-9a 所示。需用较大直径绘制指北针时，指针尾部宽度取直径的 1/8。风玫瑰图一般画出 16 个方向的长短线来表示该地区常年的风向频率，有箭头的方向为北向，如图 18-9b 所示，实线表示全年风向频率，虚线表示按 6、7、8 三个月统计的夏季风向频率。

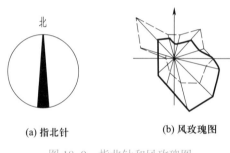

(a) 指北针　　　　　　(b) 风玫瑰图

图 18-9　指北针和风玫瑰图

■ 训练实例 ■

　　实例　如图 18-1 所示，请识读某住宅楼卫生间、厨房的局部平面图。

【实例分析】

　　如图 18-1 所示，可以看出卫生间、厨房的位置、尺寸大小及内部的浴盆、坐式大便器、洗脸盆、镜子箱、洗衣机、水池、壁龛、柜子、灶台等设施；局部横向定位轴线、纵向定位轴线编号；卫生间、厨房的门、窗位置及编号；各层卫生间、厨房的标高等。

【读图步骤】

（1）图名、比例。

（2）读定位轴线及编号。

（3）墙、柱的断面，门窗的图例等。

（4）其他构配件和固定设施的图例或轮廓形状。

（5）必要的尺寸，地面、平台的标高。

（6）有关的符号，如剖切符号、索引符号等。

【实例总结】

此图仅为房屋施工平面图的局部，通过此实例的分析，对前面讲述过的相关知识如定位轴线、标高符号、识图的方法和步骤等内容进行训练。

■ 课堂训练 ■

训练1 一套房屋施工图按内容和专业分工不同，一般分为三类：_____、_____、_____。其中设备施工图包括_____、_____、_____。

训练2 定位轴线端圆的直径为_____mm，用_____线绘制，横向定位轴线编号用_____从_____到_____顺序编写，竖向定位轴线编号应用_____从____到_____顺序编号。索引符号圆的直径为_____mm，用_____线绘制。详图符号圆的直径为_____mm，用_____线绘制。

训练3 建筑物高度方向的尺寸绝对标高是以_____为零点，以此为基准的标高。在实际施工中，习惯上相对标高是以_____为零点。

■ 学习思考 ■

思考1 一整套房屋施工图的编排顺序是什么？

思考2 索引符号编排的方法是什么？

思考3 定位轴线标注的位置如何？

思考4 图 18-10 中索引符号中的数字和字母表示什么含义？

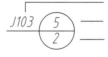

图 18-10

项目 19   首页图及建筑总平面图

📍 项目目标

思政目标：培养学生树立正确的世界观。

知识目标：熟悉总平面图的形成、图示方法与内容。

能力目标：能识读绘制房屋总平面图。

素质目标：培养学生人际交往与沟通的能力。

任务   首页图、建筑总平面图和施工总说明

■ 任务引入与分析 ■

对于拟建房屋建筑施工图进行识读，首先要熟悉施工要求和总体布局，这就要求必须识读首页图和建筑总平面图。

图 19-1 所示为某学校施工总平面图，对此图形要进行识读就必须掌握必要的基本知识，下面学习施工总平面图相关的知识。

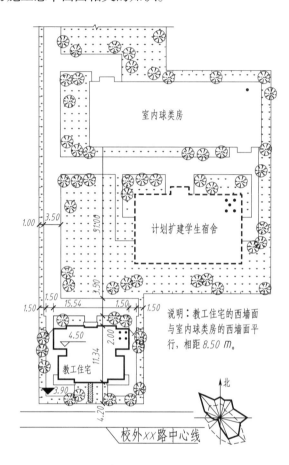

说明：教工住宅的西墙面
与室内球类房的西墙面平
行，相距 8.50 m。

总平面图 1:500

图 19-1 某学校施工总平面图

■ 相关知识 ■

一、图纸目录的内容和用途

图纸目录又称标题页或首页图，说明该套图纸有几类，各类图纸分别有几张，每张图纸的图号、图名、图幅大小。如采用标准图，应写出所使用标准图的名称、所在的标准图集和图号或页次。编制图纸目录的目的是为了便于查找图纸。

二、总平面图的用途、图示方法和图示内容

1. 形成及用途

（1）形成。将新建建筑物周围一定范围内的原有和拆除的建筑物、构筑物连同其周围的地形物状况，用水平投影方法和相应的图例所画出的图样，称为建筑总平

教学课件
首页图、总平
面图的用途图
示方法和内容

微课扫一扫
首页图、总平
面图的用法、
图示方法和内
容

面图（或称总平面布置图），**简称总平面图或总图**。总平面图是新建房屋在基地范围内的总体布置图。

（2）用途。总平面图表明新建房屋的平面轮廓形状和层数、与原有建筑物的相对位置、周围环境、地貌地形、道路和绿化的布置等情况，是新建房屋及其他设施的施工定位、土方施工，以及设计水、电、暖、煤气等管线总平面图的依据。

总平面图一般采用 1 : 500、1 : 1 000、1 : 2 000 的比例，以图例来表明新建、原有、拟建的建筑物，附近的地物环境、交通和绿化布置。《总图制图标准》（GB/T 50103—2010）分别列出了总平面图例、道路与铁路图例、管线与绿化图例，表 19-1 摘录了其中一部分。当表 19-1 中的图例不够应用时，可查阅该标准。若这个标准中图例满足不了应用而必须另行设定图例时，则应在总平面图上专门另行画出自定的图例，并注明其名称。

表 19–1 总平面图中的常用图例

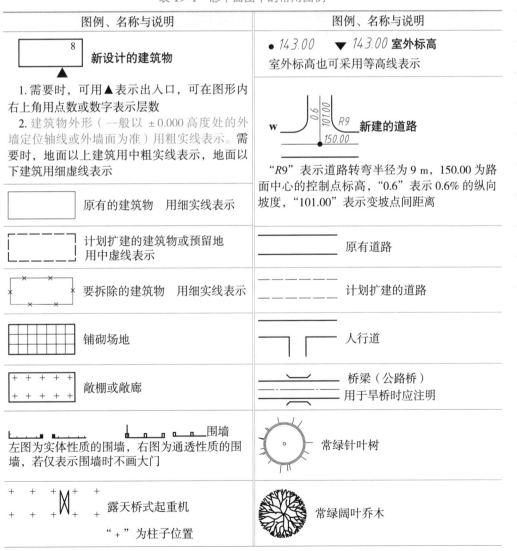

图例、名称与说明	图例、名称与说明
新设计的建筑物 —— 1. 需要时，可用 ▲ 表示出入口，可在图形内右上角用点数或数字表示层数 2. 建筑物外形（一般以 ±0.000 高度处的外墙定位轴线或外墙面为准）用粗实线表示。需要时，地面以上建筑用中粗实线表示，地面以下建筑用细虚线表示	**室外标高** 室外标高也可采用等高线表示
原有的建筑物 用细实线表示	**新建的道路** "R9" 表示道路转弯半径为 9 m，150.00 为路面中心的控制点标高，"0.6" 表示 0.6% 的纵向坡度，"101.00" 表示变坡点间距离
计划扩建的建筑物或预留地 用中虚线表示	原有道路
要拆除的建筑物 用细实线表示	计划扩建的道路
铺砌场地	人行道
敞棚或敞廊	桥梁（公路桥） 用于旱桥时应注明
围墙 左图为实体性质的围墙，右图为通透性质的围墙，若仅表示围墙时不画大门	常绿针叶树
露天桥式起重机 "+" 为柱子位置	常绿阔叶乔木

续表

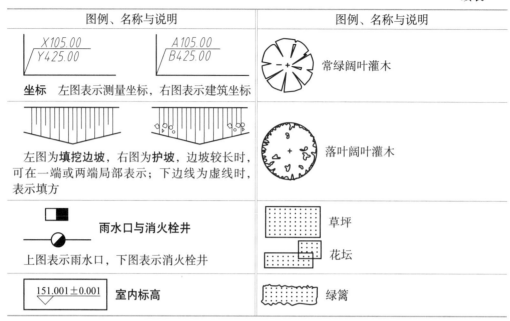

图例、名称与说明	图例、名称与说明
X 105.00 / *Y 425.00*　　*A 105.00* / *B 425.00* **坐标**　左图表示测量坐标，右图表示建筑坐标	常绿阔叶灌木
左图为**填挖边坡**，右图为**护坡**，边坡较长时，可在一端或两端局部表示；下边线为虚线时，表示填方	落叶阔叶灌木
雨水口与消火栓井 上图表示雨水口，下图表示消火栓井	草坪 花坛
151.001±0.001　**室内标高**	绿篱

在总平面图中，除图例以外，通常还要画出风玫瑰图。

2. 图示方法

（1）总平面图包括的范围比较大，所以绘制时都用较小的比例，如 1∶2 000、1∶1 000、1∶500 等。在实际工作中，由于各地方国土管理部门所提供的地形图为 1∶500，所以常接触的总平面图中多采用这个比例。

（2）在总平面图中的每个图样的图线，应根据其所表示的不同重点，采用不同的粗细线型。主要部分选用粗线，其他部分选用中线和细线。例如，绘制总平面图时，新建建筑物采用粗实线；绘制管线综合图时，管线采用粗实线。

（3）总平面上标注的尺寸，以 m 为单位。

（4）当地形起伏较大时，总平面图上还应画出地面等高线，以表明地形的坡度、雨水排除的方向等。

（5）由于比例小，总平面图上的内容一般按图例绘制，所以总平面图中使用的图例符号较多。

3. 图示内容

（1）新建建筑物、拟建房屋用粗实线框表示，并在线框内用数字或点数表示建筑物的层数。

（2）新建建筑物的定位。总平面图的主要任务是确定新建建筑物的位置，通常利用原有建筑物、道路等来定位。

（3）新建建筑物的室内外标高。

（4）相邻有关建筑、拆除建筑的位置或范围。原有建筑物用细实线框表示，并在线框内用数字表示建筑层数；拟建建筑物用虚线表示；拆除建筑物用细实线表示，并在其细实线上打叉。

（5）附近地形（等高线）地貌（道路、水沟、池塘、土坡等）。

（6）有风玫瑰图，可以不要指北针。

（7）绿化规划、管线布置。

（8）道路（或铁路）和明沟等的起点、变坡点、转折点、终点的标高与坡向箭头。

以上内容并不是在所有总平面图上都是必需的，可根据具体情况加以选择。

4. 坐标网格

在大范围和复杂地形的总平面图中，为了保证施工放线正确，往往以坐标表示建筑物、道路或管线的位置。坐标有测量坐标与施工坐标两种系统，如图 19-2 所示。坐标网格应以细实线表示，一般画成 100 m×100 m 或 50 m×50 m 的方格网。测量坐标网应画成交叉十字线，坐标代号宜用"X、Y"表示；施工坐标网应画成网格通线，坐标代号宜用"A、B"表示。图中 X 为南北方向轴线，X 的增量在 X 轴线上，Y 为东西方向轴线，Y 的增量在 Y 轴线上；A 轴相当于测量坐标网中的 X 轴，B 轴相当于 Y 轴。在总平面图上绘有测量和施工两种坐标系统时，应在附注中注明两种坐标系统的换算公式；如无施工坐标系统时，则应标出主要建筑群的轴线与测量坐标轴的交角。表示建筑物位置的坐标，宜注其三个角的坐标，如图 19-2 所示；若建筑物与坐标轴线平行，可标注其对角坐标。

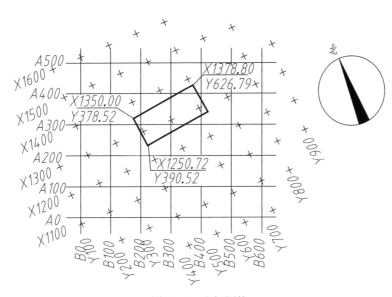

图 19-2　坐标网格

5. 阅读总平面图的步骤

（1）看图样的比例、图例及有关的文字说明。总平面图以较小的比例绘制，如本例中的 1∶500。总平面图上标注的尺寸，一律以 m 为单位。

（2）了解工程的性质、用地范围和地形地物等情况。

（3）了解地势高低。从室内底层地面和等高线的标高，了解该地的地势高低、雨水排除方向，并可计算填挖土方的数量。总平面图中标高的数值，以 m 为单位，一般注至小数点后两位。图中所注数值均为绝对标高。

（4）明确新建房屋的位置和朝向。房屋的位置可用定位尺寸或坐标确定，定位尺寸应注出与原建筑物或道路中心线的联系尺寸。

（5）了解周围环境的情况。

三、施工总说明

施工总说明主要用来说明图样的设计依据和施工要求。中小型房屋的施工总说明也常与总平面图一起放在建筑施工图内。有时，施工总说明与建筑、结构总说明合并，成为整套施工图的首页，放在所有施工图的最前面。

■ 训练实例 ■

实例 1　如表 19–2 所示，识读某办公楼图纸目录。

表 19–2　某办公楼图纸目录

某建筑设计有限公司	图纸目录		图号	建施 –00
			本表共 1 页，第 1 页	
序号	图号	图纸名称	张数	备注
1	建施 –00	图纸目录	1	结合变更施工
2	建施 –01	总平面图	1	结合变更施工
3	建施 –02	设计总说明	1	结合变更施工
4	建施 –03	门窗表、装修及门窗详图	1	结合变更施工
5	建施 –04	玻璃幕墙及门窗详图	1	结合变更施工
6	建施 –05	地下室平面图	1	结合变更施工
7	建施 –06	一层平面图	1	结合变更施工
8	建施 –07	标准层平面图	1	结合变更施工
9	建施 –08	顶层平面图	1	结合变更施工
10	建施 –09	屋顶平面图	1	结合变更施工
11	建施 –10	北立面图	1	结合变更施工
12	建施 –11	南立面图	1	结合变更施工
13	建施 –12	1–1 剖面图、东立面图	1	结合变更施工
14	建施 –13	2–2 剖面图、详图	1	结合变更施工
审核		校对	制表	共　张	日期	

【实例分析】

如表 19-2 所示，该办公楼图纸目录共计 14 项，包括了房屋施工图的基本内容，涉及总平面图、设计总说明、门窗表、建筑平面图、建筑立面图、建筑剖面图、建筑详图等内容。

【实例总结】

此实例为某办公楼施工图纸目录，通过实例分析可以看出房屋建筑施工图基本包含的内容，对于在相关知识中讲述到的内容也进行了相应的验证。

实例 2　如图 19-1 所示，请识读某学校的施工总平面图。

【实例分析】

如图 19-1 所示，这是某学校东南角一个小范围内的总平面图，在图名旁已注明是按 1∶500 绘制的，在这个范围内要新建一幢四层楼教工住宅。在这样很小范围的平坦土地上建造房屋，所绘的小区总平面图可以不必画出地形等高线和坐标网格，只要表明这幢住宅的平面轮廓形状、层数、位置、朝向、室内外标高，以及周围的地物等内容就可以了。

【读图步骤】

（1）小区的风向、方位和范围。图的右下角画出了该地区的风玫瑰图，按风玫瑰图中所指的方向，可以知道这个小区是某学校从北向南延伸出来的一小块地方，位于 ×× 路的北边，同时还可知道小区的常年和夏季的风向频率。

（2）新建房屋的平面轮廓形状、大小、朝向、层数、位置和室内外地面标高。以粗实线画出的这幢新建住宅，显示了它的平面轮廓形状，左右对称，东西向总长 15.54 m，南北向总宽 11.34 m，朝向正南，四层。它以已建的室内球类房定位，其北墙面与室内球类房的南墙面平行，相距 36.50 m（31.00 m+3.50 m+2.00 m）；西墙面与室内球类房的西墙面平行。它的底层室内主要地面的绝对标高为 4.50 m，室外地面的绝对标高为 3.90 m，室内底层地面高出室外地面 600 mm。

（3）新建房屋周围的环境以及附近的建筑物、道路、绿化等布置。在新建住宅的四周，都有道路、草地和常绿阔叶灌木的绿化；东、南、西三面绿化带外侧是围墙；在住宅楼北墙两侧，各有 1.50 m 宽的人行道出入口，并分别设一个简易小门，与外界分隔开；在南墙外侧的绿化带中，有一块修剪过的树篱，将底层东西两户之间的户外地分隔开，这样，在简易小门内的地方，分属底层东西两户所有。新建住宅附近的其他地物布局是：向北沿西围墙，除了沿墙边有 1.00 m 宽的草地外，还有 3.50 m 宽的车行道，与学校其他地区连通；在新建住宅的东北方，用中虚线画出了计划扩建一幢五层的学生宿舍，四周也都有绿化布置，三个入口处有道路与外界相通。在计划扩建的学生宿舍北面，有用细线画出的一幢原有的单层房屋——室内球类房，在图中也表明了室内球类房周围的道路和绿化布置等情况。由室内球类房沿东、西两围墙继续向北，与这个学校的其他区域相连。

【实例总结】

通过对该实例总平面图的阅读，对于总平面图阅读的方法和步骤通常采用的是上述的方法和步骤，以此对总平面图中要表达的新建建筑物和已有建筑物及周围环境的关系进行描述，为后续设计与施工奠定相应的基础。

实例 3　请识读下面某教工住宅的施工总说明（摘录）。

某校教工住宅施工总说明

（一）设计依据

本工程按某校所提出的设计任务书进行方案设计。

以北面原有的室内球类房为放样依据，按总平面图所示的尺寸放样。

（二）设计标高

底层室内主要地面设计标高为 ±0.000，相当于绝对标高 4.500 m，室内外高差 0.600 m。

（三）施工用料

1. 基础　该住宅采用钢筋混凝土片筏基础。

2. 墙体　内外墙均采用长度为 240 mm 的标准砖，底层楼梯平台外墙用多孔砖，墙体用强度等级为 M7.5 的砂浆砌筑。

3. 楼板层与地面　底层地面及楼面采用 120 mm 厚现浇钢筋混凝土板，各楼层的厨房与卫生间采用 80 mm 厚现浇钢筋混凝土板。

4. 屋面　120 mm 厚钢筋混凝土板，刷防水涂料，做 50 mm 厚水泥珍珠岩保温层，覆盖 40 mm 厚强度等级为 C20 的细石混凝土钢筋网片整浇层，二毡三油，上撒绿豆砂，并在其上砌筑高度为 180 mm 的砖墩，再铺厚 35 mm 的 600 mm×600 mm 架空隔热板。

5. 外墙粉刷　外墙及阳台栏板面用 1∶1∶6 水泥石灰砂浆打底，鹅黄石子掺 10% 黑石子干粘石；雨篷、窗套、花台用 1∶1∶6 水泥石灰砂浆打底，白马赛克贴面。

6. 内墙粉刷　卧室、过厅、厨房分别用 20 mm 厚 1∶3 石灰砂浆加草筋衬光，纸筋灰浆粉面，803 涂料刷二度，一、二层过厅用淡蓝色，三、四层过厅用淡绿色；卫生间内墙用 20 mm 厚 1∶3 石灰砂浆加草筋衬光，1∶2.5 石灰砂浆粉面。

7. 楼地面面层　现浇钢筋混凝土板上覆盖 40 mm 厚强度等级为 C15 的细石混凝土整浇层，随捣随光；过厅、厨房、厕所刷 777 涂料，120 mm 高 1∶2 水泥砂浆踢脚板。

8. 油漆着色　钢窗、钢门、晒衣架漆深咖啡色，一底二度；楼梯木扶手漆淡咖啡色，铁栏杆漆深咖啡色；木门、壁橱门漆淡咖啡色。

9. 屋面排水　天沟端部用 φ100 铸铁弯头。

（四）注意事项

施工单位需按图纸施工，并严格执行国家现行施工验收规范和地方现行的土建施工工艺规范。如图纸中有遗漏或不详之处，或因各种原因要求更改设计时，请施工单位与设计单位联系，共同妥善解决。

【实例分析】

该教工住宅施工总说明共计包含：设计依据、设计标高、施工用料、注意事项等四部分内容，包括了房屋施工图中涉及的基础、墙体、楼板层与地面、屋面、外墙粉刷、内墙粉刷、油漆着色等内容。

【实例总结】

此实例为某校教工住宅施工总说明，通过该实例的学习，可以掌握施工总说明在施工图中的作用及内容和阅读的方法。在阅读施工总说明时，应着重阅读工程的设计依据、设计标高和主要施工用料及特殊工艺，这对于识读和编写房屋建筑施工总说明很有意义。

■ 课堂训练 ■

训练 1　建筑总平面图图例中，原有建筑物用＿＿＿＿＿＿＿线表示，计划扩建的预留地或建筑物用＿＿＿＿＿＿＿线表示，拆除的建筑物用＿＿＿＿＿＿＿线表示。

训练 2　在建筑平面图上，一般用＿＿＿＿＿＿＿表示建筑物朝向，用＿＿＿＿＿＿＿表示建筑物层数。

■ 学习思考 ■

思考 1　建筑总平面图图示的内容主要有哪些？

思考 2　建筑总平面图是怎么形成的？其用途是什么？

思考 3　建筑总平面图的图示特点是什么？

思考 4　建筑总平面图中新建建筑物位置如何定位？

项目 20　建筑平面图

项目目标

思政目标：培养学生开拓创新的工匠精神。

知识目标：熟悉建筑平面图的形成及图示内容、门窗图例、细部布置等。

能力目标：能识读绘制建筑平面图。

素质目标：培养学生严谨的学习态度。

任务　建筑平面图

■任务引入与分析■

图 20-1 所示为某住宅楼底层平面图，要识读和绘制此底层平面图，就必须学习建筑平面图的形成、图示特点、图示内容、识读步骤、绘制方法等。下面学习平面图的相关知识。

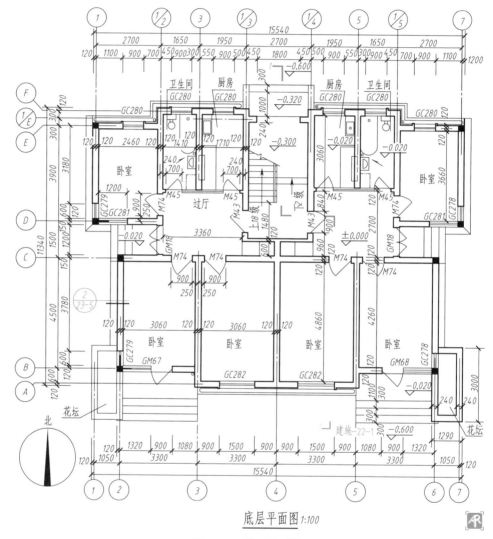

底层平面图 1:100

图 20-1　底层平面图

教学课件
建筑平面图的
形成及作用

微课扫一扫
建筑平面图的
形成及作用

■相关知识■

一、建筑平面图的形成及作用

（1）建筑平面的形成。建筑平面图是房屋的水平剖面图，也就是用一个假想的水平面，在窗台之上剖开整幢房屋，移去处于剖切平面上方的房屋，将留下的部分按俯视方向在水平投影面上作正投影所得到的图样。

（2）建筑平面的作用。建筑平面图主要用来表示房屋的平面布置情况，在施工过程中，是进行放线、砌墙和安装门窗等工作的依据。建筑平面图应包括被剖切到的断面、可见的建筑构造和必要的尺寸、标高等内容。

若一幢多层房屋的各层平面布置都不相同，应画出各层的建筑平面图。建筑平面图通常以层次来命名，如底层平面图、二层平面图等；若有两层或更多层的平面布置相同，这几层可以合用一个建筑平面图，称为某两层或某几层平面图，例如，二、三层平面图，三、四、五层平面图等，也可称为标准层平面图。若两层或几层的平面布置只有少量局部不同，也可以合用一个平面图，但需另绘不同处的局部平面图作为补充。若一幢房屋的建筑平面图左右对称，则习惯上将两层平面图合并画在一个图上，左边画一层的一半，右边画另一层的一半，中间用对称线分界，在对称线两端画上对称符号，并在图的下方分别注明它们的图名。

建筑平面图除上述的各层平面图外，还有局部平面图、屋顶平面图等。局部平面图可以用于表示两层或两层以上合用的平面图中的局部不同之处，也可以用来将平面图中某个局部以较大的比例另行画出，以便能较为清晰地表示出室内的一些固定设施的形状和标注它们的细部、定位尺寸。在《建筑制图标准》（GB/T 50104—2010）的图样画法中规定，尺寸分定位尺寸、细部尺寸、总尺寸三种。屋顶平面图则是房屋顶部按俯视方向在水平投影面上所得到的正投影。

断面材料的表示，当比例大于 1∶50 时，应画出材料图例和抹灰层的厚度。如比例为 1∶200 ~ 1∶100 时，抹灰层面线可不画，而断面材料图例可用简化画法，如砖墙涂红色，钢筋混凝土涂黑色等。

二、建筑平面图的图示内容

（1）图名、比例、朝向。如图 20-1 所示，从图名可了解到该图是底层平面图，说明这个平面图是在这幢住宅的底层窗台之上、底层通向二层的楼梯平台之下处水平剖切后，按俯视方向投射所得的水平剖面图，反映出这幢住宅底层的平面布置和房间大小。比例是 1∶100，在图中有一个指北针符号，说明房屋坐北朝南。

（2）定位轴线及编号。如图 20-1 所示，从图中定位轴线的编号及其间距，可了解到各承重构件的位置及房间的大小。图中横向轴线为①至⑦，竖向轴线为Ⓐ至Ⓕ。其中②、③、④、⑤、Ⓔ轴线后分别有附加轴线。

（3）墙、柱的断面，门窗的图例，各房间的名称。墙和门窗将每层房屋分隔成若干房间，每个房间都注明名称，如这幢住宅底层分东、西两户，每户各有三个卧室、一个过厅、一个厨房和一个卫生间。

（4）其他构配件和固定设施的图例或轮廓形状。除墙、柱、门和窗外，在建筑平面图中，还应画出其他构配件和固定设施的图例或轮廓形状。如在这幢住宅底层平面图中，楼梯间画出了底层楼梯的图例和两级踏步的轮廓形状；每户在过厅的大门 M43 旁边，都有一个壁橱，过厅与厨房、卫生间之间用玻璃隔墙分隔；每户的厨

教学课件
建筑平面图的
图示内容

微课扫一扫
建筑平面图的
图示内容

房和卫生间内，都画出了一些固定设施和卫生器具的图例或轮廓形状。另外，在底层平面图中，还画出室外的一些构配件和固定设施的图例或轮廓形状，如房屋四周的明沟、散水和雨水管的位置；北面的门洞外有台阶和平台，进入楼梯间后，可分别进入东、西住户；东侧和西侧、东南角和西南角，还都有分别进入底层东、西住户的台阶和平台，在东南角和西南角的台阶角隅处，各有一个花坛。

（5）必要的尺寸、地面、平台的标高，室内踏步以及楼梯的上下方向和级数。

① 必要的尺寸。包括表明房屋总长、总宽，各房间的开间、进深，门窗洞的宽度和位置，墙厚，以及其他一些主要构配件与固定设施的定形和定位尺寸等。如图 20-1 所示，在建筑平面图中，外墙应注三道尺寸。三道尺寸线之间应留有适当距离（一般为 10 mm，第三道尺寸线应离图形最外轮廓线 15 mm），以便注写数字。如果房屋前后或左右不对称时，则平面图上四周都应注写三道尺寸。另外，台阶或坡道、花池及散水等细部的尺寸，可单独标注。最靠近图形的一道，表示外墙的细部尺寸，如门窗洞口及墙垛的宽度及其定位尺寸等。第二道主要标注轴线间的尺寸，也就是表示房间的开间或进深的尺寸。最外的一道尺寸，表示这幢住宅两端外墙面之间的总尺寸。

从图中就可以看出这些尺寸，例如，东面一户的最大卧室的钢窗 GC282 的窗洞宽度为 1 500 mm，窗洞侧壁位置在离④、⑤轴线各 900 mm 处；而这间卧室的开间就是④、⑤轴线的间距 3 300 mm，进深是Ⓐ和Ⓒ轴线的间距 5 100 mm。又如这幢住宅的总长和总宽尺寸分别为 15 540 mm 和 11 340 mm。此外还应注出某些局部尺寸，例如：内、外墙面的定位尺寸，房间的净宽和净深尺寸，内墙上门窗洞的定位尺寸和宽度尺寸，以及其他的部分构配件及固定设施的定形尺寸和定位尺寸，如图中的踏步、平台、花坛和楼梯的起步线等。

② 标高、室内踏步。在底层平面图中，还应标注出地面的相对标高，在地面有起伏处，应画出分界线。在建筑平面图中，宜标注室内外地面、楼地面、阳台、平台等处的完成面标高，即包括面层（粉刷层厚度）在内的建筑标高。从住宅北面的室外地面标高 -0.600 m 处，踏上两级台阶，到门洞外标高为 -0.320 m 的平台，进门洞后地面的标高是 -0.300 m，靠东侧继续向南，上两级踏步，至标高 ±0.000 的地面，就可看见东、西两户的大门 M43。出钢门 GM68，是标高为 -0.020 m 平台。平台西侧有一根从二楼阳台引下的雨水管。由平台下四级台阶，至标高为 -0.600 m 的室外地面。平台东侧有一个花坛。大卧室南墙外侧有明沟，较小卧室的东墙外侧有散水。由过厅出双扇钢门 GM18，是标高为 -0.020 m 的平台，由平台下四级台阶，至标高为 -0.600 m 的室外地坪。从图 20-1 还可以看出：在楼梯间东侧，向北下两级踏步，出门洞，可通室外，室外还有两级踏步；在西侧向北上楼梯 18 级，可达二层楼。由于底层平面图的水平剖切平面是在底层至二层的楼梯平台的下方，所以底层楼梯的图例只画上行第一梯段在剖切平面以下的一段，一般用与踢面倾斜 30°的折断线断开。

（6）有关的索引符号等。如图 20-1 所示，定位轴线编号为②的外墙散水处，画出了局部剖面详图的索引符号，由此可以看出，这里的散水及其附近的建筑构造，被索引到建施 25 中的编号为②的局部剖视详图。

三、建筑平面图的门窗图例和编号

（1）从图 20-1 中门窗的图例及其编号，可了解到门窗的类型、数量及其位置。国标所规定的各种常用门窗图例，如表 20-1 所示，包括门窗的立面和剖面图例。门窗立面图例上的斜线及平面图上的弧线，表示门窗扇开关方向（一般在设计图上不需表示）。实线表示外开，虚线表示内开。

（2）图中门、窗的代号分别为 M、C，钢门、钢窗的代号为 GM、GC，代号后面的阿拉伯数字是它们的型号。同一编号表示同一类型的门窗，它们的构造和尺寸都一样。一般情况下，在首页图或在平面图上，附有一门窗表，列出门窗的编号、名称、尺寸、数量及所选标准图集的编号等内容。

教学课件
建筑平面图的门窗图例细部布置剖切位置及其他

微课扫一扫
门窗图例、细部布置、剖切位置及其他

表 20-1　建筑工程图常用的构造及配件图例

名称	图例	说明	名称	图例	说明
楼梯		1. 上图为底层楼梯平面，中图为中间层楼梯平面，下图为顶层楼梯平面 2. 楼梯及栏杆扶手的形式和步数应按实际情况绘制	双扇门（包括平开或单面弹簧）		3. 立面图上开启方向线交角的一侧为安装合页的一侧。实线为外开，虚线为内开 4. 平面图上门线应 90° 或 45° 开启，开启弧线宜绘出 5. 立面图上的开启线在一般设计图中可不表示，在详图及室内设计图上应表示 6. 立面形式应按实际情况绘制
			对开折叠门		
检查孔		左图为可见检查孔 右图为不可见检查孔	墙中单扇推拉门		同单扇门等的说明中的 1、2、6
孔洞		阴影部分可以涂色代替	坑槽		
单扇门（包括平开或单面弹簧）		1. 门的名称代号用 M 表示 2. 图例中剖面图左为外，右为内，平面图下为外、上为内	烟道		阴影部分可以涂色代替 烟道、通风道与墙体为同一材料，其相接处墙身线应断开

续表

名称	图例	说明	名称	图例	说明
通风道	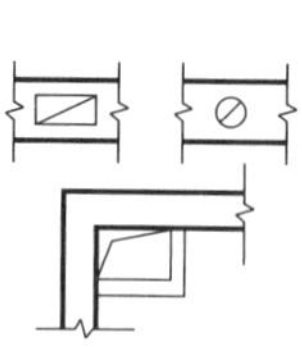	阴影部分可以涂色代替 烟道、通风道与墙体为同一材料，其相接处墙身线应断开	单扇双面弹簧门	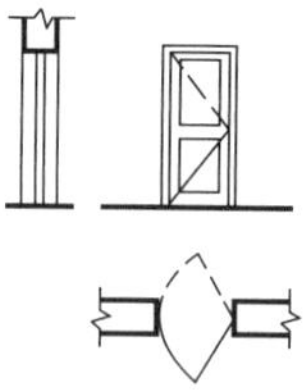	同单扇门等的说明
双扇双面弹簧门	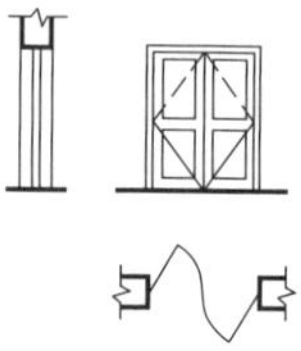	同单扇门等的说明	单层中悬窗	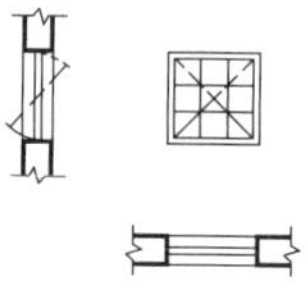	1. 图例中，剖面图所示左为外，右为内，平面图所示下为外，上为内 2. 平、剖面图上的虚线，仅说明开关方式，在设计图中不需要表示 3. 窗的立面形式应按实际绘制 4. 小比例绘图时，平、剖面的窗线可用单粗实线表示
单层固定窗	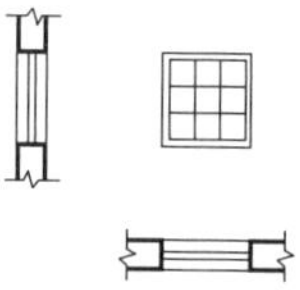	1. 窗的名称代号用 C 表示 2. 立面图中的斜线表示窗的开启方向，实线为外开，虚线为内开；开启方向线交角的一侧为安装合页的一侧，一般设计图中可不表示	单层外开平开窗	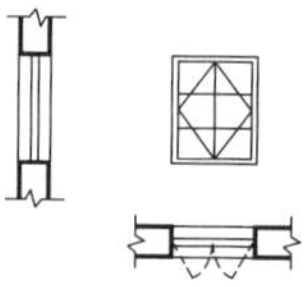	
单层外开上悬窗	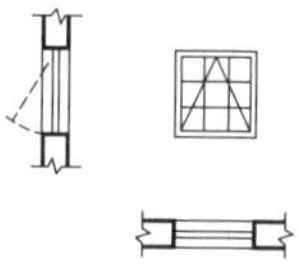		推拉窗	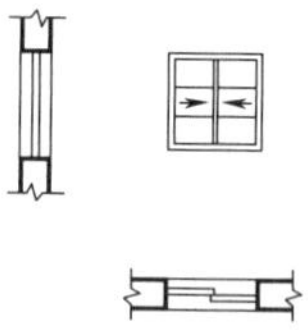	同单层固定窗等的说明中的 1、3、5、6
入口坡道	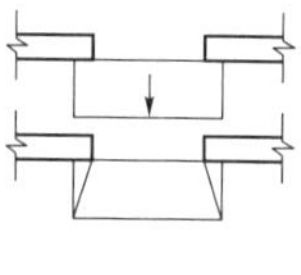		墙上预留窗洞口、墙上预留槽	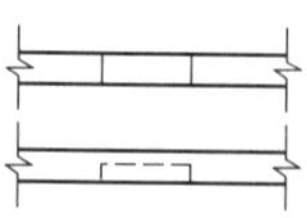	
厕所间	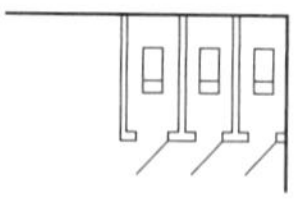		淋浴小间	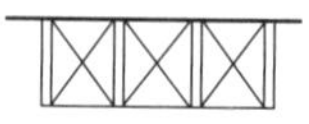	

（3）门窗虽然用图例表示，但门窗洞的大小及其形式都应按投影关系画出。如窗洞有凸出的窗台时，应在窗的图例上画出窗台的投影。门窗立面图例按实际情况绘制。至于门窗的具体做法，则要看门窗的构造详图。

（4）这幢住宅的门窗表如表 20-2 所示。一般的中小型民用房屋的门窗，常在标准图中选用，并向门窗加工厂订购后，运到工地来安装。

表 20-2 某校教工住宅的门窗表

型号		洞口尺寸 （宽 × 高）	各层数量				合计	备注
			底层	二层	三层	四层		
钢窗	GC282	1 500 × 1 800	2	2	2	2	8	钢门、钢窗按上海钢窗厂GC1图集选用
	GC281	1 200 × 1 800	2	4	4	4	14	
	GC280	900 × 1 800	6	6	6	6	24	
	GC279	600 × 1 800	2	2	2	2	8	
	GC278	600 × 1 800	2	2	2	2	8	
	P6121	600 × 1 800	1				1	
	P6122	600 × 1 800	1				1	
	GC11	1 200 × 600	1	1	1	1	4	
钢门	GM68	2 100 × 2 700	1	1	1	1	4	
	GM67	2 100 × 2 700	1	1	1	1	4	
	GM18	1 200 × 2 700	2				2	
木门	M74	900 × 2 400	6	6	6	6	24	木门按沪6-602图集选用
	M45	700 × 2 100	4	4	4	4	16	
	M43	900 × 2 100	2	2	2	2	8	

四、细部布置

细部布置主要指楼梯、隔板、卫生设备、家具等的布置。如图 20-1 所示，在卫生间内，还画出了卫生器具图例和圆形地漏的外形轮廓，地漏旁边的箭头表示在地漏附近的地面粉光时，注意应有向地漏方向的坡度。在厨房内也画出了固定设施的外形轮廓，这些器具与设施的定形尺寸和定位尺寸在图中没有注出，将另见用较大比例画出的局部平面图或详图，外购安装的成品，不必画详图，在局部平面图中也不必注定形尺寸，只需注定位尺寸。厨房与卫生间北墙外侧有明沟，西北角有从伸出的楼梯平台小屋面引下的雨水管。在 ⓒ 轴线与 ②、⑥ 轴线相交处的墙角，以及 ⓔ 轴线与 ①、⑦ 轴线相交处的墙角都分别有一根钢筋混凝土柱，这是为了抗震而添加的构造柱。

五、剖切位置

在底层平面图中应画出剖切符号，用它来标定剖切位置，且只在底层平面中出现的内容有剖切符号，如图 20-1 所示。剖切平面选用转折一次的侧平面，剖切位置选在通过楼梯间门洞和两级踏步处，转折后再通过东面住户卧室的门和窗，剖视方向向左。在剖切位置线的右侧，注明了 1-1 剖面图所在图纸的图纸号——建施 -22-1（为了学习查阅方便，此处用本模块的图号作为建筑施工图的图号，建施 -22-1 是指本模块的图 22-1）。

六、其他建筑平面图

1. 楼层平面图

如图 20-2 ~图 20-4 所示，是某住宅楼二、三、四楼层平面图，楼层平面图的表达内容和要求，基本上与底层平面图相同。在楼层平面图中，不必画底层平面图中已显示的指北针、剖切符号，以及室外地面上的构配件和设施；但各楼层平面图除了应画出本层室内的各项内容外，还应分别画出位于绘制这层平面图时所假想采用的水平剖切面以下的、而在下一层平面图中未表达的室外构配件和设施，如在二、三、四层平面图中应画出本层的室外阳台、下一层窗顶的可见遮阳板、本层过厅窗外的花台等。此外，楼层平面图除开间、进深等主要尺寸以及定位轴线间的尺寸外，与底层相同的次要尺寸，可以省略。

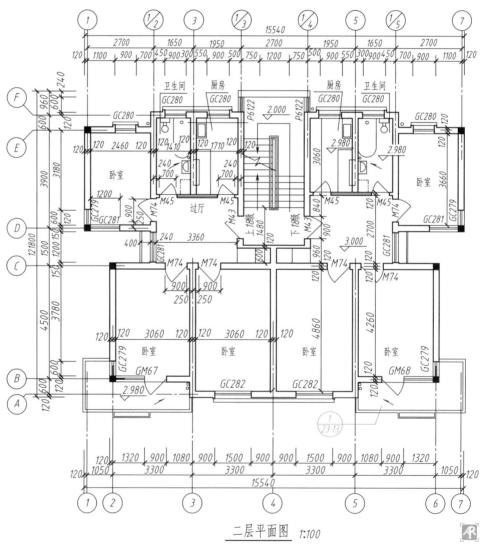

二层平面图 1:100

图 20-2 二层平面图

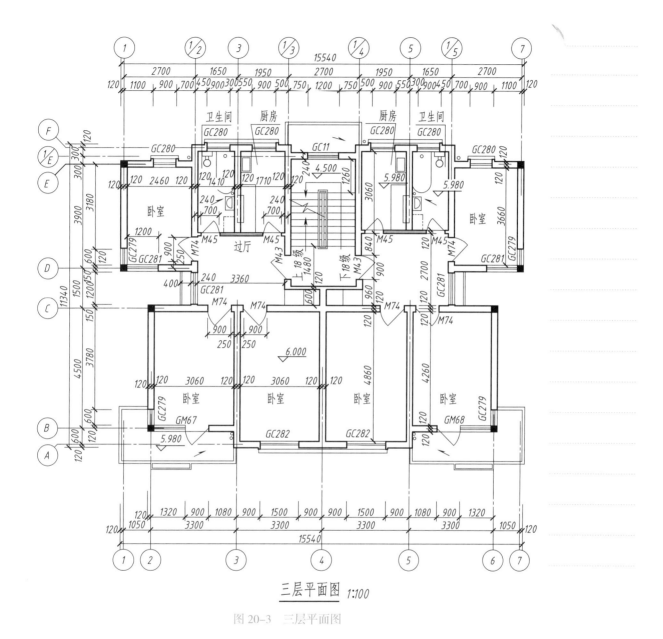

三层平面图 1:100

图 20-3 三层平面图

在绘制楼层平面图时，应特别注意楼梯间中各层楼梯图例的画法，宜参照表 20-1 中的楼梯图例，按实际情况绘制，对常见的双跑楼梯（即一个楼层至相邻楼层间的楼梯由两个梯段和一个中间平台所组成）而言，除顶层楼梯的围护栏杆、扶手、两段下行梯段和一个中间平台应全部画出外，其他各楼层则分别画出上行梯段的几级踏步，下行梯段的一整段、中间平台及其下面的下行梯段的几级踏步，上行梯段与下行梯段的折断处，共用一条倾斜的折断线。

对于住宅中相同的建筑构造或配件，详图索引可仅在一处画出，其余各处都省略不画，如这幢住宅中的二、三、四层阳台共用一个详图，索引符号只在二层平面图的东南角阳台中画出。

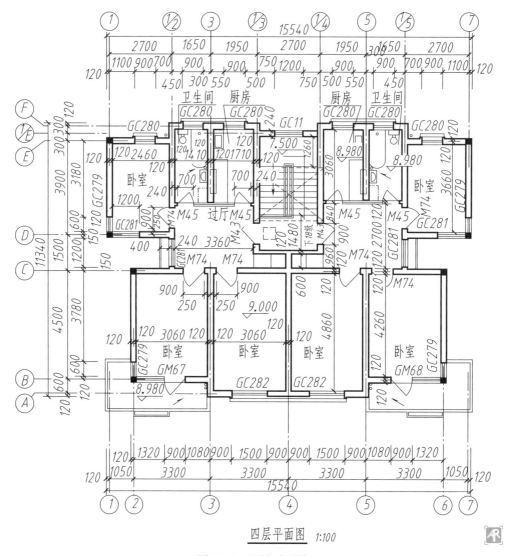

<u>四层平面图</u> 1:100

图 20-4　四层平面图

2. 局部平面图

如前文图 18-1 所示，是卫生间和厨房的局部平面图。在比例为 1∶100 的建筑平面图中，由于图形太小而只能画出固定设施和卫生器具的外形轮廓或图例，不能标注它们的定形尺寸和定位尺寸。而图 18-1 用 1∶50 的比例画出，就应注出一些主要设施和卫生器具的定形尺寸和定位尺寸，以便于按图施工安装。对部分设施或卫生器具在图 18-1 中未能注出的尺寸，则都将注在与之相应的详图中。如洗脸盆、浴盆、坐式大便器等卫生器具，通常是按一定规格或型号订购成品后，再按有关的规定或说明安装，因而也不必注全尺寸。

3. 屋顶平面图

图 20-5 所示为屋顶平面图，是用 1∶100 的比例画出的俯视屋顶的平面图。由于屋顶平面图比较简单，所以通常用更小一些的比例绘制。对照图 18-2 的轴测示

意图中的屋顶情况可以看出，在这个屋顶平面图中，画出了有关的定位轴线、屋顶的形状、女儿墙、分水线、隔热层、屋顶水箱和屋面检修孔的大小与位置、屋面的排水方向及坡度、天沟及其雨水口的位置等，此外，还把在图 20-4 所示的四层平面图中未能表明的顶层阳台的雨篷和顶层窗上的遮阳板等，画在屋顶平面图中。至于屋面的构造及其具体做法，将在后面的建筑剖面图、檐口节点详图和屋面结构平面图内容中，再作进一步的介绍，而屋面的坡度，不仅可以用图中的百分数来表示，也常用"泛水"和坡面的高差值来表示，例如"泛水 110"表示两端的高差为 110 mm 的坡面所形成的坡度。

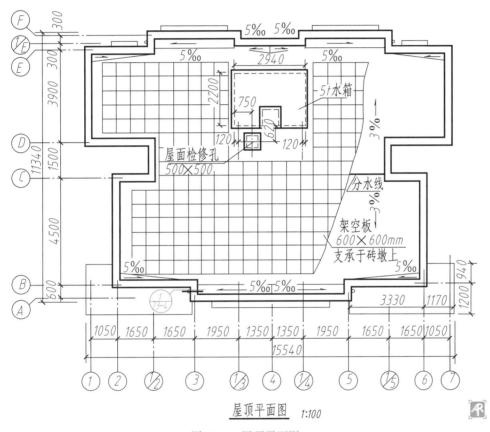

图 20-5   屋顶平面图

■ 训练实例 ■

实例   绘制某实训楼厕所及楼梯间局部平面图。

【实例分析】

如图 20-6 所示，该实例为某实训楼厕所及楼梯间局部平面图的绘制。对于平面图的绘制，要从以下几个方面来进行：首先要选择合适的比例，然后再根据

教学课件
绘制厕所及楼梯间局部平面图

微课扫一扫
绘制厕所及楼梯间局部平面图

图面内容合理布图，要主次分明、排列均匀紧凑、表达清楚，最后按照房屋建筑平面图绘制的方法和步骤进行绘制。

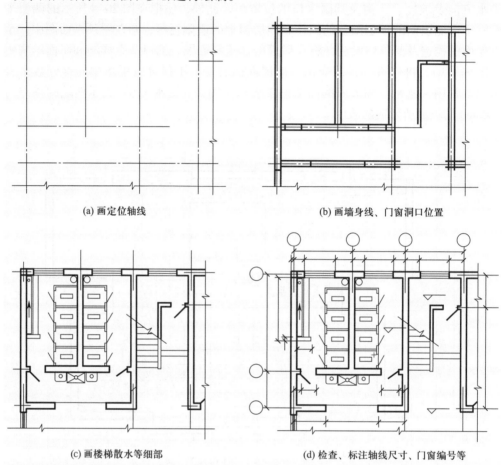

(a) 画定位轴线　　　　　　　　　　　　(b) 画墙身线、门窗洞口位置

(c) 画楼梯散水等细部　　　　　　　　　(d) 检查、标注轴线尺寸、门窗编号等

图 20-6　厕所及楼梯间局部平面图的绘制

【作图步骤】

第一步，确定绘制建筑平面图的比例和图幅。

第二步，画底图。

（1）画图框线和标题栏的外边线。

（2）布置图面，画定位轴线、墙身线。

（3）在墙体上确定门窗洞口的位置。

（4）画楼梯散水等细部。

第三步，仔细检查底图，无误后，按建筑平面图的线型要求进行加深，墙身线一般为 0.5 mm 或 0.7 mm，门窗图例、楼梯分格等细部线为 0.18 mm，并标注轴线、尺寸、门窗编号、剖切符号等。

第四步，写图名、比例及其他内容。

【实例总结】

通过上述实例，一般绘制建筑平面图的步骤如下：
（1）根据平面图图示内容确定绘图比例和图幅。
（2）画底图。
（3）检查底图，加深图线。
（4）写图名、比例及其他内容。

■ 课堂训练 ■

训练 1　在建筑平面图中，门的代号为_____，窗的代号为_____。表示门窗扇开关方向时，实线表示_____，虚线表示_____。

训练 2　建筑平面图图示的内容有哪些？

训练 3　若一幢房屋的建筑平面图左右对称，则习惯上将中间用对称线分界，对称线两端的对称符号如何画？

■ 学习思考 ■

思考 1　建筑平面图是怎么形成的？
思考 2　一幢房屋常需要哪些建筑平面图？
思考 3　如何识读建筑平面图？

项目 21　建筑立面图

项目目标

思政目标：培养学生求真务实的工匠精神。
知识目标：熟悉建筑立面图名称及规定画法，掌握建筑立面图读图绘制步骤。
能力目标：能识读绘制建筑立面图。
素质目标：培养学生遵纪守法的意识。

任务　建筑施工立面图的主要内容、阅读与绘制

■ 任务引入与分析 ■

图 21-1 所示是一幅房屋建筑轴测图与立面图，如何进行立面图的阅读呢？要读懂建筑立面图，需熟悉立面图图示建筑物的内容，立面图有哪些规定、如何标注？

要解决这一学习任务，必须掌握建筑立面图的基本规定。下面就相关知识进行具体的学习。

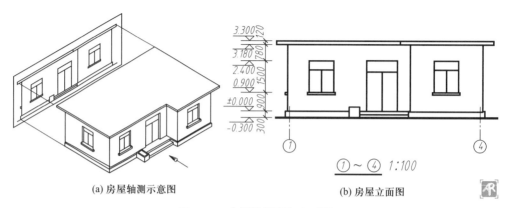

(a) 房屋轴测示意图　　　　　　　(b) 房屋立面图

图 21-1　房屋轴测图与立面图

■ 相关知识 ■

建筑立面图是在与房屋立面相平行的投影面上所作的正投影图。它主要用来表示房屋外部形状与大小，门窗的位置与形式，遮阳板、窗台、窗套、屋檐、屋顶、屋顶水箱、檐口、阳台、雨篷、雨水管、水斗、引条线、勒脚、平台、台阶、花台等构配件的位置和必要的尺寸，以及建筑物的总高度、各楼层高度、室内外地坪标高及烟囱高度，外墙装饰材料，内部详图索引符号等。建筑立面图在施工过程中，主要用于室外装修。

一、建筑立面图的名称

教学课件
建筑立面图的
名称及规定画
法

微课扫一扫
立面图的名称
及规定画法

首先，有定位轴线的建筑物，宜根据两端定位轴线编号标注建筑立面图的名称，如图 21-1b 所示的①~④立面图。

其次，无定位轴线的建筑物，则可按房屋立面的主次来命名，如正立面图、背立面图、左侧立面图、右侧立面图；也可按建筑物各面的朝向来确定名称，如东立面图、西立面图、南立面图、北立面图等，如图 21-2 所示。

较简单的对称的房屋，在不影响构造处理和施工的情况下，立面图可绘制一半，并在对称轴线处画对称符号。平面形状曲折的建筑物，可绘制展开立面图，圆形或多边形平面的建筑物，可分段展开绘制立面图，但均应在图名后加注"展开"二字。

二、建筑立面图的规定画法

（1）图名和比例。如图 21-2 所示，图名为①~⑦立面图，也就是将这幢建筑物由南向北投影得到的正投影图，即南立面图。依次类推，⑦~①立面图即为北立面图。图 21-1b 所示建筑立面图的比例为 1∶100。建筑立面图的比例视建筑物的大小和复杂程度选定，通常采用与建筑平面图相同的比例，常用的比例为 1∶50，1∶100，1∶200 等，详见表 21-1。

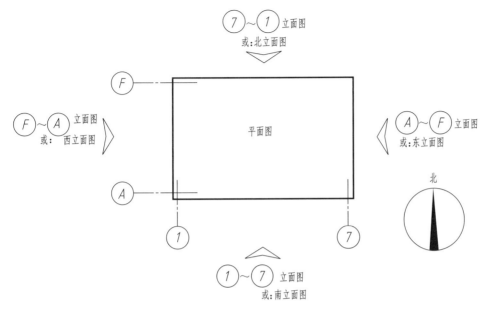

图 21-2　建筑立面图的投射方向与名称

表 21-1　建筑立面图常用比例

图　　名	比　　例
建筑物或构筑物的平面图、立面图、剖面图	1:50，1:100，1:200
建筑物或构筑物的局部放大图	1:10，1:20，1:50
配件及构造详图	1:1，1:2，1:5，1:10，1:20，1:50

（2）定位轴线。在立面图中，一般只画两端的定位轴线及其编号，以便与平面图对照确定立面图的方向。

（3）图线。为了使立面图中的主次轮廓线层次分明，增强图面效果，应采用不同的线型。室外地坪线用特粗线（$1.4b$）表示；房屋的外轮廓线用粗实线表示；房屋构配件如门窗洞口、窗台、窗套、台阶、花台、阳台、雨篷、遮阳板、檐口、烟道、通风道均用中实线表示；某些细部轮廓线，如门窗格子、阳台栏杆、装饰线脚、墙面分格线、雨水管、勒脚及有关说明的引出线、尺寸线、尺寸界线和标高、文字说明均用细实线表示。

（4）图例及省略画法。立面图中的门窗绘制见表 20-1 中的图例。外墙面的装饰材料除可画出部分图例外，还应用文字加以说明。图中相同的门窗、阳台、外檐装饰、构造做法等可在局部重点表示，绘出其完整图形，其余可只画轮廓线。

（5）尺寸标注。立面图中应标注出建筑物的总高度、各楼层高度、室内外地坪标高以及台阶、窗台、门窗上口、阳台、雨篷、檐口、屋顶、烟道、通风道、烟囱等的标高。在立面图中注写标高时，除门窗洞口都不包括粉刷层外，通常在标注构件的上顶面，如女儿墙顶面和阳台栏杆顶面等时，用建筑标高即完成面标高；而在标注构件下底面，如阳台底面、雨篷底面等时，则用结构标高，也就是注写不包括粉刷层的毛面标高。

教学课件
建筑立面图的
读图、绘制步
骤

微课扫一扫
立面图的读图、
绘制步骤

三、建筑立面图的读图步骤

（1）图名和比例。

（2）房屋在室外地平线以上的全貌，门窗和其他构配件的形式、位置，以及门窗的开启方向。

（3）表明外墙面、阳台、雨篷、勒脚和引条线等的面层用料、色彩和装修做法。外墙面及一些构配件与设施等的装修做法，在建筑立面图中常用指引线作出文字说明。

（4）标高尺寸。为了标注得清晰、整齐和便于看图，常将各层相同构造的标高注写在一起，排列在同一铅垂线上。

（5）索引符号。当在建筑立面图中需要索引出详图或剖视详图时，应加索引符号。

四、建筑施工立面图的绘制步骤

（1）选定比例和图幅。建筑立面图绘制时比例和图幅的选定同建筑平面图的绘制。

（2）画底稿线。

① 画出室外地平线、各层楼面线、定位轴线、房屋的外轮廓线和屋顶线。

② 从楼面线、地坪线出发，量取高度方向的尺寸，从各定位轴线出发，量取长度方向的尺寸，画出凹凸墙面、门窗洞和其他较大的建筑构配件的轮廓，如阳台、檐口、雨篷、遮阳板、烟道及通风道等。

③ 画出各细部的底稿线，并画出和标注尺寸、符号、编号、说明等，在注写标高尺寸时，标高符号宜尽量排列在一条铅垂线上，标高数字的小数点也都按铅垂方向对齐。

（3）加深或上墨。

① 室外地坪线宜画成线宽为 $1.4b$ 的加粗实线；

② 建筑立面图的外轮廓线用粗实线（b）表示，注意水箱属于建筑物的附属物，不作为建筑物的轮廓线。

③ 在房屋外轮廓线之内的凹进或凸出墙面的轮廓线，以及门窗洞口、窗台、窗套、台阶、花台、阳台、雨篷、遮阳板、檐口、烟道、通风道均用中实线 $0.5b$ 表示，包括画成单线的阳台栏杆及伸出女儿墙外轮廓线的水箱。

④ 画细部轮廓线，标注尺寸，注写文字说明。

■ **训练实例** ■

实例1 如图 21-3 所示，阅读建筑的立面图并写出阅读要点。

【**实例分析**】

建筑立面图的识读要点包括，了解图名和比例；了解房屋的外貌特征，对照平面图核对立面图上的有关内容；核实建筑物的总高度（屋檐或屋顶）、各楼层高度、室内外地坪标高以及台阶、窗台、门窗上口、阳台、雨篷、檐口、屋顶、烟道、通风道、烟囱高度等；了解房屋外墙面的装修做法；内部详图索引符号。

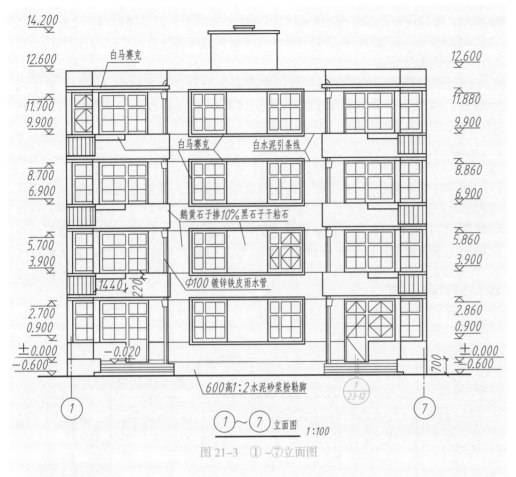

图 21-3 ①~⑦立面图

【读图步骤】

（1）了解图名和比例。该图图名为①~⑦立面图，对照图 20-1 这幢建筑物的底层平面图轴线位置，就可看出①~⑦立面图所表达的是朝南的立面，也可称为南立面图，就是将这幢住宅由南向北投射所得的正投影，该图比例为 1：100。

（2）了解房屋的外貌特征。从立面图上能够看出房屋的外形到房屋的高度变化，以及台阶、勒脚、阳台、雨篷、门窗、屋顶和雨水管等细部的形式和位置。

（3）了解房屋各部位的标高。房屋最高处标高为 14.200 m，共 4 层，左侧注写了室内外地面、各层窗洞的底面和顶面、女儿墙顶面、水箱顶面的标高；右侧注写了室内外地面、各层阳台底面和阳台栏板与栏杆扶手顶面、四层阳台雨篷底面、女儿墙顶面的标高；而底层室外平台面的标高，就注写在表示平台面的图线上。

（4）了解房屋外墙面的装修做法。图 21-3 中用文字说明了外墙面以及阳台栏板面的做法是"掺 10% 黑石子的鹅黄石子干粘石"墙面；两户朝南设有阳台的卧室窗套、各户阳台上的小花台、四层阳台顶上的雨篷，都是用白马赛克贴面；作为立面装饰的引条线用白水泥浆勾缝；在外墙面的墙脚处有 600 mm 高的勒脚，用 1∶2 水泥砂浆粉面层。

（5）索引符号。当在建筑立面图中需要索引出详图或剖视详图时，应加索引符号。如图 21-3 所示立面图中，索引出底层平台和台阶的剖视详图，是在图 23-12 上的编号为①的剖视详图。

【实例总结】

阅读时要多对照图 20-1 所示的建筑底层平面图，更能准确地读懂此建筑立面图。

图 21-4、图 21-5 分别是这幢住宅的⑦~①立面图、Ⓐ~Ⓕ立面图，也就是北立面图、东立面图。由于这幢住宅的东、西立面彼此对称，所以Ⓐ~Ⓕ立面图与Ⓕ~Ⓐ立面图表达的内容全都一样，只不过在图形中左右相互对调，于是就可以省略不画Ⓕ~Ⓐ立面图。

实例 2　绘制图 21-3 所示建筑立面图。

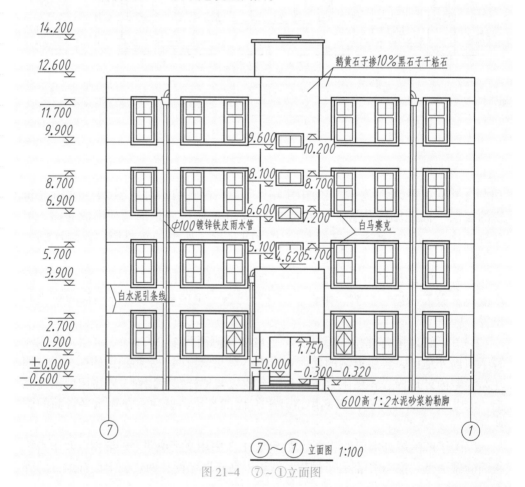

图 21-4　⑦~①立面图

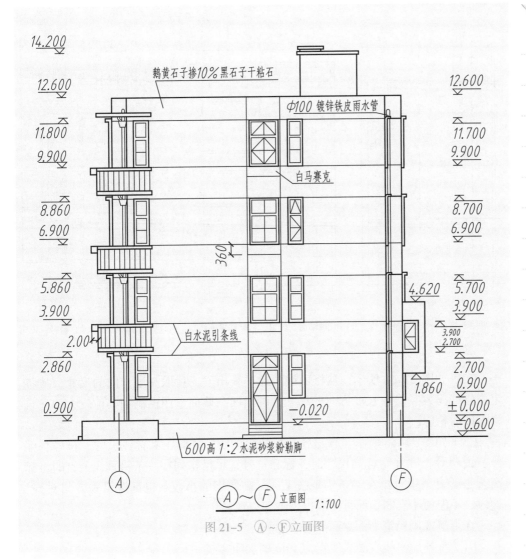

图 21-5 Ⓐ～Ⓕ立面图

【实例分析】

绘制建筑立面图与绘制建筑平面图一样，也是经过选定比例和图幅、画底图、上墨或铅笔加深三个步骤。选定比例和图幅以及上墨或铅笔加深顺序都与绘制建筑平面图的方法与步骤基本相同，画图中要注意画图步骤和上墨或用铅笔加深建筑立面图时对图线的要求。

【作图步骤】

（1）如图 21-6a 所示，画出室外地平线、两端外墙的定位轴线和墙顶线，这就确定了图面的布置；用轻淡的细线画出室内地平线、各层楼面线、两端定位轴线间的各定位轴线、两端外墙的墙面线。

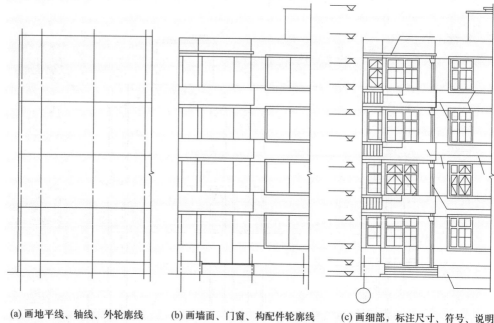

(a) 画地平线、轴线、外轮廓线　　(b) 画墙面、门窗、构配件轮廓线　　(c) 画细部，标注尺寸、符号、说明

图 21-6　绘制建筑立面图的步骤

（2）如图 21-6b 所示，从楼面线、地平线出发，量取高度方向的尺寸，从各定位轴线出发，量取长度方向的尺寸，画出凹凸墙面、门窗洞和其他较大的建筑构配件的轮廓。

（3）如图 21-6c 所示，画出各细部的底图线，并画出和标注尺寸、符号、编号、说明等，在注写标高尺寸时，标高符号宜尽量排列在一条铅垂线上，即将标高符号的直角顶点排在一条铅垂线上，标高数字的小数点也都按铅垂方向对齐，这样，不但便于看图，而且图面也清晰、美观。

在上墨或用铅笔加深立面图时，注意：

（1）室外地平线宜画成线宽为 $1.4b$ 的加粗实线。

（2）建筑立面图的外轮廓线，应画成线宽为 b 的粗实线。在图 21-3 中，屋顶上水箱仅作为房屋的一个附属设施，它伸出女儿墙的外轮廓线，不作为这幢房屋的外轮廓线，所以这幢房屋的立面图的外轮廓线，只画到女儿墙压顶的顶边为止。

（3）在外轮廓线之内的凹进或凸出墙面的轮廓线，以及门窗洞、雨篷、阳台、台阶与平台、花台、遮阳板、窗套等建筑设施或构配件的轮廓线（包括画成单线的阳台栏杆，以及伸出女儿墙外轮廓线的水箱），都画成线宽为 $0.5b$ 的中实线。

（4）一些较小的构配件和细部的轮廓线，表示立面上凹进或凸出的一些次要构造或装修线，如雨水管及其弯头和水斗，墙面上的引条线、勒脚等，都可看做是小于 $0.5b$ 的图形线，还有立面图中的图例线，如门窗扇按实际情况反映它们主要形状的图例线和开启线等，都可画成线宽为 $0.25b$ 的细实线（门窗扇如向内开启，则开启线画细虚线）。

【实例总结】

绘制时注意要按照实例中的方法步骤方法进行，特别要注意线型的应用变化。

■ 课堂训练 ■

训练 1　如图 21-7 所示，阅读建筑立面图并写出读图要点。

图 21-7　建筑立面图

训练 2　在立面图中注写标高时，通常在标注构件的上顶面时，用_____标高，即_____标高；而在标注构件下底面时，则用_____标高。

■ 学习思考 ■

思考 1　建筑立面图中的索引符号与详图符号是如何编制的？
思考 2　为什么要画建筑立面图？应该怎样绘制建筑立面图？

项目 22　建筑剖面图

项目目标

思政目标：以国家重点工程项目的建设，培养学生的家国情怀与民族自豪感。

知识目标：熟悉建筑剖面图的形成及规定画法，掌握建筑剖面图绘制步骤。

能力目标：能识读绘制建筑剖面图。

素质目标：培养学生工程质量意识。

任务　建筑剖面图的内容、阅读与绘制

■ 任务引入与分析 ■

图 22-1 所示建筑剖面图应如何识读和绘制？

要读懂图 22-1 所示建筑剖面图，需清楚建筑剖面图都反应建筑物的哪些结构，又是如何规定和标注的。要解决这一学习任务，必须掌握建筑剖面图的基本规定，下面就相关知识进行具体的学习。

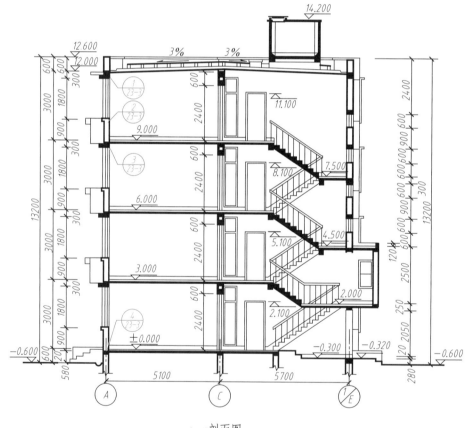

1—1 剖面图 1:100

图 22-1　1-1 剖面图

■ 相关知识 ■

建筑剖面图是用一个假想的平行于正立投影面或侧立投影面的竖直剖切面剖开

房屋，移去剖切平面与观察者之间的房屋，将留下的部分按剖视方向向投影面作正投影所得到的图样，简称剖面图。

建筑剖面图主要表示房屋的内部结构、分层情况、各层高度、楼面和地面的构造以及各配件在垂直方向上的相互关系等内容。

建筑剖面图是进行分层、砌筑内墙、铺设楼板和屋面板以及楼梯、内部装修等工作的依据。

教学课件
建筑剖面图的
形成及命名

微课扫一扫
剖面图的形成
及命名

一、建筑剖面图的形成及命名

建筑剖面图是房屋的垂直剖面图，是假想用一个或多个垂直于外墙轴线的铅垂剖切面，将房屋剖开，所得的投影图，简称剖面图。它主要用来表示房屋内部的分层、结构形式、构造方式、材料、做法、各部位间的联系及其高度等情况。在施工过程中，建筑剖面图是进行分层，砌筑内墙，铺设楼板、屋面板和楼梯，内部装修等工作的依据。建筑剖面图与建筑平面图、建筑立面图互相配合，表示房屋的全局，它们是房屋施工图中最基本的图样。

画建筑剖面图时，常用一个剖切平面剖切，当一个剖切平面不能同时剖到这些部位时，可采用若干平行的剖切平面。剖切符号按建筑底层平面图中的规定，绘注在底层平面图中，剖切部位应选在能反映房屋全貌、构造特征，以及有代表性的地方，例如在层高不同、层数不同、内外空间分隔或构造比较复杂处，并经常通过门窗洞和楼梯剖切。

建筑剖面图应包括被剖切到的断面和按投射方向可见的构配件，以及必要的尺寸、标高等。一幢房屋需要画几个剖面图，应按房屋的复杂程度和施工中的实际需要而定。建筑剖面图的命名以剖切符号的编号命名，如编号为 1，则所得的剖面图称为 1–1 剖面图或 1–1 剖面。

教学课件
剖面图的规定
画法

微课扫一扫
剖面图的规定
画法

二、规定画法

1. 图名、比例和定位轴线

（1）图名是 1–1 剖面图。由图名就可在这幢住宅的底层平面图 20–1 中查找编号为 1 的剖切符号，由剖切位置线可知：1–1 剖面图是用两个侧平面进行剖切所得到的，一个剖切面在楼梯间进门的两级台阶处剖切。对照这幢住宅的二、三、四层平面图（图 20–2、图 20–3、图 20–4）可看出，都是剖切在下一层到上一层楼面的第二上行梯段处，在东边住户的大门 M43 外转折成另一个侧立剖切面，通过东边住户的过厅与最大卧室的门和窗剖切。由剖视方向线可知是向左剖视，也就是向西剖视。由此就可按剖切位置和剖视方向，对照各层平面图和屋顶平面图来识读 1–1 剖面图。

（2）在图名旁，注写了所采用的比例是 1∶100。建筑剖面图的比例按房屋的大小和复杂程度选定，一般选用与建筑平面图相同的或较大一些的比例。

（3）在建筑剖面图中，通常宜绘注出被剖切到的墙或柱的定位轴线及其间距尺寸，如图 22–1 所示。在绘图和读图时应注意：建筑剖面图中定位轴线的左右相对位置，应与按平面图中剖视方向投射后所得的投影相一致。绘注定位轴线便于与建筑平面图对照识读图纸。

2. 各剖切到的建筑构配件

在建筑剖面图中，应画出房屋室内外地面以上各部位被剖切到的建筑构配件，如室内外地面、楼面、屋顶、内外墙及其门窗、梁、楼梯与楼梯平台、雨篷、阳台等。下面识读图 22-1 中所画出的被剖切到的这些建筑构配件。图中按建筑制图标准的规定：在比例小于 1∶50 的剖面图中，可不画抹灰层，且可画简化的材料图例如砖墙涂红、钢筋混凝土涂黑，但宜画出楼地面、屋面的面层线。

（1）画出了室外地面的地平线（包括台阶、平台、明沟等）、室内地面的架空板和面层线（包括两级踏步）。画出了二、三、四层楼面的楼板和面层。底层的架空板和各层楼板，都是现浇钢筋混凝土板，用涂黑表示（如果是预应力钢筋混凝土多孔板，在比例较小的剖面图中，被剖切到的多孔板，不论按纵向或横向铺设，常可用两条粗实线表示，它们之间的距离等于板厚），并根据板面层的装修厚度，用细实线画出面层线。

（2）画出了被剖切到的轴线为Ⓐ和①/Ⓐ的外墙、轴线为Ⓒ的内墙，以及在底层到二层的楼梯平台凸出处的外墙。也画出了在这些墙面上的门、窗、窗套、过梁和圈梁等构配件的断面形状或图例，以及外墙延伸出屋面的女儿墙。墙的断面只要画到地平线以下适当的地方，画折断线断开就可以了，下面部分将由房屋的结构施工图的基础图表明。但在室内地面下浇筑在墙中的断面为 240 mm × 240 mm 的钢筋混凝土圈梁，仍应画出，并涂黑。

（3）画出了被剖切到的梯段（包括楼梯梁）及楼梯平台，实心的钢筋混凝土构件断面涂黑，图中还画出了平台面的面层线，省略了梯段上的面层线，也省略了楼梯间内、外的砖砌踏步的面层线。

（4）画出了被剖切到的屋顶，包括：女儿墙及其钢筋混凝土的压顶，钢筋混凝土屋面板（屋面板分别向南和向北按下坡方向铺成一定的坡度，屋面板和四层兼作圈梁的窗过梁一起整浇，由于屋面板在檐口处不设保温层和钢筋混凝土面层，只用 20 mm 厚的水泥砂浆粉面，因而形成用于排水的天沟）和底层到二层的楼梯平台凸出处的屋面板，用细实线画出了面层线；在屋面之上，则用单粗实线简化画出 35 mm 厚的架空隔热板（包括一小部分未被剖切到但可见的隔热板，也用单粗线画出）；此外，还画出了剖切到的带有检修孔的水箱和孔盖，由于它们是钢筋混凝土构件，所以断面用涂黑表示，但应在这两个构件的交接处留有空隙。

平屋顶的屋面排水坡度有两种做法：一种是结构找坡，将支承屋面板的结构构件筑成需要的坡度，然后在其上铺设屋面板。这幢住宅的屋面排水坡度就是采用这种做法。另一种是材料找坡，将屋面板平铺，然后在结构层上，用建筑材料铺填成需要的坡度。对照图 20-5 所示的屋顶平面图可知，这幢住宅在屋面找坡时，如果按对称找坡，分水线应该位于Ⓒ轴线之北 450 mm（11 340 mm ÷ 2-4500 mm-600 mm-120 mm）处，与Ⓐ和Ⓕ轴线之间的间距均为 5 550 mm $\left(\dfrac{11\ 340\ mm-240\ mm}{2}\right)$。但是按结构找坡的要求，屋面排水的分水线应设在纵墙上，因此，为了便于施工，分水线做在ⓒ轴线纵墙的北墙面处，向北按下坡方向铺成3%的坡度，到ⓕ轴线处的标高为12.000 m，而按建筑要求，屋面在Ⓐ轴线处的标高也应为12.000 m，因此，在施工中，把屋面板由Ⓐ轴线处的标高为12.000 m，向上逐渐铺至分水线，虽然在图中由分水线向南按下坡方向的坡度也标注了3%，但实际的坡度是由施工得到的，约为3.5%。由于屋面板是搁在横墙上，不铺入纵墙，所以轴线为ⓒ的墙，于梁底标高为11.700 m的240 mm×240 mm圈梁之上，再砌一段砖墙。

3. 按剖视方向画出未剖切到的可见构配件

（1）剖切到的外墙外侧的可见构配件。在被剖切的南墙外，画出了西边住户的室外台阶、平台和花坛，二、三、四层的阳台及其上的小花台，四层阳台顶上的雨篷等可见投影；在被剖切的北墙外，也画出了台阶和平台的栏板，以及西边住户凸出的厨房外墙面及其上的勒脚、引条线和窗套的可见投影。

（2）室内的可见构配件。由南向北可以看出，图中画出了东边各层住户的最大卧室西墙上的踢脚板，东边各层住户过厅内西墙处的壁橱和西墙上的踢脚板；在剖切平面转折处，画出了东边住户和西边住户大门重叠处的可见投影，画出了转折后在楼梯间内未被剖切到的可见楼梯段、栏杆、扶手，以及楼梯间内西墙上的踢脚板，还画出了在底层与二层之间的楼梯平台凸出处的西墙面上窗的可见投影。对照底层和二、三、四层平面图可知，这幢住宅的楼梯在每两层之间，都分别有两个楼梯段，中间有一个楼梯平台。值得注意的是，在剖切平面的转折处不应画出分界线。

（3）屋顶上的可见构配件。画出了西端墙和压顶，支承架空隔热板的砖墩，屋面检修孔，在水箱和屋面检修孔附近处西侧的未被剖切到的架空隔热板，水箱内未剖到的轮廓线，以及支承水箱的矮墙等；也画出了底层与二层之间的楼梯平台凸出处的屋顶可见轮廓线。

4. 竖直方向上的尺寸、标高和必要的其他尺寸

（1）在竖直方向上的尺寸标注。图形外部标注三道尺寸及建筑物的室内外地坪、各层楼面、门窗的上下口及墙顶等部位的标高。外部的三道尺寸，最外一道为总高尺寸，从室外地平面起标到墙顶止，标注建筑物的总高度；中间一道尺寸为层高尺寸，标注各层层高（两层之间楼地面的垂直距离称为层高）；最里边一道尺寸称为细部尺寸，标注墙段及洞口尺寸等。

在图中的楼梯间外墙处所注的，省略了楼梯平台面之间的尺寸。内部尺寸则如内墙上的门、窗洞，窗台和墙裙的高度，预留洞、槽、隔断、地坑深度等，图中注出了轴线为ⓒ的墙上的门洞高度尺寸。其他尺寸则视需要注写，如图中标注了屋面的坡度3%，以及定位轴线间的尺寸等。

（2）水平方向的尺寸标注。常标注剖到的墙、柱及剖面图两端的轴线编号及轴线间距，并在图的下方注写图名和比例。

（3）标高。在建筑剖面图中，对楼地面、地下层地面、楼梯、平台等处的高度尺寸及标高，应注写完成面的标高及高度方向的尺寸（即建筑标高或包括粉刷层的

高度尺寸），其余部位注写毛面的高度尺寸和标高（不包括粉刷层的高度尺寸或结构标高）。注写尺寸与标高时，注意建筑平面图和建筑剖面图应一致。

5. 索引符号以及某些构造的用料说明和做法

在需要绘制详图的部位，应画出索引符号。在图 22-1 中，作为示例，在轴线编号为Ⓐ的外墙上四个节点处，编绘了详图索引符号。地面、楼面、屋顶的构造与材料、做法，可在建筑剖面图中用指引线从所指的部位引出，按其多层构造的层次顺序，逐层用文字说明，也可用文字说明内墙的材料和做法。若另有详图，或者在施工总说明中已阐述清楚，则在建筑剖面图中，可以不必注出。由于上述原因，在图 22-1 中没有注出有关构造的用料说明和做法。

三、建筑剖面图的绘制

教学课件
建筑剖面图的
绘制

微课扫一扫
剖面图的绘制

绘制建筑剖面图与绘制建筑平面图、建筑立面图基本相同，也是经过选定比例和图幅，画底稿线，加深或上墨三个步骤。

（1）选定比例和图幅。建筑剖面图绘制时比例和图幅的选定同建筑平面图的绘制。

（2）画底稿线。

① 如图 22-2a 所示，画定位轴线、室内地平线、室外地平线、楼面和楼梯平台面、屋面，以及女儿墙的墙顶线

② 如图 22-2b 所示，画剖切到的墙身，底层地面架空板、楼板、平台板、屋面板及它们的面层线，楼梯、门窗洞、过梁、圈梁、窗套、台阶、天沟、架空隔热板、水箱等主要构件。

③ 如图 22-2c 所示，画可见的阳台、雨篷、检修孔、砖墩、壁橱、楼梯扶手和西边住户厨房的窗套等其他构配件和细部，标注尺寸符号、编号、说明等。

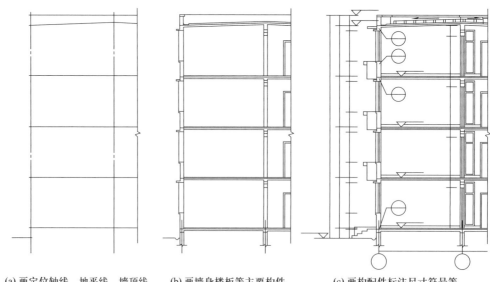

(a) 画定位轴线、地平线、墙顶线　　(b) 画墙身楼板等主要构件　　(c) 画构配件标注尺寸符号等

图 22-2　建筑剖面图绘制过程

（3）加深或上墨。底稿完成后，经校核、修正，就可上墨或用铅笔描深。

① 室外地坪线可画成线宽为 $1.4b$ 的特粗实线。室外被剖切到的台阶和平台的线宽可为 $1.4b$ 或 b。

② 被剖切到的主要建筑构造、构配件的轮廓线，应画成线宽为 b 的粗实线；剖切到或虽未剖切到，但可见的很薄构件（如架空隔热板），也可用简化成线宽为 b 的粗实线画出。

③ 被剖切到的次要构配件的轮廓线，构配件的可见轮廓线，一般都画成线宽为 $0.5b$ 的中实线，如室外花坛、阳台、雨篷、凸出的墙面、可见的梯段、屋面检修孔、架空隔热板下的支承砖墩、女儿墙等。

④ 小于 $0.5b$ 的图形线，画成线宽为 $0.25b$ 的细实线，如屋面、楼地面的面层线，墙面上的一些装修线（包括表示外墙面上的勒脚、内墙上的踢脚板、外墙上的引条线等）及一些固定设施、构配件上的轮廓线（如壁橱门、水箱内部的轮廓线）等。

建筑制图标准规定：在比例小于 1∶50 的剖面图中，钢筋混凝土构件断面允许用涂黑表示（砖墙宜涂红），且宜用细实线画出楼地面、屋面、楼梯平台面的面层线，其他未剖到但可见的建筑构造则按投影关系用中实线画出，门窗扇及其分格线，水斗及雨水管等用细实线表示。

（4）尺寸标注。在建筑剖面图中，主要应标注高度方向的尺寸和标高，标注高度方向的尺寸通常标注三道尺寸：门窗洞及洞间墙的高度尺寸、层高尺寸、总高尺寸。

剖面图上应注写的标高包括：室内外地面、各层楼面、楼梯平台面、檐口或女儿墙顶面、高出屋面的水箱顶面、烟囱顶面、楼梯间顶面等处。

同时建筑剖面图也要适当标注需要的横向尺寸。

（5）详图索引符号以及某些构造的用料说明和做法。剖面图中应表示画详图处的索引符号。地面、楼面、屋顶的构造与材料、做法，可在建筑剖面图中用指引线从所指的部位引出，按其多层构造的层次顺序，逐层用文字说明，也可用文字说明内墙的材料和做法。

▪ 训练实例 ▪

实例　阅读图 22-3 建筑剖面图（剖切位置如图 22-4 所示），并写出阅读要点。

【实例分析】

建筑剖面图的识读要点包括：

（1）了解图名和比例。

（2）熟悉外墙（或柱）的定位轴线及其间距尺寸。

（3）结合平面图明确剖切位置及投影方向，注意被剖切的各部分结构构件的位置、尺寸、形状及图例，注意未剖切到的可见部分构件的位置、形状。

（4）核对竖直方向的尺寸和标高。

（5）了解详图索引符号、某些装修做法及用料注释。

【读图步骤】

（1）了解图名和比例。如图 22-3、图 22-4 所示，根据剖面图上剖切平面位置代号 1-1，在底层平面图上找到相应的剖切位置，对照平面图进行阅读。

（2）熟悉外墙或柱的定位轴线及其间距尺寸。

（3）各主要构件的关系。从剖面图中可以看出，各层的钢筋混凝土楼板搁置在两端的砖墙上，并在板下设置支架，窗、窗顶设置过梁等。详细结构由结构施工图表达。结合平面图明确剖切位置及投影方向，房屋的垂直方向有三层，中间是走廊，两边为办公室。

（4）核对竖直方向的尺寸和标高。底层的地面标高为 ±0.000，室外地坪标高 −0.300，说明室内外高差为 300 mm。从各层楼面的建筑标高可知各层的层高均为 3.3 m。

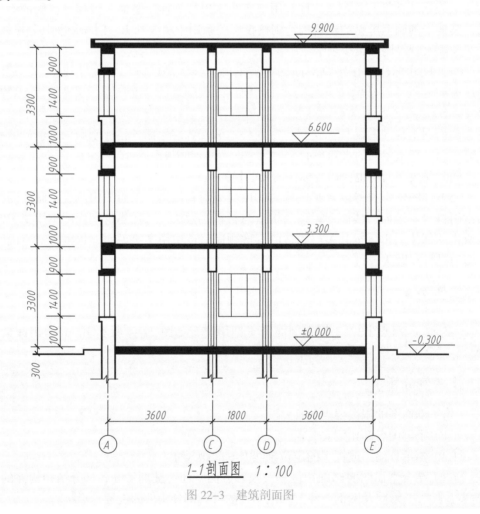

1-1剖面图 1：100

图 22-3　建筑剖面图

（5）从剖面图中查看引用标准图及单绘详图的索引号。

【实例总结】

在阅读剖面图时应注意以下几方面：

（1）核对剖面图表示的内容与建筑平面图的剖切位置线是否一致。

（2）阅读剖面图时要和平面图对照同时看，按照由外部到内部、由上到下，反复查阅，形成房屋的整体形状。

（3）阅读剖面图时，有些部位应和详图结合起来一起阅读

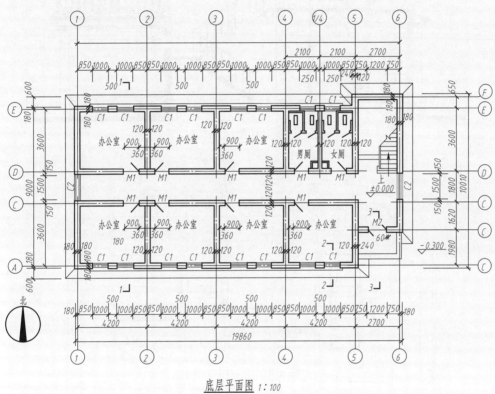

底层平面图 1:100

图 22-4　建筑平面图

■ 课堂训练 ■

训练　阅读图 22-5 所示的建筑剖面图，以及图 22-6、图 22-7 所示建筑平面图，并写出阅读建筑剖面图要点。

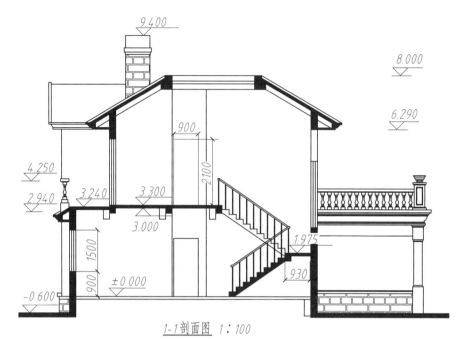

1-1剖面图 1：100

图 22-5　1-1 剖面图

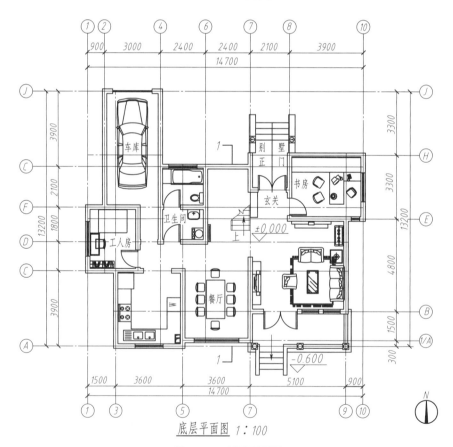

底层平面图 1：100

图 22-6　底层平面图

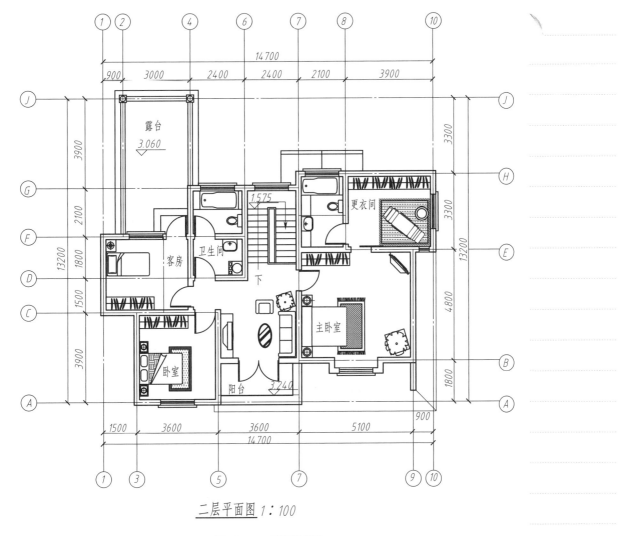

二层平面图 1:100

图 22-7　二层平面图

■ 学习思考 ■

思考 1　在剖面图和立面图上各自标哪些尺寸?

思考 2　建筑剖面图与建筑立面图有哪些区别?

项目 23　建 筑 详 图

项目目标

思政目标:以当代建筑的辉煌成就,激发学生的爱国热情。

知识目标:熟悉建筑详图相关规定,掌握外墙身、楼梯、阳台等详图相关知识。

能力目标：能识读绘制檐口、窗台、窗顶、勒脚、明沟、屋面雨水口、散水等节点详图及楼梯、阳台详图。

素质目标：培养学生严谨细致的绘图能力。

任务 23.1 建筑详图的规定与外墙身详图

■任务引入与分析■

平面图、立面图和剖面图由于比例较小，许多细部构造、尺寸、材料和做法等内容无法表达清楚。因此要用较大比例画出房屋的局部构造的详细图样，称为建筑详图或大样图。如何阅读和绘制呢？

■相关知识■

建筑详图是指用较大比例绘制的局部构造的详细图样，可以是平、立、剖面图中某一局部的放大图，或者是某一局部的放大剖面图，也可以是某一构造节点或某一构件的放大图。建筑详图包括墙身剖面图和楼梯、门窗、阳台、雨篷、厨房、卫生间、建筑装饰等详图。建筑详图主要用来表示细部的详细构造、形状、层次、尺寸、材料和做法，以及各部位的详细尺寸等。

一、建筑详图的相关规定

（一）比例

详图通常用较大比例绘制，常用比例为 1∶1、1∶2、1∶5、1∶10、1∶20、1∶50 等。

（二）索引符号与详图符号

1. 索引符号

图样中的某一局部或构件，如需另见详图，应以索引符号索引，具体如图 18-7 所示，并在详图符号的右下侧注写比例。索引符号的圆及直径均应以细实线绘制，圆的直径为 10 mm。

2. 索引局部剖面详图的索引符号

当索引符号用于索引剖面详图时，应在被剖切的部位画出剖切位置线的粗短画线，并用引出索引符号，引出线所在一侧为剖视方向。索引符号的编号与上述相同，如图 23-1 所示。

3. 详图符号

详图的位置和编号，应以详图符号表示，详图符号为粗实线圆，其直径为 14 mm。

（1）详图与被索引的图样同在一张图纸时，应以详图符号内用阿拉伯数字注明详图的编号，如图 23-2a 所示。

教学课件
建筑详图的规定

微课扫一扫
建筑详图的规定

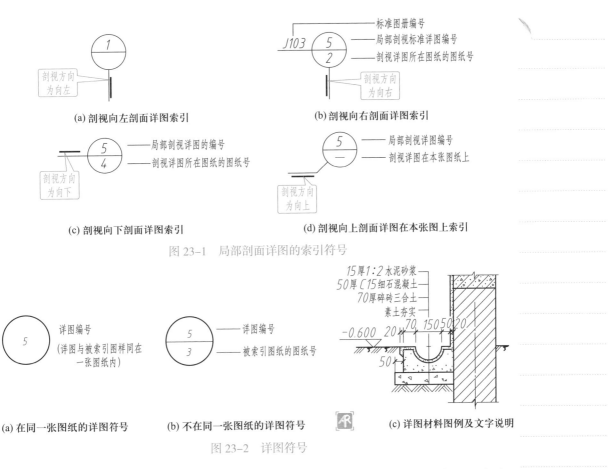

(a) 剖视向左剖面详图索引

(b) 剖视向右剖面详图索引

(c) 剖视向下剖面详图索引

(d) 剖视向上剖面详图在本张图上索引

图 23-1　局部剖面详图的索引符号

(a) 在同一张图纸的详图符号

(b) 不在同一张图纸的详图符号

(c) 详图材料图例及文字说明

图 23-2　详图符号

（2）详图与被索引的图样，如不在同一张图纸内时，可在详图符号内画一条水平细实线，在上半圆中间注明详图编号，在下半圆中间注明被索引图纸的图纸号，如图 23-2b 所示。

（3）材料说明。在详图中除画出材料图例外还要用文字加以说明。其方法是用引出线指向被说明的位置，引出线一端应通过被引出的各构造层，另一端应画出若干条与其垂直的横线。文字说明宜注写在该横线的上方或端部。说明的顺序应由上至下，并应与被说明的层次相一致；如层次为横向排列，则由上至下的说明顺序应与由左至右的层次相互一致，如图 23-2c 所示。

二、外墙身详图

外墙身详图是假想用剖切平面在窗洞口处将墙身完全剖开，并用大比例画出的墙身剖面图。墙身剖面详图，实际上是墙身的局部放大图，详尽地表明墙身从基础到屋顶的各主要节点的构造和做法，外墙身详图的具体规定如下。

（一）比例

外墙身详图常用比例为 1:10、1:20、1:50。

（二）图示内容

外墙身详图主要表示地面、楼面、屋面和檐口等处的构造，楼板与墙体的连接形式以及门窗洞口、窗台、勒脚、防潮层、散水和雨水管等的细部做法。同时，在被剖到的部分应根据所用材料画上相应的材料图例以及注写多层构造说明。

由于墙身较高且绘图比例较大，画图时，常在窗洞口处用折断线进行省略。

（三）外墙身详图画法

若多层房屋的各层构造相同时，可只画底层、顶层或加一个中间层的构造节点。但要在中间层楼面和墙洞上下皮的标高处用括号加注省略层的标高，如图23-3所示。

图：外墙节点详图

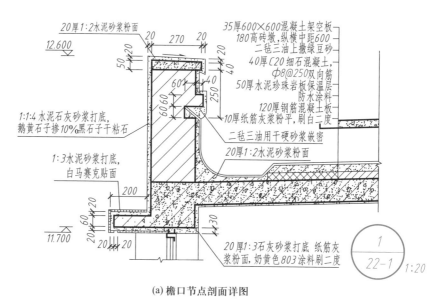

(a) 檐口节点剖面详图

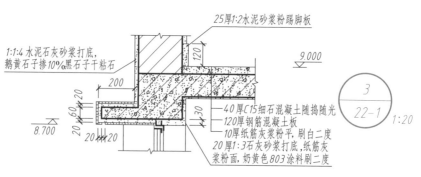

(b) 窗台节点剖面详图

(c) 窗顶节点剖面详图

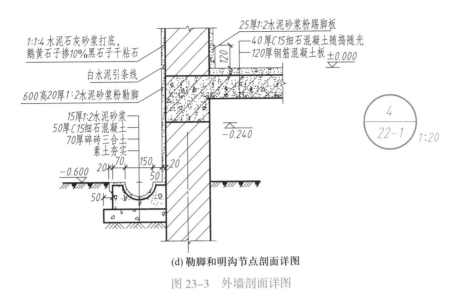

(d) 勒脚和明沟节点剖面详图

图 23-3　外墙剖面详图

有时，房屋的檐口、屋面、楼面、窗台、散水等配件节点详图可直接在建筑标准图集中选用，但需在建筑平面图、立面图或剖面图中的相应部位标出索引符号，并注明标准图集的名称、编号和详图号。

（四）尺寸标注

在外墙身详图的外侧，应标注垂直分段尺寸和室外地面、窗口上下皮、外墙顶部等处的标高，墙的内侧应标注室内地面、楼面和顶棚的标高。

画图时，各个节点详图都分别注明详图符号和比例。主要表示墙身从基础墙到屋顶的各主要节点的构造和做法。如图 23-3 所示，画出了从 1-1 剖面图即图 22-1 中索引过来的檐口、窗台、窗顶、勒脚和明沟四个节点剖面详图。

1. 檐口节点剖面详图

如图 23-3a 所示，檐口节点剖面详图主要表达顶层窗过梁、遮阳或雨篷、屋顶（根据实际情况画出它的构造与构配件，如屋架或屋面梁、屋面板、室内顶棚、天沟、雨水口、雨水管和水斗、架空隔热层、女儿墙及其压顶）等的构造和做法。

编号为 1 的详图，在折断线以上，画出了在钢窗 GC282 窗顶以上各部分构造。屋面承重层是 120 mm 厚的现浇钢筋混凝土板，屋面铺放成一定的排水坡度；板上刷一层防水涂料，铺 50 mm 厚的水泥珍珠岩板保温层；再在其上做内放 φ8@250 双向钢筋网片的 40 mm 厚度的 C20 细石混凝土整浇层，并在其上再做二毡三油，上面撒一层绿豆砂即颗粒很小的石子；然后，用三块标准砖砌筑成砖墩，支承 35 mm 厚 600 mm × 600 mm 的混凝土板，形成高度为 180 mm 左右的架空层，能起到通风隔热的作用。油毡在檐口女儿墙上的收头是用干硬砂浆嵌密压实，雨水由屋面流入天沟，最后排向墙外的雨水管。砖砌女儿墙上端是钢筋混凝土压顶，粉刷时，除顶面保持向内的斜面外，内侧底面粉刷出滴水斜口，以免雨水沿墙面垂直下流。屋面板的底面用纸筋灰浆粉平后，再刷白二度。图中还反映了窗过梁和窗顶处的做法，窗过梁与屋面板合浇在一起，并带有遮阳板，粉刷后用白马赛克贴面，底面也留有滴水槽。

在折断线之上还画出了窗顶部的图例，包括钢窗 GC282 的窗框和窗扇的断面简图、窗洞的可见侧墙面等，以及窗洞顶部和内墙面的粉刷情况。

2. 窗台节点剖面详图

如图 23-3b 所示，窗台节点剖面详图主要表达窗台的构造，以及外墙面的做法。

编号为 2 的详图，是从图 22-1（1-1 剖面图）中轴线为Ⓐ的外墙四楼窗台处索引过来的窗台节点剖面详图，画在两条折断线之间。砖砌窗台的做法是外窗台面向外粉成一定的排水坡度，表面贴白马赛克，底面做出滴水槽，以便排除从窗台面流下的雨水。里窗台为了可以放置物品，又便于擦洗，所以用黑灰水磨石面层。在窗台之上和折断线以下，也画出了窗的底部图例包括钢窗 GC282 的窗框和窗扇的断面简图、窗洞的可见侧墙面等，同时还画出并注明了内外墙面的粉刷情况。

3. 窗顶节点剖面详图

如图 23-3c 所示，窗顶节点剖面详图主要表达在窗顶过梁处的构造，内、外墙面的做法，以及楼面层的构造情况。

编号为 3 的详图，是从图 22-1（1-1 剖面图）中轴线为Ⓐ的外墙三楼窗顶处索引过来的窗顶节点剖面详图，画在两条折断线之间。图中画出了窗的顶部图例，带有遮阳板且与圈梁连通的窗过梁，画出和注明了内外墙面、窗顶和遮阳板的粉刷与贴面情况，而且也画出和注明了四楼楼面的钢筋混凝土楼板的横断面及其面层和板底粉刷情况。图中还画出和注明了为保护室内墙脚的踢脚板。

4. 勒脚和明沟节点剖面详图

如图 23-3d 所示，勒脚和明沟节点剖面详图主要表达外墙脚处的勒脚和明沟的做法，以及室内底层地面的构造情况。

编号为 4 的详图是从图 22-1（1-1 剖面图）中轴线为Ⓐ的外墙墙脚处索引出的勒脚和明沟节点详图，画在两条折断线之间。从图中可以看出：在外墙面的墙脚处，用比较坚硬的防水材料做成高度从室外地面开始高 600 mm 的勒脚，以较好地保护外墙室外地面处的墙脚；为了避免墙脚处的室外地面积水，在勒脚处宜做明沟或散水，以利排水，图中已详细地画出和注明了明沟的具体尺寸和做法。从图中还可以看出：室内底层地面是架空的钢筋混凝土板，以及在其上铺设 40 mm 厚的 C15 细石混凝土的情况；室内墙脚处的踢脚板及其做法；架空的钢筋混凝土板下的墙身中设有钢筋混凝土圈梁。若在室内底层地面之下的墙身内没有用混凝土或钢筋混凝土构件全部隔开，则应设置防潮层，用来防止土壤中的水分渗入墙体，侵蚀上面的墙身，一般的做法是设 60 mm 厚的细石钢筋混凝土防潮层，也可用仅在墙身中铺设一层 20 mm 厚的掺防水剂的 1∶2 水泥砂浆或者铺一层油毡的简便做法。

■ 训练实例 ■

实例 1 如图 23-4 所示，读屋面雨水口节点剖面详图。

【读图分析】

如图 23-4 所示，图名为屋面雨水口节点剖面详图，比例为 1∶20，主要表达屋面上流入天沟板槽内的雨水穿过女儿墙，流到墙外雨水管的构造和做法。

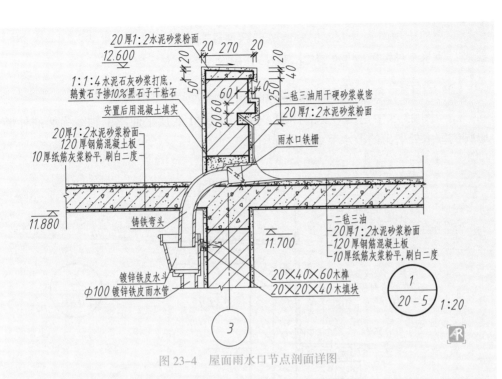

图 23-4　屋面雨水口节点剖面详图

【读图步骤】

（1）从图 23-4 中编号为 1 的详图符号可以看出，它是从图 20-5 所示的屋顶平面图索引过来的，而查阅图 20-5 中相应的索引符号可知，是用通过天沟板西边尽端处的铸铁出水弯头中心线的正平面剖开后，由前向后投射所得的节点剖面详图。

（2）在屋顶平面图 20-5 中可看出，屋面上的雨水按画出的坡度符号所示的下坡方向都流入天沟的槽内，而槽底在中间凸起，分别按 5‰ 的下降坡度流向两端，端部分别安装了铸铁弯头，穿过女儿墙，雨水由铸铁弯头流经水斗和雨水管排泄到明沟。在图 20-5 中只画出了铸铁弯头穿出女儿墙后在雨篷顶上的一段可见投影。

（3）图 23-4 中的屋面雨水口剖面详图，画出了定位轴线编号为③的墙和女儿墙的断面，也画出了天沟板西端槽底的一小段断面，在天沟板西端的雨水口处的女儿墙上留一个孔，使设置在天沟板端部底面上出口处的一段铸铁雨水管与铸铁弯头相连，安置后用混凝土填实，铸铁弯头还穿过四层阳台顶上的雨篷，它的出口插入镀锌铁皮水斗内，水斗的下部接 $\phi100$ 镀锌铁皮雨水管，这样，当雨水汇聚入天沟后，就可从雨水管排走。

实例 2　如图 23-5 所示，读散水节点剖面详图。

【读图分析】

散水亦称防水坡，其作用是将墙脚附近的雨水排泄到离墙脚一定距离的室外地坪的自然土壤中去，以保护外墙的墙基免受雨水的侵蚀。散水节点剖面详图主要表达散水在外墙墙脚处的构造和做法，以及室内地面的构造情况。

【读图步骤】

（1）图 23-5 中是编号 2 的详图，是从图 20-1 底层平面图上轴线为②的外墙墙脚的散水处引出的散水节点剖面详图。

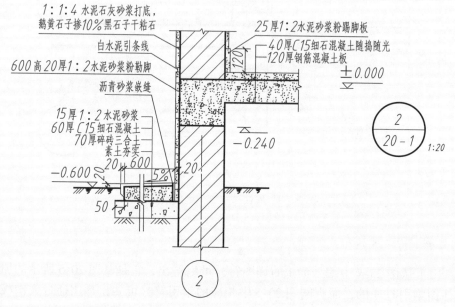

图 23-5　散水节点剖面详图

（2）图中画出并注明了该处的散水、轴线为②的外墙和室内地面的构造。

（3）先将外墙之外的泥土夯实，铺 70 厚碎砖三合土，浇捣厚 60 mm、宽 600 mm 的强度等级为 C15 的细石混凝土，表面粉 15 厚 1：2 水泥砂浆。散水的外侧边缘高出地面 20 mm，表面随捣随光，做成 5% 的向外的下坡坡度，并在散水与外墙面的接缝处，用沥青砂浆嵌缝在外墙面上，用 1：2 水泥砂浆粉刷高 600 mm、厚 20 mm 的勒脚。

■ **课堂训练** ■

训练 1　建筑详图包括_____和_____、_____、_____、_____、_____、_____等详图。建筑详图主要用来表示细部的_____、_____、_____和_____、各部位的_____等。

训练 2　外墙身详图的具体规定有_____、_____、_____、_____。

■ **学习思考** ■

思考　为什么要绘制墙身详图？其主要用来表示什么内容？

任务 23.2 楼梯详图及绘制步骤

教学课件
楼梯详图内容
及楼梯平面图

微课扫一扫
楼梯详图内容
要求及平面图

■ 任务引入与分析 ■

楼梯是房屋垂直方向的重要交通设施,那么如何阅读和绘制楼梯详图呢?

■ 相关知识 ■

建造楼梯常用钢、木、钢筋混凝土等材料。楼梯的构造比较复杂,需要画出它的详图。楼梯详图主要表达楼梯的类型、结构形式、各部位的尺寸和装修做法等。

一、楼梯详图内容

楼梯详图一般包括楼梯平面图、楼梯剖面图,以及踏步、栏杆、扶手等节点详图。楼梯详图一般采用 1:30、1:40 或 1:50 的比例绘制。

二、楼梯详图图示要求

(一)楼梯平面图

楼梯平面图是距地面 1 m 以上且略超过门窗洞下沿的位置,用一个假想的剖切平面,沿着水平方向剖开,然后向下作投影得到的投影图。楼梯平面图一般应分层绘制。如果中间几层的楼梯构造、结构、尺寸均相同的话,可以只画底层、中间层和顶层的楼梯平面图。

楼梯平面图主要表示楼梯平面的布置详细情况。如楼梯间的开间和进深尺寸、墙厚、楼梯段的长度和宽度、楼梯上行或下行的方向、踏面数和踏面宽度、楼梯平台和楼梯位置等。

在楼梯平面图中,各层被剖切到的梯段,均在平面图中以一条 45° 的折断线表示。在每一梯段处画有一长箭头,并注写"上"或"下"字和步级数,表明从该层楼(地)面向上或向下走多少步级可到达上或下一层的楼面。在底层平面图中还应注明楼梯剖面图的剖切位置和投影方向,如图 23-6 所示为各层楼梯的平面图。

在底层平面图中,只有一个被剖切的梯段及栏板,并注有"上"字的长箭头。

在中间层平面图中,既要画出被剖切的向上走的梯段(即画有"上"字的长箭头),还要画出该层向下走的完整的梯段(画有"下"字的长箭头)、楼梯平台以及平台向下的梯段。这部分梯段与被剖切的梯段的投影重合,以 45° 折断线为分界。

在顶层平面图中,由于剖切平面在安全栏板之上,在图中画有两段完整的梯段和楼梯平台,在梯口处只有一个注有"下"字的长箭头。

梯段的长度要标注水平投影的长度,因此通常用踏步面数乘以踏步宽度表示,如底层平面图中的"11×250=2 750",但要注意由于梯段最高一级的踏面与平台面或楼面重合,因此,平面图中每一梯段的踏面数,总比步级数少一格,即踏步高的个数比踏步宽个数多一个,如图 23-6 中底层平面图应有 10 个踏步高。

当底层与顶层之间的中间层布置相同时,也可只画底层、中间层和顶层三个楼梯平面图。从图 23-6 可以看出,这幢住宅的楼梯是双跑楼梯,剖切到的梯段,以倾斜的折

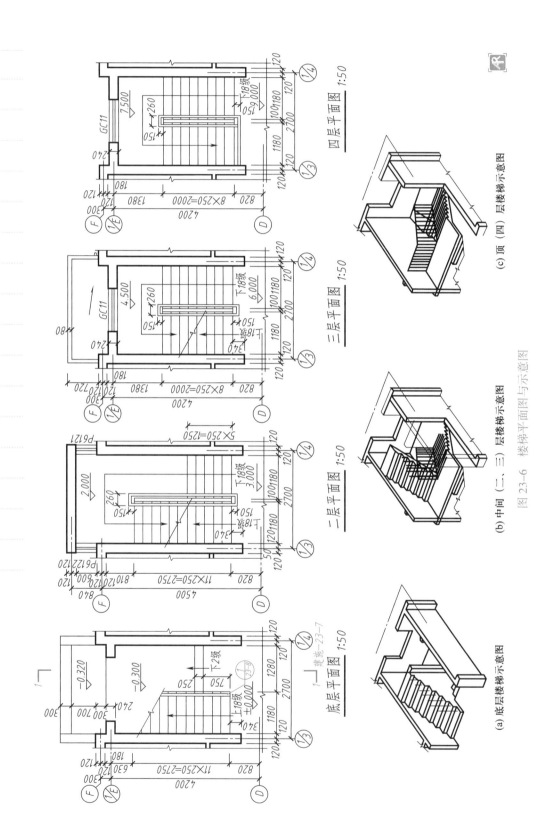

四层平面图 1:50

三层平面图 1:50

二层平面图 1:50

底层平面图 1:50

(c) 顶 (四) 层楼梯示意图

(b) 中间 (二、三) 层楼梯示意图

(a) 底层楼梯示意图

图 23-6　楼梯平面图与示意图

断线断开：在底层平面图中，只画到折断线为止的第一上行梯段，以及从楼梯口地面到门洞口的下行两级踏步。在二、三层平面图中，折断线的一边是该层的上行第一梯段，用箭头表示上行方向，注明往上走多少级踏步到达上一层楼面；而折断线的另一边，则是该层的下行第二梯段，同时画出了在水平剖切面以下的该层下行第一梯段及其楼梯平台，用箭头表示下行方向，注明往下走多少级踏步，到达下一层楼（地）面。在四层平面图（顶层平面图）中，水平剖切面剖切不到梯段，图中画出的是到三层楼面的两个下行梯段和梯段间的楼梯平台。由于四楼无上行梯段，因而在四层楼面与三层到四层的第一上行梯段起步处的这部分空间里，形成了一个高差，必须在楼梯的栏杆与扶手到达四楼后，就在这个位置处转弯，沿楼面边缘继续做栏杆和扶手，一直做到墙壁为止，以保证安全。从底层到二层楼面的楼梯，为了照顾进门入口处的净高，将两个梯段做成"长短跑"，即一个梯段长，一个梯段短，以增加第一个楼梯平台之下的高度；其他各层则都做成相等的梯段，即"等跑"。为了满足楼梯平台宽度在建筑上的要求，所以在二层平面图中画出的第一个楼梯平台，伸出外墙 600 mm，使实际净深为 1 650 mm。

从楼梯平面图中所注的尺寸，可以了解到楼梯间的开间尺寸，楼梯平台的进深尺寸和标高，还可以知道各梯段和踏步的水平长度和宽度，以及各梯段栏杆与扶手、楼梯间进门处的门洞、平台上方的窗的位置。在底层平面图中，画出和注明了楼梯剖切面的剖切符号及编号，这个楼梯剖面图所在的图纸编号为"建施 23-7"（图 23-7）；此外，在梯段起步处画出了索引符号，表明有关踏步、扶手的位置、构造和做法，可查阅"建施 23-8"（图 23-8）中的编号为 1 的节点详图。

（二）楼梯剖面图

假想用一个铅垂面，通过各层的一个梯段和门窗洞将楼梯剖开，向另一未剖到的梯段方向投影作的剖面图，称为楼梯剖面图，如图 23-7 所示。

教学课件

楼梯剖面图

微课扫一扫

楼梯剖面图

楼梯平面图主要表示楼梯段的长度和高度、踏步级数及高度、楼梯结构形式及所有材料、房屋地面、楼面、休息平台、栏杆和墙体的构造做法，以及楼梯各部分的标高和详图索引符号。如剖面图中底层楼梯段的高度为 $12 \times 167 \approx 2\,000$。阅读楼梯剖面图时，应与楼梯平面图对照起来一起看。看图时要注意剖切平面的位置和投影方向。

如图 23-7 所示，是按图 23-6 的楼梯底层平面图中的剖切位置及剖视方向画出的，每层的下行梯段是被剖切到的，而上行梯段则未剖到，是可见的。这个楼梯剖面图，画到楼梯间中各层西边住户的大门处断开，画到四层楼面的栏杆与扶手以上断开。图中画出了定位轴线Ⓓ和Ⓜ，楼梯间各层楼地面的构造，各层西边墙面上的踢脚板和大门，剖切到的楼梯梁、梯段、平台板及其面层，可见的梯段、栏杆与扶手，楼梯间外墙的构造包括剖切到的墙身和各种梁、门洞，以及窗洞和窗的图例，进门处室外地面，被剖切到的台阶、平台和它们的可见栏板，未被剖切到而可见的西边住户厨房凸出处的墙面（包括墙面上的引条线，凸出墙面外的遮阳和窗套的可见侧面）。图中注出了各层楼面、楼梯平台面、楼梯梁底面等的标高、踏步高度和级数，以及各梯段的高度等尺寸，注出了进门口和楼梯平台北侧的外墙上的门洞与窗的定位和定形尺寸，还分别注出了门洞内、外两级踏步的高度尺寸。图中画出了楼地面的面层线，但由于图中线条较多，没有画墙面抹灰层的面层线，采用涂黑表示钢筋混凝土的材料图例。

教学课件
楼梯节点详图

微课扫一扫
楼梯节点详图

图：标准层楼
梯剖切示意图

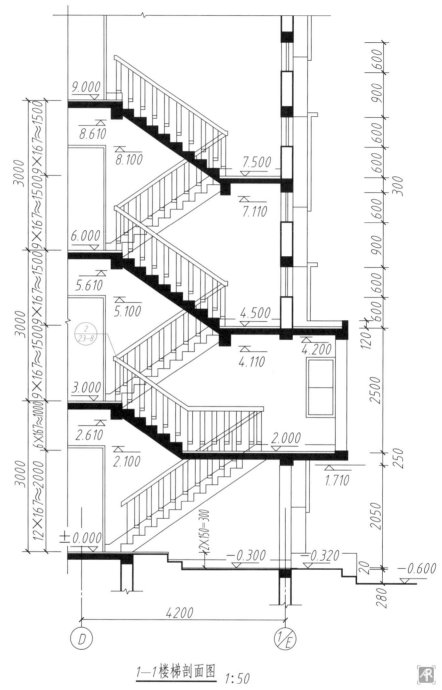

<u>1—1楼梯剖面图</u> 1:50

图 23-7　楼梯剖面图

（三）楼梯节点详图

图 23-8 是楼梯的节点详图示例。

编号为 1 的详图是从图 23-6 楼梯平面图中的底层平面图索引过来的。它表明了踏步的踏面上的马赛克防滑条的定形和定位尺寸，以及扶手的定位尺寸。

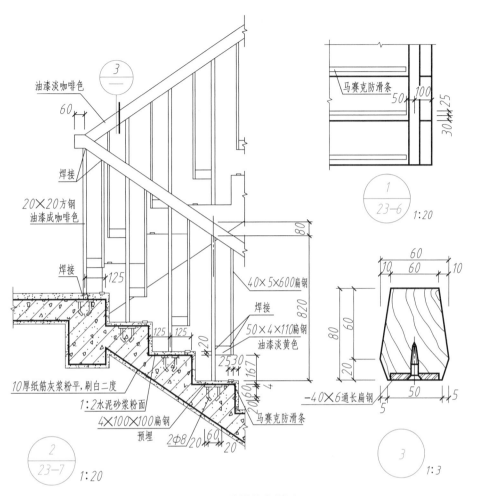

图 23-8　楼梯节点详图

　　编号为 2 的详图是从图 23-7 楼梯剖面图中二层楼面的楼梯转折处索引过来的。从这个详图中可以看出：楼板是用钢筋混凝土板，细石混凝土面层；梯段是由楼梯梁和踏步板组成的现浇钢筋混凝土板式楼梯，板底用 10 mm 厚纸筋灰浆粉平后刷白，踏步用 20 mm 厚 1:2 水泥砂浆粉面；为了防止行人行走时滑跌，在每级踏步口贴一条 25 mm 宽的马赛克，高于踏面，作为防滑条；为了保障行人安全，在梯段或平台临空一侧，设栏杆和扶手，栏杆用方钢和扁钢焊成，它们的材料、尺寸和油漆颜色都已在图中表明，栏杆的下端焊接在预埋于踏步中的带有 φ8 钢筋弯脚的钢板上；栏杆的上端装有扶手，图中注明了扶手的油漆颜色，也注明了栏杆的上端与镶嵌在扶手底部的钢铁件相焊接。

　　在编号 2 的这个详图的扶手处，画出了索引符号，索引到本张图纸上编号为 3 的扶手的断面详图。从这个断面详图中可以看出扶手的断面的形状与尺寸，扶手的材料是木材，用通长扁钢镶嵌在扶手的底部，并用木螺钉连接，栏杆则焊接在扁钢上。

　　（四）楼梯踏步、扶手、栏板（栏杆）详图

　　楼梯节点如踏步、栏杆、扶手、防滑条等详图一般用较大的比例更清晰地表明

教学课件
楼梯踏步扶手
栏杆详图

微课扫一扫
楼梯踏步扶手
栏杆详图

教学课件
楼梯平面图的
绘制

微课扫一扫
楼梯平面图的
绘制

其尺寸、材料和构造做法。因此，在楼梯剖面详图中的相应位置需要标注详图索引符号。

　　楼梯段简称梯段，也称梯跑，是联系两个不同标高的平台或楼面的倾斜构件，一般做出踏步，楼梯踏步由水平踏面和垂直踢面组成。踏步详图表明踏步截面形状及大小、材料与面层做法。但有时为了增加踏面宽度，踢面也可以做成斜面，如图23-9所示。

　　由于踏面边沿磨损较大，容易使行人滑倒，故常在踏步平面边沿部位设置一条或两条防滑条。

　　为了上下行人安全在靠梯段和平台悬空一侧设置栏杆或栏板，上面做扶手，如图23-8所示。

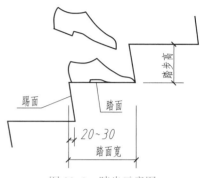

图23-9　踏步示意图

三、楼梯详图的画法

1. 楼梯平面图

　　（1）画出轴线和梯段起止线。根据楼梯间的开间和进深尺寸画出定位轴线，如图23-10a所示。

　　（2）画出墙身，并在梯段起止线内分格，画出踏步和折断线。楼梯平台宽度、梯段长度、梯段宽度。再根据踏步级数 n 在楼梯段上用等分两平行线间距离的方法画出踏步面数等于 $n-1$，然后画出墙厚及门窗洞，如图23-10b所示。

　　（3）画出细部和图例、尺寸、符号，以及图名横线等，并根据图线层次依次加深图线，再标注标高、尺寸数字、轴线编号、楼梯上下方向指示线和箭头，如图23-10c所示。

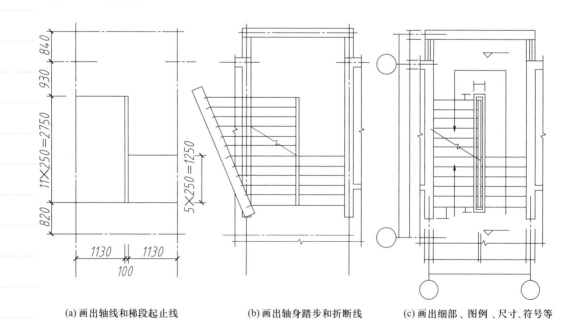

(a) 画出轴线和梯段起止线　　　(b) 画出轴身踏步和折断线　　　(c) 画出细部、图例、尺寸、符号等

图23-10　楼梯平面图画图步骤

2. 楼梯剖面图

（1）先画出外墙定位轴线及墙身，再根据标高画出室内外地面线、各层楼面、楼梯休息平台的位置线（图 23-11a）。

（2）根据梯段的长度 L、平台宽度 a、踏步数 n，定出楼梯梯段的位置。再根据等分两平行线距离的方法画出踏步的位置（图 23-11b）。

（3）画门、窗、梁、板、台阶、雨篷、栏杆、扶手等细部（图 23-11c）。

（4）加深图线并标注尺寸、标高、轴线编号等。

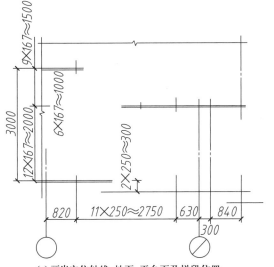

(a) 画出定位轴线、地面、平台面及梯段位置

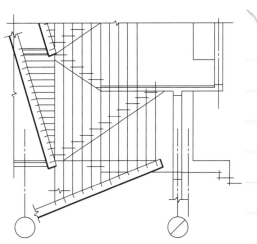

(b) 定各梯段的高、宽、画梁、板、墙身等轮廓线

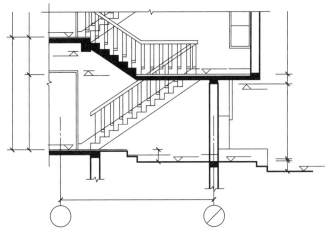

(c) 画出细部和图例，标注尺寸、编号等，上墨、描深

图 23-11　楼梯剖面图画图步骤

四、其他建筑详图示例

1. 室外台阶节点剖面详图

图 23-12 是从"建施 21-3"（图 21-3 所示的①~⑦立面图）中索引过来的节

点剖面详图。从图 21-3 中可以看出,它是在底层东边住户进门的台阶处剖切后,向左投射所得的剖面图,在图 23-12 中清晰地表明了进门台阶和平台的构造、尺寸与做法。

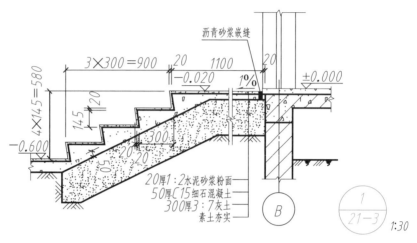

图 23-12　室外台阶节点剖面详图

2. 门窗详图简介

门窗的种类繁多,门窗详图一般用立面图表示门、窗的外形尺寸、开启方向,并标注出节点剖面详图或断面图的索引符号,用较大比例的节点剖面详图或断面图,表示门、窗的断面、用料、安装位置、门窗扇与门窗框的连接关系等,也常常列出门窗五金材料表和有关文字说明,表明门窗上所用的小五金,如铰链、拉手、窗钩、门锁等的规格、数量和对门窗加工提出的具体要求。

目前,一般的门窗通常都是由门窗加工厂制作,然后运往工地安装,因而常常都按标准图集或通用图集进行设计或选型,注明所选用的标准图集或通用图集的名称以及门窗的型号,不必再画出门窗详图,或者仅画出表示门窗的外形尺寸和开启方向的立面图即可,如需进一步了解它们的构造,则可查阅相关图集。

▪ 训练实例 ▪

实例　如图 23-13 所示,读阳台详图。

【实例分析】

阳台详图通常包括立面图、平面图、剖面图、栏杆与扶手栏板的连接图和晒衣架构件图等。绘制这些详图时,立面图与平面图可用稍小的相同比例,剖面图用稍大的比例,而栏杆与扶手栏板的连接图和晒衣架构件图则宜用更大的比例,如图 23-13 中所示的那样。在图 23-13 中,由于用图中所示的图样已能表达这个阳台,所以省略了立面图。

微课扫一扫
其他建筑详
图—阳台详图

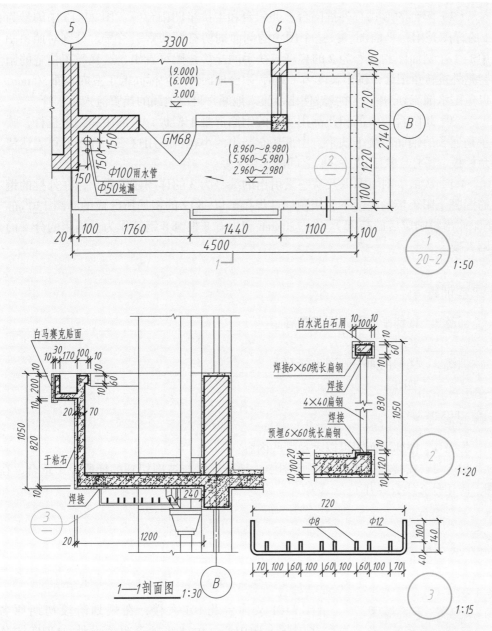

图 23-13 阳台详图

【读图步骤】

（1）图 23-13 是从"建施 -20-2"（图 20-2 所示的二层平面图）中索引的阳台详图。从图中阳台和卧室内楼面的标高可见，这个阳台详图是二、三、四层阳台共用的，当阳台面标高为 2.960～2.980 和楼面的标高为 3.000 m 时，是二层阳台的详图；若阳台面标高为 5.960～5.980 或 8.960～8.980 和楼面标高为 6.000 m 或 9.000 m 时，则就是三层阳台或四层阳台的详图。

（2）阳台的形式有外挑阳台、凹阳台和半挑半凹阳台等。图 23-13 中编号为 1 的详图是阳台平面图，按这个图中的剖面剖切符号和索引符号，分别对照该图中的 1-1 剖面图和编号为 2 的栏杆与扶手的连接详图可看出，这幢教工住宅的阳台是外挑转角阳台，挑出长度为 1.2 m，阳台地面的平均标高低于室内地面 30 mm，以免雨水倒流到房间，并找坡使雨水流入地漏，再由地漏的接管流入雨水管。

（3）此阳台的中部和西部用实心的钢筋混凝土栏板，东部用扁钢做栏杆，扶手是通长的钢筋混凝土扶手，中部还有凸出的小花台。用这三个详图就可表达清楚栏板、栏杆、扶手以及它们之间的连接关系。

（4）从 1-1 剖面图以及从它索引出的编号为 3 的详图还可看出，在外挑的钢筋混凝土阳台板的底面下，用预埋件焊接了以 φ12 的钢筋所弯成的净高 130 mm（即伸出粉刷层后的高度）、宽 720 mm 和焊有 8 根 φ8 钢筋作为分隔用的分叉的晒衣架。

■ 课堂训练 ■

　　训练 1　楼梯平面图画图步骤有＿＿＿＿＿＿、＿＿＿＿＿＿、＿＿＿＿＿＿、＿＿＿＿＿＿四步。

　　训练 2　楼梯剖面图画图步骤有＿＿＿＿＿＿、＿＿＿＿＿＿、＿＿＿＿＿＿、＿＿＿＿＿＿四步。

■ 学习思考 ■

　　思考 1　楼梯平面图可以表示哪些内容？

　　思考 2　在楼梯的中间层平面图中，部分梯段与被剖切到的梯段投影重合，在图上应用什么线分界开。

▌建筑故事

钢筋混凝土结构的一块瑰宝——台北 101

　　台北 101 又称台北 101 大楼，在规划阶段初期原名为台北国际金融中心，由建筑师李祖原设计，KTRT 团队建造。

　　台北 101 外形酷似"竹笋"，体现了中国传统文化中对竹子的喜爱与崇尚。这幢摩天大楼位于我国台湾台北市信义区，为钢筋混凝土结构形式，采用新式的"巨型结构"，楼高 508 m，地上 101 层，地下 5 层。在 1999 年 7 月开工，于 2003 年 10 月 17 日竣工，占地面积 30 278 m²，建筑面积 289 500 m²。

在防震措施方面，台北 101 采用新式的"巨型结构"，在大楼的四个外侧各有两根巨柱，共八根巨柱，每根截面约 3 m 长、2.4 m 宽，自地下 5 楼贯通至地上 90 楼，柱内灌入高密度混凝土，外以钢板包覆。同时，为减少因高空强风及台风吹拂造成的摇晃，台北 101 设置了"调和质块阻尼器"，是在 88~92 楼层挂置一个重达 680 t 的巨大钢球，利用摆动来减小建筑物的晃幅。据台北 101 告示牌所言，这也是全世界唯一开放游客观赏的巨型阻尼器，更是目前全球最大的阻尼器。

课程思政知识点：培养学生爱国精神和民族自豪感，让学生认识到台湾是中国领土不可分割的一部分，两岸同胞是血脉相连的命运共同体，台湾回归祖国，中国走向统一是历史发展的必然。

模块 8

房屋结构施工图

项目 24　房屋结构施工图的基本知识

项目目标

思政目标：通过学习典型人物、典型事件，强化学生社会主义核心价值观
教育。

知识目标：熟悉结构施工图的一般规定，掌握钢筋混凝土构件基本知识及
钢筋基本知识。

能力目标：能识读标注常用构件，能识读与绘制图样中的钢筋。

素质目标：培养学生的道德文化素养。

任务　房屋结构施工图的一般规定

■ 任务引入与分析 ■

在房屋设计中，除了进行建筑设计，绘出建筑施工图外，还需进行结构设计，
绘制出结构施工图。结构设计是根据建筑各方面的要求，进行承重结构选型和结构
构件的布置，经过结构设计计算，确定建筑物各承重构件的形状、尺寸、材料以及
内部构造和施工要求等。房屋结构施工图是开挖基槽，支撑模板，绑扎钢筋，浇灌
混凝土，安装梁、柱、板等构件，以及编制施工组织设计等的重要技术依据，为了

能正确绘制结构施工图，本任务学习结构施工图的知识。

教学课件
房屋结构施工
图概述

微课扫一扫
结构施工图
概述

■ 相关知识 ■

一、概述

在一栋建筑物中，门、窗、阳台等称为建筑配件，梁、柱、板、墙、基础等属于结构构件，建筑物由这两大部分组成。结构构件的作用是承受重力和传递荷载。荷载作用在楼板上，然后楼板将荷载再传递给墙或梁，再由梁传给柱，由柱或者墙传递给基础，最后由基础传递给地基。这些主要承重构件互相支承，按一定的构造和连接方式连成整体，构成建筑物的承重结构体系，称为建筑结构。将结构设计的结果绘制成施工图即为结构施工图，简称结施。

1. 建筑结构形式

按结构可分为：砖混结构、框架结构、剪力墙结构、框架剪力墙结构及筒体结构等。

按建筑材料可分为：木结构、混凝土结构、钢筋混凝土结构、钢结构及由两种或两种以上材料构成的组合结构等。不同材料的建筑结构，结构施工图在表达方法上有各自的图示特点。

2. 结构施工图主要内容

（1）结构设计说明。根据工程的复杂程度，其内容有多有少，一般有五个方面内容：主要设计依据，自然条件，施工要求和施工注意事项，对材料的质量要求，合理使用年限。

阅读结构施工图前，必须认真阅读结构设计说明。

（2）结构布置图。这是表示房屋结构中各承重构件整体布置的图样，属于全局性的图纸，如基础平面布置图、楼面结构平面布置图、屋顶结构平面布置图及节点详图等。

（3）构件详图。它是表示各个承重构件的形状、大小、材料和构造的图样，属于局部性图纸，如基础、梁、柱及墙等构件的详图。

二、结构施工图的一般规定

这里主要介绍《建筑结构制图标准》（GB/T 50105—2010）中有关内容，即制图图线、比例的选用及钢筋混凝土结构制图的一般规定。

1. 图线的选用

每个图样应根据复杂程度和比例大小，先适当选用基本线宽 b，再选用相应的线宽组。建筑结构专业制图，应按表 24-1 选择图线。

2. 比例

结构施工图绘图时根据图样的用途和被绘物体的复杂程度选择适当比例，当构件的纵、横向断面尺寸相差悬殊时，可在同一详图中的纵、横向选用不同的比例。轴线尺寸与构件尺寸也可选用不同的比例绘制，可参看表 24-2。

教学课件
房屋结构施工
图一般规定

微课扫一扫
结构施工图的
一般规定

表 24-1　结构施工图中图线规定

名称		线型	线宽	一般用途
实线	粗	——————————	b	螺栓、主钢筋线、结构平面图中的单线结构构件线、钢木支撑及系杆线、图名下横线、剖切线
	中	——————————	$0.5b$	结构平面图及详图中剖到或可见的墙身轮廓线、基础轮廓线、钢木结构轮廓线、箍筋线、板钢筋线
	细	——————————	$0.25b$	可见的钢筋混凝土构件的轮廓线、尺寸线、标注引出线、标高符号、索引符号
虚线	粗	— — — — — —	b	不可见的钢筋、螺栓线，结构平面图中的不可见的单线结构构件线及钢木支撑线
	中	— — — — — —	$0.5b$	结构平面图中的不可见构件，墙身轮廓线及钢、木构件轮廓线
	细	— — — — — —	$0.25b$	基础平面图中的管沟轮廓线、不可见的钢筋混凝土构件轮廓线
单点长画线	粗	—·——·——·—	b	柱间支撑、垂直支撑、设备基础轴线图中的中心线
	细	—·—·—·—·—	$0.25b$	定位轴线、对称线、中心线
双点长画线	粗	—··——··——··—	b	预应力钢筋线
	细	—··—··—··—	$0.25b$	原有结构轮廓线
折断线		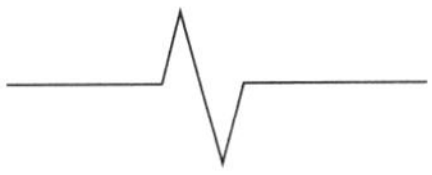 ⌇	$0.25b$	断开界线
波浪线		 〜〜〜	$0.25b$	断开界线

表 24-2　常 用 比 例

图　　名	比　　例
结构平面图	1 : 50　　1 : 100
基础平面图	1 : 150　　1 : 200
圈梁平面图	1 : 200　　1 : 500
详图	1 : 10　　1 : 20

3. 常用构件代号

结构构件种类繁多，布置复杂，为了简明扼要地表示钢筋混凝土构件，便于绘图和查阅，在结构施工图中一般用构件代号来标注构件名称。构件代号采用该构件名称的汉语拼音的第一个字母表示，代号后用阿拉伯数字标注该构件的型号或编号，也可为构件的顺序号。

《建筑结构制图标准》（GB/T 50105—2010）规定，预制钢筋混凝土构件、现浇钢筋混凝土构件、钢构件和木构件，一般可直接采用表 24-3 中的构件代号。在绘图中，当需要区别上述构件的材料种类时，可在构件代号前加注材料代号，并在图纸中加以说明。预应力混凝土构件的代号，应在构件代号前加注"Y-"，如 Y-DL，表示预应力钢筋混凝土吊车梁。

表 24-3　常用构件代号

序号	名称	代号	序号	名称	代号
1	板	B	28	屋架	WJ
2	屋面板	WB	29	托架	TJ
3	空心板	KB	30	天窗架	CJ
4	槽形板	CB	31	框架	KJ
5	折板	ZB	32	钢架	GJ
6	密肋板	MB	33	支架	ZJ
7	楼梯板	TB	34	柱	Z
8	盖板或沟盖板	GB	35	框架柱	KZ
9	挡雨板或檐口板	YB	36	构造柱	GZ
10	吊车安全走道板	DB	37	承台	CT
11	墙板	QB	38	设备基础	SJ
12	天沟板	TGB	39	桩	ZH
13	梁	L	40	挡土墙	DQ
14	屋面梁	WL	41	地沟	DG
15	吊车梁	DL	42	柱间支撑	ZC
16	单轨吊车梁	DDL	43	垂直支撑	CC
17	轨道连接	DGL	44	水平支撑	SC
18	车挡	CD	45	梯	T
19	圈梁	QL	46	雨篷	YP
20	过梁	GL	47	阳台	YT
21	连系梁	LL	48	梁垫	LD
22	基础梁	JL	49	预埋件	M
23	楼梯梁	TL	50	天窗端壁	TD
24	框架梁	KL	51	钢筋网	W
25	框支梁	KZL	52	钢筋骨架	G
26	屋面框架梁	WKL	53	基础	J
27	檩条	LT	54	暗柱	AZ

4. 结构设计总说明

每一单项工程应编写一份结构设计总说明，对多子项工程宜编写统一的结构施工图设计总说明。如为简单的小型单项工程，则结构设计总说明中的内容可分别写在基础平面图和各层结构平面图上。结构设计总说明应包括以下内容：

（1）本工程结构设计的主要依据：本工程结构设计所采用的主要标准及法规；相应的工程地质勘察报告及其主要内容（工程所在地区的地震基本烈度、建筑场地类别、地基液化判别、工程地质和水文地质概况、地基土冻胀性和融陷情况）；采用的设计荷载，包含工程所在地的风荷载和雪荷载、楼（屋）面使用荷载、其他特殊的荷载；建设方对设计提出的符合有关标准、法规与结构有关的书面要求；批准的方案设计文件。

（2）设计 ±0.000 标高所对应的绝对标高值。

（3）图纸中标高、尺寸的单位。

（4）建筑结构的安全等级和设计使用年限，混凝土结构的耐久性要求和砌体结构施工质量控制等级。

（5）建筑场地类别、地基的液化等级、建筑抗震设防类别、抗震设防烈度（设计基本地震加速度及地震分组）、钢筋混凝土结构的抗震等级和人防工程的抗力等级。

（6）简要说明有关地基概况，对不良地基的处理措施及技术要求，抗液化措施及要求，地基土的冰冻深度，地基基础的设计等级。

（7）采用的设计荷载，包含风荷载、雪荷载、楼屋面允许使用荷载、特殊部位的最大使用荷载标准值。

（8）所选用结构材料的品种、规格、性能及相应的产品标准，当为钢筋混凝土结构时，应说明受力钢筋的保护层厚度、锚固长度、搭接长度、接长方法，预应力构件的锚具种类、预留孔道做法、施工要求及锚具防腐措施等，并对某些构件或部位的材料提出特殊要求。

（9）对水池、地下室等有抗渗要求的建（构）筑物的混凝土，说明抗渗等级，需作试漏的提出具体要求，在施工期间存有上浮可能时，应提出抗浮措施。

（10）所采用的通用做法和标准构件图集，如有特殊构件需做结构性能检验时，应指出检验的方法与要求。

（11）施工中应遵循的施工规范和注意事项。

三、钢筋混凝土构件基本知识

1. 钢筋混凝土构件简介

混凝土俗称砼，是由水泥、砂子、石子和水按一定的比例拌和，再灌入定型模板，经过振捣密实和养护而凝固后坚硬如石的工程材料，这种材料受压性能好，但受拉能力差，抗拉强度约为抗压强度的 1/20 ~ 1/9，总体性能价格比优异。

混凝土结构是以混凝土材料为主，并根据需要配置和添加钢筋、钢筋网、钢骨、钢管、预应力钢筋和各种纤维形成的结构。其分类有素混凝土结构、钢筋混凝土结构、钢骨混凝土结构、钢管混凝土结构、预应力混凝土结构及纤维混凝土结构等。

教学课件
钢筋混凝土构件基本知识

微课扫一扫
钢筋混凝土构件基本知识

素混凝土结构是由无筋或不配置受力钢筋的混凝土制成的结构。混凝土材料抗压性能好，但抗拉性能差，因此素混凝土结构在工程中的使用范围有限，主要用于水利工程。

钢筋混凝土结构（又称钢筋砼）是指在混凝土结构中配置受力的钢筋、钢筋网或钢筋骨架形成的结构，在混凝土结构中最常用。它充分利用了混凝土和钢材两种材料的特性。钢材具有很高的抗拉和抗压强度，但是细长比过大使受压钢构件容易失稳，并易生锈。钢筋混凝土结构将两者结合在一起协同工作，让钢筋主要承受拉力，混凝土主要承受压力，充分发挥两种材料各自的特长，结构就能表现出良好的受力性能。

图 24-1a 是一根素混凝土梁，荷载作用在跨中，梁下部受拉。由于混凝土的抗拉性能差，在集中荷载还不大的时候，混凝土就开裂，使截面缩小；梁迅速折断，破坏时梁的变形很小，无明显预兆，属脆性破坏。图 24-1b 在梁的底部受拉区，配置受拉钢筋。配置受拉钢筋的梁受拉区会开裂，但裂缝出现后，拉力主要由钢筋承担，荷载继续增加，直至钢筋达到受拉屈服强度。钢筋屈服后，受压区混凝土被压碎，梁才破坏，破坏的梁的变形很大，有明显预兆，属延性破坏。可见，配筋不仅提高了梁的承载能力，而且也提高了梁的变形能力。

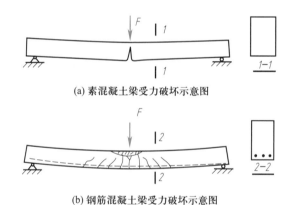

(a) 素混凝土梁受力破坏示意图

(b) 钢筋混凝土梁受力破坏示意图

图 24-1　梁受力破坏图

与砌体结构相比，钢筋混凝土结构可模性好，强度价格比合理，耐火、耐久性能好，适应灾害环境能力强，易于就地取材，节约钢材。但钢筋混凝土结构也存在一些弱点，如自重大，不利于抗震，不利于建造大跨度及高层结构。

2. 混凝土强度等级

《混凝土结构设计规范》(GB 50010—2010) 将混凝土强度等级定为 14 个等级，其中 C50 ~ C80 属高强度混凝土范围，如表 24-4 所示。

表 24-4　混凝土强度等级

强度种类	混凝土强度等级													
	一般强度混凝土							高强度混凝土						
	C15	C20	C25	C30	C35	C40	C45	C50	C55	C60	C65	C70	C75	C80

3. 混凝土结构的工程应用

钢筋混凝土结构是土木工程中应用最为广泛的一种结构形式，在房屋建筑工程、地下建筑工程、特种工程结构、道路工程、水利工程等方面发挥着重要的作用。混凝土结构除了广泛应用于一般的土木工程中外，当前还在超高、大跨、复杂结构方面发挥重要作用，例如在高层建筑方面，上海金茂大厦，88 层，建筑高度为 421 m，为正方形框筒结构，内筒墙厚 850 mm，混凝土强度为 C60，外围为钢骨混凝土柱和钢柱。

四、钢筋的基本知识

钢筋是在钢筋混凝土和预应力混凝土结构中采用的棒状或丝状钢材，是钢筋混凝土结构和预应力混凝土结构中主要用于受拉的材料。我国目前用于钢筋混凝土结构和预应力混凝土结构的钢筋主要品种有钢筋、钢丝和钢绞线。

教学课件
钢筋分类及标
注方法

微课扫一扫
钢筋分类及标
注方法

1. 钢筋的分类与作用

混凝土结构中使用的钢筋按化学成分可分为碳素钢及普通低合金钢两大类，按表面可分成光圆钢筋和带肋钢筋（表面上有人字纹或螺旋纹）。

用于钢筋混凝土结构的普通钢筋可使用热轧钢筋，用于预应力混凝土结构的预应力钢筋可使用消除应力钢丝、螺旋肋钢丝、刻痕钢丝、钢绞线，也可使用热处理钢筋。常见钢筋种类、符号等如表 24-5 所示。

表 24-5   普通钢筋种类、代号、直径范围

种类	符号	直径范围 d/mm	材料	说明
HPB300	Φ	6 ~ 22	Q237	热轧光圆钢筋 I 级
HRB335	Φ	6 ~ 50	20MnSi	热轧带肋钢筋 II 级
HRB400	Φ	6 ~ 50	20MnSiV、20MnSiNb、20MnTi	热轧带肋钢筋 III 级
RRB500	Φ	6 ~ 50	普通低碳结构钢、Ni、V、Ti	热轧带肋钢筋 IV 级

注：I 级钢筋的强度最低，II 级钢筋的强度次之，III 级钢筋的强度最高。

钢筋混凝土构件内的钢筋，在梁或板中的位置与形状，如图 24-2 所示。按照受力和作用的不同分为以下几类：

（1）受力筋（也称为纵向受力筋、主筋）。构件中承受拉应力或压应力为主的钢筋，受力筋用于梁、板、柱等多种钢筋混凝土构件中，在梁或板中，受力筋按受力方式与形状一般分为直筋与弯起钢筋。

（2）箍筋（钢箍）。用于固定受力筋的位置，保持构件的整体稳定性，同时承担构件斜截面上的剪力，多用于梁、柱构件。

（3）架立钢筋（架立筋）。用于固定梁内钢筋的位置，将受力钢筋与箍筋绑扎，形成钢筋骨架。

（4）分布钢筋（分布筋）。用于楼面板、屋面板等各种板内，与板的受力钢筋垂直布置，固定受力钢筋位置形成板的钢筋骨架，并将承受的荷载均匀传递给受力钢筋，同时承担混凝土收缩与温度变化产生的作用。

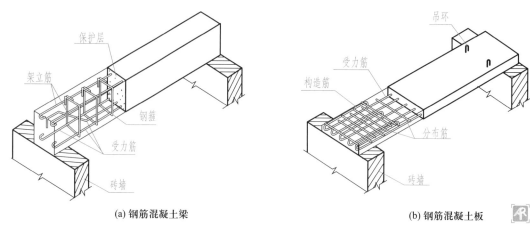

图 24-2 钢筋混凝土梁和板的钢筋位置与形状

（5）其他钢筋（构造筋）。因构造要求或安装施工需要而配置的钢筋，如腰筋、吊筋、拉接筋等。

2. 钢筋的标注方法

钢筋的标注通常有如下两种方法：

（1）3Φ22：3—钢筋的根数，Φ—钢筋符号，22—钢筋的直径（单位为 mm）。

（2）Φ10@125：Φ—钢筋符号，10—钢筋的直径，@—相等中心距符号，125—钢筋的间距（指中心距，单位为 mm）。

3. 混凝土保护层和钢筋弯钩

钢筋混凝土构件的钢筋不能外露，为了保护钢筋，防锈、防火、防腐蚀，在钢筋的外边缘与构件表面之间应有一定厚度的保护层，处于一类环境的各种构件的最小保护层厚度可参考表 24-6。

表 24-6 混凝土保护层的最小厚度

mm

环境类别	板、墙		梁、柱		基础梁（顶面和侧面）		独立基础、条形基础、筏型基础（顶面和侧面）	
	≤ C25	≥ C30	≤ C25	≥ C30	≤ C25	≥ C30	≤ C25	≥ C30
一	20	15	25	20	25	20	—	—
二 a	25	20	30	25	30	25	25	20
二 b	30	25	40	35	40	35	30	25
三 a	35	30	45	40	45	40	35	30
三 b	45	40	55	50	55	50	45	40

注：1. 表中混凝土保护层厚度指最外层钢筋外边缘至混凝土表面的距离，适用于设计使用年限为 50 年的混凝土结构。

2. 构件中受力钢筋的保护层厚度不应小于钢筋的公称直径 d。

3. 一类环境中，设计使用年限为 100 年的结构最外层钢筋的保护层厚度不应小于表中数值的 1.4 倍；二、三类环境中，设计使用年限为 100 年的结构应采取专门的有效措施。

4. 钢筋混凝土基础宜设置混凝土垫层，基础底部的钢筋的混凝土保护层厚度应从垫层顶面算起，且不应小于 40 mm；无垫层时，不应小于 70 mm。

5. 桩基承台及承台梁：承台底面钢筋的混凝土保护层厚度，当有混凝土垫层时不应小于 50 mm，无垫层时不应小于 70 mm；此外尚不应小于桩头嵌入承台内的长度。

为了使钢筋和混凝土具有良好的黏结力，在光圆钢筋两端应做成半圆形弯钩，弯钩的角度有 45°、90°、180°。箍筋在交接处也要做成 135°的弯钩。带肋钢筋与混凝土的黏结力强，两端可不做弯钩，如图 24-3 所示。

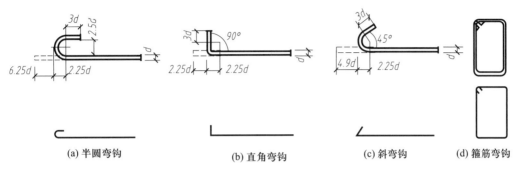

| (a) 半圆弯钩 | (b) 直角弯钩 | (c) 斜弯钩 | (d) 箍筋弯钩 |

图 24-3　钢筋弯钩的形式与画法

4. 钢筋混凝土构件的图示方法

钢筋混凝土构件图由模板图、配筋图、预埋件详图及材料用量表等组成。钢筋的一般表示方法如表 24-7 所示。

表 24-7　钢筋的一般表示方法

序号	名称	图例	说明
一 般 钢 筋			
1	钢筋横断面	●	
2	无弯钩的钢筋端部		下图表示长、短钢筋投影重叠时，短钢筋的端部用 45°斜画线表示
3	带半圆形弯钩的钢筋端部		
4	带直钩的钢筋端部		
5	无弯钩的钢筋搭接		
6	带半圆弯钩的钢筋搭接		
7	带直钩的钢筋搭接		
预应力钢筋			
8	预应力钢筋或钢绞线		
9	后张法预应力钢筋断面 无黏结预应力钢筋断面	⊕	
10	单根预应力钢筋断面	+	
钢筋网片			
11	一片钢筋网平面图	W-1	
12	一行相同的钢筋网平面图	3W-1	

5. 钢筋的画法

结构施工图中的钢筋可以按照表 24-8 所示规定的画法绘制。

表 24-8 钢 筋 画 法

序号	说　明	图　例
1	在结构平面图中配置双层钢筋时，底层钢筋的弯钩应向上或向左，顶层钢筋的弯钩向下或向右	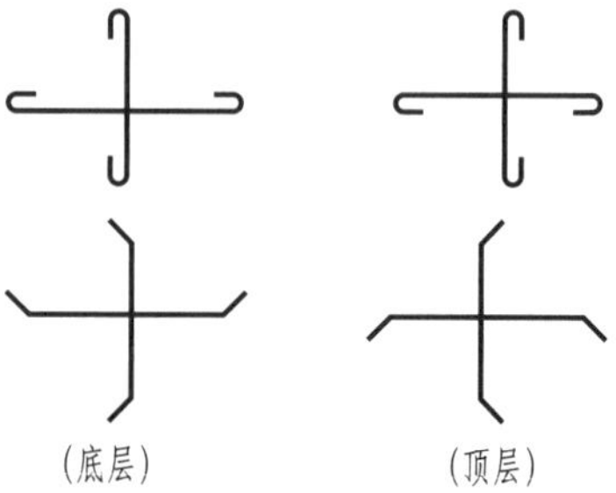 (底层)　　(顶层)
2	钢筋混凝土墙体配双层钢筋时，在配筋立面图中，远面钢筋的弯钩应向上或向左，而近面钢筋的弯钩向下或向右	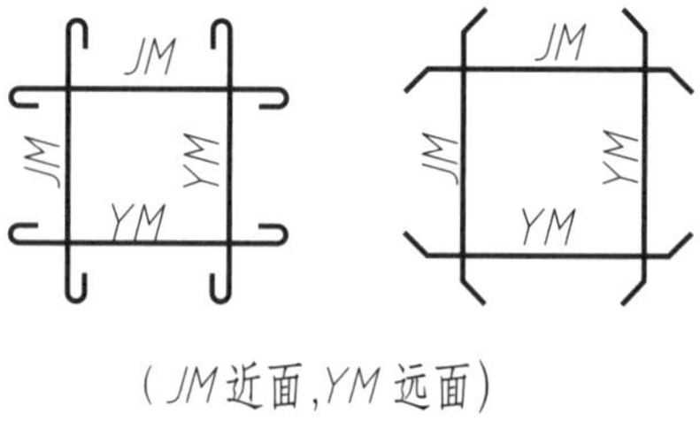 （JM 近面，YM 远面）
3	若在断面图中不能表达清楚的钢筋布置，应在断面图外增加钢筋大样图（如钢筋混凝土墙、楼梯等）	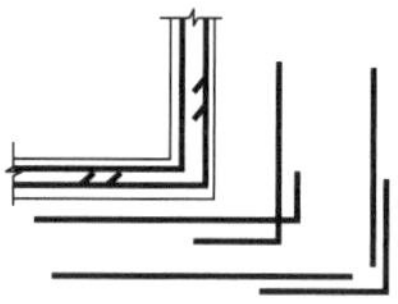
4	图中所表示的箍筋、环筋等若布置复杂时，可加画钢筋大样及说明	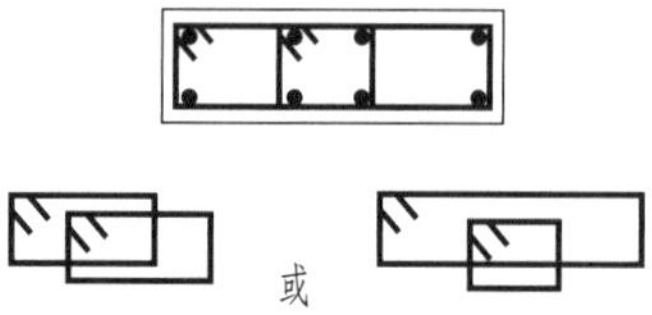 或
5	每组相同的钢筋、箍筋或环筋，可用一根粗实线表示，同时用一两端带斜短画线的横穿细线，表示其余钢筋及起止范围	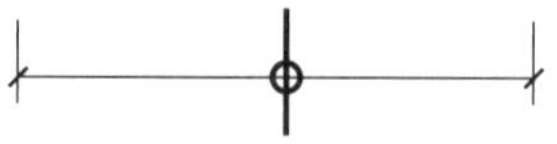

■ 课堂训练 ■

训练 1 建筑物由_____和_____两大部分组成。建筑结构按其结构形式可分为_____、_____、_____、_____、_____等。

训练 2 房屋结构施工图一般包括_____、_____和_____。

训练 3 混凝土又称_____，是一种性能价格比优异的工程材料。钢筋混凝土结构是指在混凝土结构中配置_____、_____或_____形成的结构。

■学习思考■

思考 1　什么是建筑结构？什么是结构施工图？

思考 2　什么是钢筋混凝土结构？为什么其在混凝土结构中最常用到？

思考 3　钢筋按所起的作用不同可分为哪几种形式？

思考 4　什么是配筋图？

项目 25　基　础　图

📍项目目标

思政目标：培养学生有责任、有担当的职业道德观。

知识目标：了解基础的概念及形式，掌握基础平面图、基础详图识读方法，掌握基础平法施工图的制图规则和识图方法。

能力目标：能识读绘制基础平面图、基础详图。

素质目标：培养学生创新意识与能力。

任务 25.1　基础平面图与基础详图的规定及画法

■任务引入与分析■

基础是建筑物的重要组成部分，其与地基直接相连并将建筑物所有上部荷载传至地基。在基础的施工过程中，要有相应的基础平面图，基础平面图是怎样绘制的？基础平面图的规定有哪些内容？同时，实际施工过程中会遇到基础各部分的形状、大小、材料构造及基础的埋深等情况不同，仅用平面图或文字说明无法交代清楚，那么怎样才能在施工图中将这些内容表述清楚呢？通过下面的学习来解决这些问题。

教学课件
基础的形式及
基础平面图

微课扫一扫
基础的形式及
基础平面图

■相关知识■

基础的形式很多，主要取决于建筑物上部的结构形式和地基承载力。常见的有条形基础、独立基础、筏板基础、箱型基础等，如图 25-1 所示。

(a) 条形基础

(b) 独立基础

(c) 筏板基础

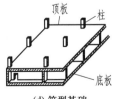

(d) 箱型基础

图：柱下独立基础

图 25-1　基础的形式

条形基础一般用于砖混结构中，即作为墙基础；独立基础、筏板基础和箱型基础多用于钢筋混凝土结构中。

基础图主要是表示建筑物在地面以下基础的平面布置、类型和详细构造的图样。基础图主要包括说明、基础平面图和基础详图三部分，是施工放线、开挖基槽和砌筑基础的依据。

一、基础平面图

1. 基础平面图的形成

假设用一个水平剖切面，在建筑物底层地面下方作一水平剖切面，将剖切面下方的构件向下作的水平投影图称为基础平面图，如图 25-2 所示。

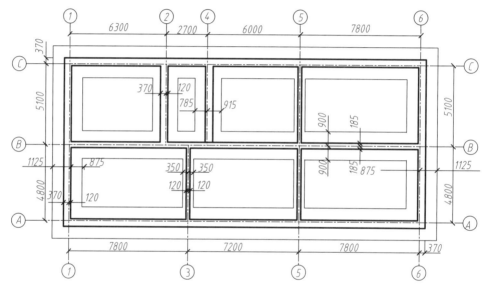

图25-2　基础平面图1∶100

2. 基础平面图的规定

（1）在基础平面图中，一般用粗实线画出基础墙、柱的轮廓线，用细实线画出基础底面的轮廓线。基础的细部轮廓图（如大放脚等）可省略不画，具体在基础详图中反映。

（2）基础平面图中采用的材料图例及比例应与建筑平面图一致。

（3）基础平面图中应标注出与建筑平面图一致的定位轴线编号和轴线尺寸。

（4）当基础墙上留有管洞时，应用虚线表示出管洞的位置，另用详图表示出管洞的具体做法及尺寸。

（5）当基础上设有基础圈梁时，应用粗单点画线表示出其中心线的位置。

3. 基础平面图的尺寸标注

基础平面图的尺寸标注分为内部尺寸和外部尺寸两部分。定位轴线的间距和总尺寸称为外部尺寸；基础平面图中各道墙的厚度、柱的断面尺寸和基础底面的宽度等尺寸称为内部尺寸。

4. 基础平面图的主要内容

（1）图名、比例。

（2）基础墙、柱的平面布置，纵横向定位轴线及轴线编号、轴线尺寸。

（3）基础梁的编码及代号。

（4）基础断面图的剖切位置及编号。

（5）施工说明（材料强度等级、特殊部位的做法、设计依据及注意事项等）。

5. 基础平面图的识读

（1）了解图名、比例。

（2）确定基础平面图中采用了哪种形式的基础；了解基础与定位轴线的相互关系及轴线间的尺寸，并明确墙体是沿轴线对称布置还是偏轴线布置。

（3）了解基础、墙、基础梁等构件的平面布置。

（4）结合文字说明，了解基础的用料及施工注意事项等内容。

6. 基础平面图的画法

基础平面图的常用比例是 1∶50、1∶100、1∶200 等，通常采用与建筑平面图相同的比例。

基础平面图的绘制步骤：

（1）根据建筑平面图，绘制出与其相一致的基础轴线网。

（2）根据基础的轴线网确定基础墙、柱、基础梁及基础底部的边线。

（3）画出其他细部结构（如设备基础等）。

（4）在断面剖切处标出断面剖切符号。

（5）标出轴线间尺寸、总尺寸及其他细部尺寸。

（6）写出文字说明。

二、基础详图

1. 概述

以条形基础为例，介绍基础的组成，如图 25-3 所示。

教学课件
基础详图概述、
形成、规定

微课扫一扫
基础详图概述、
形成、规定

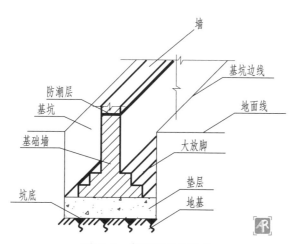

图25-3　条形基础的组成

地基：位于基础下部的承受基础传来的全部建筑物荷载的土层或岩层。

垫层：将基础传来的荷载均匀地传递给地基的结合层。

大放脚：基础的扩大部分，主要目的是将上部结构传来的荷载分散后传递给垫层及地基，从而降低地基单位面积上所承受的压力。

基础墙：建筑中把地面以下即 ±0.000 以下的墙称为基础墙。

基础圈梁：基础圈梁就是地圈梁，是设在 ±0.000 以下的承重墙中连续闭合的梁，主要起到承重和抗弯的作用。基础梁截面、配筋按构造要求确定，其截面高度一般建议取 1/6～1/4 跨距。

防潮层：一般砖墙的防潮层设置在 –0.06 m 标高位置，主要是由添加防水剂的水泥砂浆层构成，目的是为了防止地面以下土壤中的水分进入砖墙。

基坑：为基础施工而在地面开挖的土坑。

2. 基础详图的形成

在基础的某一处用某一平面沿垂直于基础轴线的方向把基础剖开所得到的断面图称为基础详图。基础详图实质上是基础断面图的放大图，如图 25-4 所示。

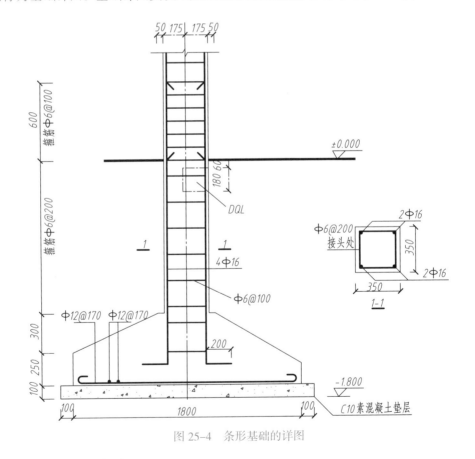

图 25-4 条形基础的详图

3. 基础详图的规定

（1）基础断面形状的细部构造（如垫层、砖基础的大放脚、钢筋混凝土基础的杯口等）按正投影法绘制。

（2）钢筋混凝土独立基础，除了要画出基础断面图外，还要画出基础的平面图，并在平面图中采用局部剖面的方式表达底板配筋。

（3）基础详图的轮廓线用中实线表示，钢筋用粗实线表示。

4. 基础详图的尺寸标注

基础图中要标出基础底标高和基础梁、基础圈梁顶标高。基础底标高表示基础最浅时的标高，即基础最浅时需要满足的标高。

5. 基础详图的主要内容

（1）图名、比例。

（2）基础断面图的轴线、编号，若该图为通用图，则不用给出轴线编号。

（3）基础由下至上依次为垫层、基础、基础圈梁、墙体，基础断面图中要体现出各个部分的形状、材料、大小、配筋。

（4）基础断面图的宽度与轴线间的详细尺寸及室内外地面、基础底面的标高。

（5）基础断面图中要表明防潮层的做法与位置。

（6）施工说明及具体要求。

6. 基础详图的识读

（1）图名、比例。

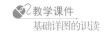

（2）确定基础详图的形式。

（3）通过基础详图了解基础的组成部分、大放脚的形式、尺寸及其他各个部分的尺寸。

（4）通过图上的标高，了解建筑物的室内外高差、基础埋深、基础防潮层的位置。

（5）了解基础内部及大放脚的配筋情况，区分受力筋与分布筋。

（6）通过基础详图，查到管沟、孔洞的位置、大小及具体做法。

（7）了解基础所用材料及对材料的具体要求。

7. 基础详图的画法

基础详图通常采用 1∶10、1∶20、1∶50 等较大比例画出基础局部的构造图。基础详图的绘制步骤：

（1）定出基础的轴线位置。

（2）用中实线画出基础、基础圈梁的轮廓线，用粗实线画出基础砖墙及钢筋。

（3）基础墙断面应画出砖的材料图例，钢筋混凝土基础为了明确地表示出钢筋的位置，不用画出材料图例，只用文字标明即可。

（4）详细标注出各部分的尺寸及室内外、基础底面的标高等，当图线与标注数字重叠时，应断开图线。

基础的配筋情况主要按照上部结构和荷载设计，基础的配筋内容有钢筋笼长度、锚固长度、主筋大小、主筋数量、箍筋大小间距、加强筋大小间距、箍筋加密区长度等。如图 25-5 所示，为钢筋混凝土条形基础，图中编号①~⑤的钢筋为基础的配筋。其中，编号为②的ϕ6 的钢筋为分布筋，①、④为受力筋。

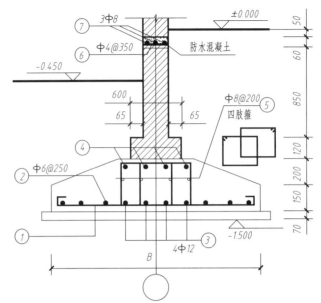

基础配筋 | 基础梁配筋

基础编号	基础宽B	受力筋①	基础梁编号	梁长L	受力筋④
J1	1200	Φ10@150	JL1	2100	4Φ16
J2	1000	Φ10@160	JL2	4200	4Φ20
J3	1500	Φ12@120			
J4	1400	Φ12@150			
J5	800	素混凝土			
J6	650	素混凝土			

基础及基础梁详图

图 25-5 基础详图

■ 训练实例 ■

实例1 阅读图 25-6 并填空。

1. 基础平面图中，墙下基础为_____基础；涂黑的断面为_____。

2. 粗实线表示_____，细实线表示_____，点画线表示_____。

解答：

1. 基础平面图中，墙下基础为<u>条形</u>基础；涂黑的断面为<u>柱子</u>。

2. 粗实线表示<u>墙体</u>，细实线表示<u>基础开挖线</u>，点画线表示<u>墙体中心线</u>。

实例2 阅读图 25-7 并填空。

1. 本条形基础是由_____砌筑的，基础墙的宽度是_____。

2. 基础圈梁的配筋为_____，基础底面的标高为_____，基础的埋置深度是_____。

解答：

1. 本条形基础是由<u>砖块</u>砌筑的，基础墙的宽度是 <u>370 mm</u>。

2. 基础圈梁的配筋为 <u>4φ12</u>，基础底面的标高为 <u>−1.300 m</u>，基础的埋置深度是 <u>1.4 m</u>。

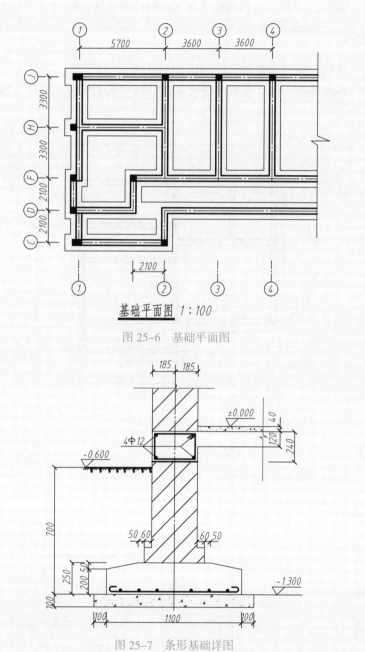

基础平面图 1：100

图 25−6 基础平面图

图 25−7 条形基础详图

▪ 课堂训练 ▪

训练 1 读图 25−8 并填空。

1. 图中基础墙的宽度为_____mm，基础基坑的宽度为_____mm。

2. 图中涂黑的部分在基础平面图中表示_____。

3. 在平面图上注写定位轴线的编号。

4. 补全所缺尺寸。

训练 2　如图 25-9 所示，根据给出的基础轴线图及基础剖面图，完成基础平面图。

■学习思考■

思考 1　基础平面图与基础详图的区别是什么?

思考 2　条形基础、独立基础、筏板基础、箱型基础等分别在什么情况下使用?

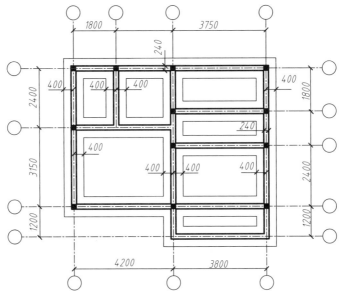

图 25-8　基础平面图

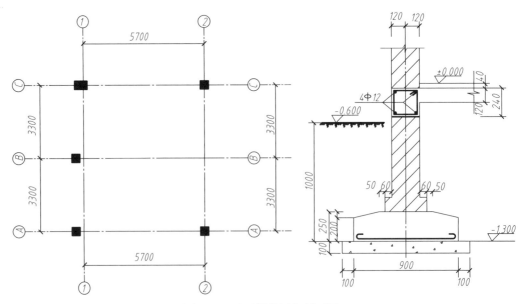

图 25-9　基础轴线图与剖面图．

任务 25.2　独立基础平法施工图制图规则及识读

■ 任务引入与分析 ■

目前，建筑工程行业的基础施工图纸基本全部按照平法注写的方式进行绘图、识图和施工，因此基础平法施工图的制图规则和构造识读，在工程的设计、绘图、识图和施工中意义重大，涉及整个建筑结构的稳定与使用对象的安全。独立基础相关构造的平法施工图设计，系在基础平面布置图上采用直接引注方式表达。下面我们将学习这种注写方式的相关知识。

■ 相关知识 ■

独立基础平法施工图的表示方法有平面注写和截面注写两种。平面注写主要包括集中标注和原位标注；截面注写又可分为截面标注和列表注写两种表达方式。读图时当集中注写与原位注写不一致时，原位注写取值在先。为方便设计表达和施工识图，规定结构平面的坐标方向为：当两向轴网正交布置时，图面从左至右为 X 向，从下至上为 Y 向；当轴网转折时，局部坐标方向顺轴网转折角度做相应转折；当轴网向心布置时，切向为 X 向，径向为 Y 向。

一、独立基础平法施工图制图基本规则

1. 独立基础平法施工图的表示方法

当绘制独立基础平面布置图时，应将独立基础平面与基础所支承的柱一起绘制。当设置基础连系梁时，可根据图面的疏密情况，将基础连系梁与基础平面布置图一起绘制，或将基础连系梁布置图单独绘制。

在独立基础平面布置图上应标注基础定位尺寸；当独立基础的柱中心线或杯口中心线与建筑轴线不重合时，应标注其定位尺寸。编号相同且定位尺寸相同的基础，可仅选择一个进行标注。

2. 独立基础编号

各种独立基础按表 25-1 规定编号。

表 25-1　独立基础编号

类型	基础底板截面形状	代号	序号
普通独立基础	阶形	DJ_J	××
	坡形	DJ_P	××
杯口独立基础	阶形	BJ_J	××
	坡形	BJ_P	××

二、独立基础的平面注写方式

（一）集中标注

普通独立基础和杯口独立基础的集中标注，系在基础平面图上集中引注：基础

编号、截面竖向尺寸、配筋三项必注内容，以及基础底面标高（与基础底面基准标高不同时）和必要的文字注解两项选注内容。

素混凝土普通独立基础的集中标注，除无基础配筋内容外均与钢筋混凝土普通独立基础相同。

独立基础集中标注的具体内容规定如下：

1. 基础编号

阶形截面编号加下标"J"，如 $DJ_J \times \times$、$BJ_J \times \times$；坡形截面编号加下标"P"，如 $DJ_P \times \times$、$BJ_P \times \times$。

2. 截面竖向尺寸

下面按普通独立基础和杯口独立基础分别进行说明。

（1）普通独立基础，注写 $h_1/h_2\cdots$

① 当基础为阶形截面时，注写方式见图 25-10。

[例 25-1] 当阶形截面普通独立基础 $DJ_J \times \times$ 的竖向尺寸注写为 400/300/300 时，表示 h_1=400，h_2=300，h_3=300，基础底板总高度为 1 000。

上例为三阶，当为更多阶时，各阶尺寸自下而上用"/"分隔顺写。

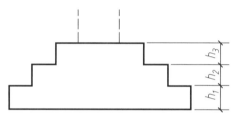

图 25-10　阶形截面普通独立基础竖向尺寸

当基础为单阶时，其竖向尺寸仅有一个，即为基础总高度，注写方式见图 25-11。

② 当基础为坡形截面时，注写为 h_1/h_2，如图 25-12 所示。

图 25-11　单阶普通独立基础竖向尺寸

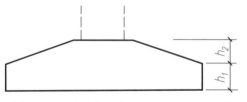

图 25-12　坡形截面普通独立基础竖向尺寸

[例 25-2] 当坡形截面普通独立基础 $DJ_P \times \times$ 的竖向尺寸注写为 350/300 时，表示 h_1=350，h_2=300，基础底板总高度为 650。

（2）杯口独立基础，注写 $h_1/h_2\cdots$

① 当基础为阶形截面时，其竖向尺寸分两组，一组表达杯口内，另一组表达杯口外，两组尺寸以","分隔，注写为：a_0/a_1，$h_1/h_2\cdots$其含义见图 25-13、图 25-14，其中杯口深度 a_0 为柱插入杯口的尺寸加 50。

② 当基础为坡形截面时，注写为：a_0/a_1，$h_1/h_2/h_3\cdots$其含义见图 25-15、图 25-16。

3. 独立基础配筋

（1）注写独立基础底板配筋。普通独立基础和杯口独立基础的底部双向配筋注写规定如下：

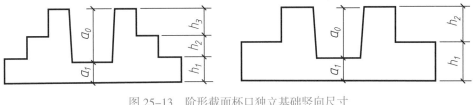

图 25-13 阶形截面杯口独立基础竖向尺寸

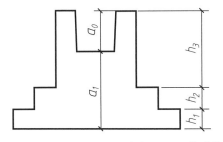
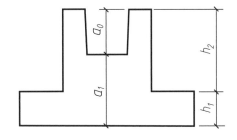

图 25-14 阶形截面高杯口独立基础竖向尺寸

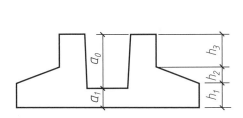
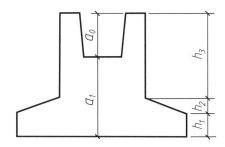

图 25-15 坡形截面杯口独立基础竖向尺寸　　图 25-16 坡形截面高杯口独立基础竖向尺寸

① 以 B 代表各种独立基础底板的底部配筋。

② X 向配筋以 X 打头，Y 向配筋以 Y 打头注写；当两向配筋相同时，则以 X&Y 打头注写。

［例 25-3］当独立基础底板配筋标注为：B: X Φ16@150，Y Φ16@200，表示基础底板底部配置 HRB400 级钢筋，X 向钢筋直径为 16，间距 150，Y 向钢筋直径为 16，间距 200，如图 25-17 所示。

（2）注写杯口独立基础顶部焊接钢筋网。以 Sn 打头引注杯口顶部焊接钢筋网的各边钢筋。

［例 25-4］当杯口独立基础顶部钢筋网标注为：Sn 2Φ14，表示杯口顶部每边配置 2 根 HRB400 级直径为 14 的焊接钢筋网，如图 25-18（本图只表示钢筋网）所示。

［例 25-5］当双杯口独立基础顶部钢筋网标注为：Sn2Φ16，表示杯口每边和双

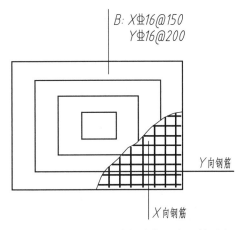

图 25-17 独立基础底板底部双向配筋示意

杯口中间杯壁的顶部均配置 2 根 HRB400 级直径为 16 的焊接钢筋网，如图 25-19 所示。

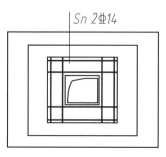

图 25-18　单杯口独立基础顶部
焊接钢筋网示意

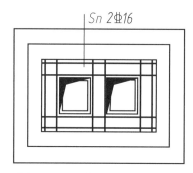

图 25-19　双杯口独立基础顶部
焊接钢筋网示意

（3）注写高杯口独立基础的短柱配筋（也适用于杯口独立基础杯壁有配筋的情况）。具体注写规定如下：

以 O 代表短柱配筋，先注写短柱纵筋，再注写箍筋，注写为：角筋 / 长边中部筋 / 短边中部筋，箍筋（两种间距）；当短柱水平截面为正方形时，注写为：角筋 /x 边中部筋 /y 边中部筋，箍筋（两种间距，短柱杯口壁内箍筋间距 / 短柱其他部位箍筋间距）。

[例 25-6] 当高杯口独立基础的短柱配筋标注为：O：$\Phi20/\Phi16@220/\Phi6@200$，$\phi10@150/300$，表示高杯口独立基础的短柱配置 HRB400 级竖向纵筋和 HPB300 级箍筋。其竖向纵筋为：$4\Phi20$ 角筋、$\Phi16@220$ 长边中部筋和 $\Phi16@200$ 短边中部筋；其箍筋直径为 10，短柱杯口壁内间距 150，短柱其他部位间距 300，如图 25-20（本图只表示基础短柱纵筋与矩形箍筋）所示。

（4）注写普通独立基础带短柱竖向尺寸及钢筋。当独立基础埋深较大，设置短柱时，短柱配筋应注写在独立基础中。具体注写规定如下：

以 DZ 代表普通独立基础短柱，先注写短柱纵筋，再注写箍筋，最后注写短柱标高范围，注写为：角筋 / 长边中部筋 / 短边中部筋，箍筋，短柱标高范围；当短柱水平截面为正方形时，注写为：角筋 /x 边中部筋 /y 边中部筋，箍筋，短柱标高范围。

[例 25-7] 当短柱配筋标注为：DZ：$4\Phi20/5\Phi18/5\Phi18$，$\phi10@100$，-2.500 ~ -0.050，表示独立基础的短柱设置在 -2.500 ~ -0.050 高度范围内，配置 HRB400 级竖向纵筋和 HPB300 级箍筋。其竖向纵筋为：$4\Phi20$ 角筋、$5\Phi18x$ 边中部筋和 $5\Phi18y$ 边中部筋；箍筋直径为 10，间距 100，如图 25-21 所示。

4. 注写基础底面标高（选注内容）

当独立基础的底面标高与基础底面基准标高不同时，应将独立基础底面标高直接注写在"（ ）"内。

5. 必要的文字注解（选注内容）

当独立基础的设计有特殊要求时，宜增加必要的文字注解。例如，基础底板配筋长度是否采用减短方式等，可在该项内注明。

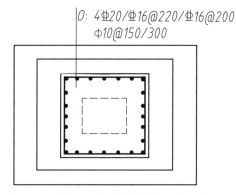

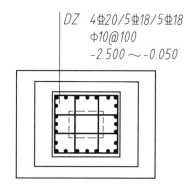

图 25-20　高杯口独立基础短柱配筋示意　　图 25-21　独立基础短柱配筋示意

（二）原位标注

钢筋混凝土和素混凝土独立基础的原位标注，是在基础平面布置图上标注独立基础的平面尺寸。对相同编号的基础，可选择一个进行原位标注；当平面图形较小时，可将所选定进行原位标注的基础按比例适当放大；其他相同编号者仅注编号。原位标注的具体内容规定如下：

1. 普通独立基础

原位标注 x、y，x_c、y_c（或圆柱直径 d_c），x_i、y_i，$i=1$，2，…其中，x、y 为普通独立基础两向边长，x_c、y_c 为柱截面尺寸，x_i、y_i 为阶宽或坡形平面尺寸（当设置短柱时，尚应标注短柱的截面尺寸）。

对称阶形截面普通独立基础的原位标注，见图 25-22；非对称阶形截面普通独立基础的原位标注，见图 25-23；带短柱独立基础的原位标注，见图 25-24。

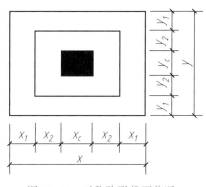

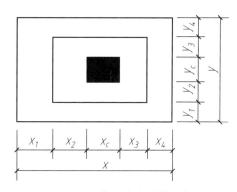

图 25-22　对称阶形截面普通　　　　图 25-23　非对称阶形截面普通
独立基础原位标注　　　　　　　独立基础原位标注

对称坡形截面普通独立基础的原位标注，见图 25-25；非对称坡形截面普通独立基础的原位标注，见图 25-26。

2. 杯口独立基础

原位标注 x、y，x_u、y_u，t_i，x_i、y_i，$i=1$，2，…其中，x、y 为杯口独立基础两向边长，x_u、y_u 为杯口上口尺于，t_i 为环壁上口厚度，下口厚度为 t_i+25，x_i、y_i 为阶宽或坡形截面尺寸。

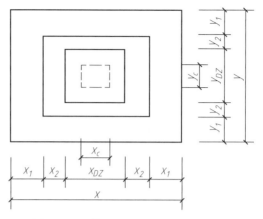

图 25-24　带短柱独立基础的原位标注

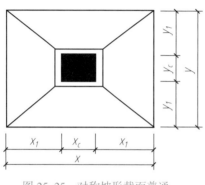

图 25-25　对称坡形截面普通
独立基础原位标注

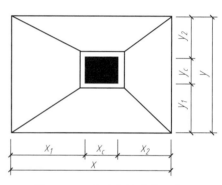

图 25-26　非对称坡形截面普通
独立基础原位标注

杯口上口尺寸 x_u、y_u，按柱截面边长两侧双向各加 75；杯口下口尺寸按标准构造详图（为插入杯口的相应柱截面边长尺寸，每边各加 50），设计不注。

阶形截面杯口独立基础的原位标注，见图 25-27。高杯口独立基础原位标注与杯口独立基础完全相同。

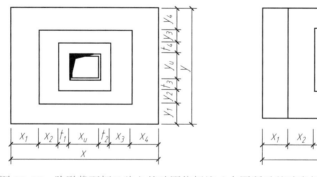

图 25-27　阶形截面杯口独立基础原位标注（本图所示基础底板的一边比其他三边多一阶）

（三）独立基础采用平面注写方式的集中标注和原位标注综合设计表达示意

普通独立基础采用平面注写方式的集中标注和原位标注综合设计表达示意，见图 25-28。

带短柱普通独立基础采用平面注写方式的集中标注和原位标注综合设计表达示意，见图 25-29。

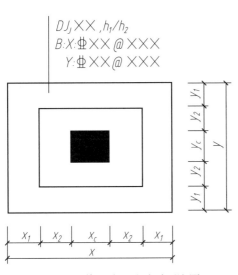

图 25-28　普通独立基础平面注写
方式设计表达示意

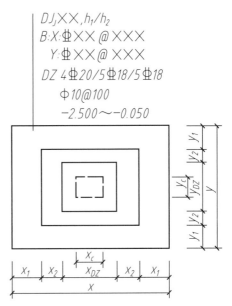

图 25-29　带短柱普通独立基础平面注写
方式设计表达示意

杯口独立基础采用平面注写方式的集中标注和原位标注综合设计表达示意，见图 25-30。

三、独立基础的截面注写方式

独立基础的截面注写方式，又可分为截面注写和列表注写（结合截面示意图）两种方式。采用截面注写方式，应在基础平面布置图上对所有基础进行编号。

1. 截面注写

对单个基础进行截面标注的内容和形式，与传统"单构件正投影表示方法"基本相同。对于已在基础平面布置图上原位标注清楚的该基础的平面几何尺寸，在截面图上可不再重复表达，具体表达内容可参照 16G101-3 图集中相应的标准构造。

2. 列表注写

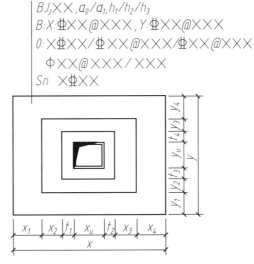

图 25-30　杯口独立基础平面注写
方式设计表达示意

对多个同类基础，可采用列表注写（结合截面示意图）的方式进行集中表达。表中内容为基础截面的几何数据和配筋等，在截面示意图上应标注与表中栏目相对应的代号。列表的具体内容规定如下：

（1）普通独立基础。普通独立基础列表集中注写栏目为：

① 编号：阶形截面编号为 $DJ_J××$，坡形截面编号为 $DJ_P××$。

② 几何尺寸：水平尺寸 x、y，x_c、y_c（或圆柱直径 d_c），x_i、y_i，$i=1$，2，…竖向尺寸 h_1/h_2…

③ 配筋，B：X：$\Phi××@×××$，Y：$\Phi××@×××$。

普通独立基础列表格式见表 25–2。

表 25–2　普通独立基础几何尺寸和配筋表

基础编号 / 截面号	截面几何尺寸				底部配筋（B）	
	x、y	x_c、y_c	x_i、y_i	h_1/h_2…	X 向	Y 向

注：表中可根据实际情况增加栏目。例如：当基础底面标高与基础底面基准标高不同时，加注基础底面标高；当为双柱独立基础时，加注基础顶部配筋或基础梁几何尺寸和配筋；当设置短柱时，增加短柱尺寸及配筋等。

（2）杯口独立基础。杯口独立基础列表集中注写栏目为：

① 编号：阶形截面编号为 $BJ_J××$，坡形截面编号为 $BJ_P××$。

② 几何尺寸：水平尺寸 x、y，x_u、y_u，t_i，x_i、y_i，$i=1$，2，…竖向尺寸 a_0/a_1，$h_1/h_2/h_3$…

③ 配筋：

B：X：$\Phi××@×××$，Y：$\Phi××@×××$，$Sn×\Phi××$

O：$×\Phi××/\Phi××@×××/\Phi××@×××$，$\phi××@×××/×××$

杯口独立基础列表格式见表 25–3。

表 25–3　杯口独立基础几何尺寸和配筋表

基础编号 / 截面号	截面几何尺寸				底部配筋（B）		杯口顶部钢筋网 Sn	短柱配筋（O）	
	x、y	x_c、y_c	x_i、y_i	a_0/a_1，$h_1/h_2/h_3$…	X 向	Y 向		角筋 / 长边中部筋 / 短边中部筋	杯口壁箍筋 / 其他部位箍筋

■ 训练实例 ■

实例　有一办公楼基础平法施工图如图 25–31 所示，请说明 DJ_P05 中所注写内容的全部含义。

【实例分析】

根据独立基础平法施工图制图规则，DJ_P05 中所注写内容的含义是：表示 5 号坡形独立基础，基础底板厚 300，坡高 400，基础底板尺寸为 3900×3900，基础底板配置的钢筋 X 向和 Y 向均为 $\Phi14@110$，底板上部未配置钢筋。

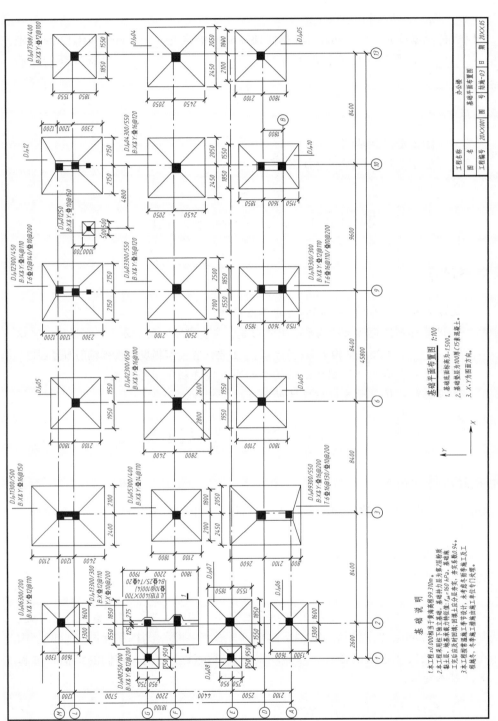

图 25-31 某办公楼基础平面布置图

■ 课堂训练 ■

训练　识读图 25–31，填写下列空白

DJ$_p$09 底板厚度是_____mm，该双柱独立基础坡高是_____mm。DJ$_p$12 的基础尺寸是_____，其中基础底板的配筋是_____，基础顶部的配筋是_____。

■ 学习思考 ■

思考 1　什么是独立基础？
思考 2　独立基础底板配筋是什么样子的？

项目 26　楼层结构平面图

📍 项目目标

思政目标：培养学生开拓创新的工匠精神。
知识目标：熟悉楼层结构平面图的形成、主要内容、表示方法，掌握现浇整体式楼层结构平面图的形成、主要内容，掌握现浇楼板钢筋布置图。
能力目标：能识读绘制楼层结构平面图及现浇板配筋平面图。
素质目标：培养学生遵纪守法的职业道德素养。

任务 26.1　楼层结构平面图的规定及画法

■ 任务引入与分析 ■

如图 26–1 所示的某建筑的标准层结构平面图，图中各图样分别表示什么内容？如何绘制该结构平面图？要解决这一工作任务，必须熟悉楼层结构平面图的主要内容，下面就相关知识进行具体的学习。

■ 相关知识 ■

建筑物的结构平面图是表示建筑物各承重构件，如梁、板、柱、墙、门窗过梁、圈梁等平面布置的图样，除基础结构平面图以外，还有楼层结构平面图、屋顶结构平面图等。一般民用建筑的楼层、屋盖均采用钢筋混凝土结构，它们的结构布置和图示方法基本相同。

一、楼层结构平面图的形成

楼层结构平面图也称楼层结构平面布置图，是假想用一个水平的剖切平面沿楼板面将房屋剖开后所作的楼层水平投影。

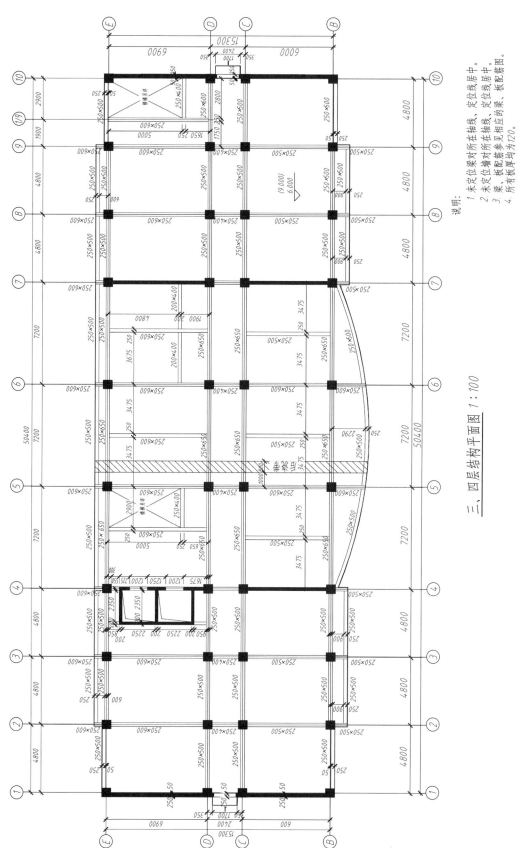

三、四层结构平面图 1 : 100

说明：
1. 未定位梁对所在轴线，定位线居中。
2. 未定位墙对所在轴线，定位线居中。
3. 梁、板配筋参见相应的梁、板配筋图。
4. 所有板厚均为120。

图26-1　标准层结构平面图

楼层结构平面图用于表示楼板及其下面的墙、梁、柱等承重构件的平面布置，说明各构件在房屋中的位置，以及它们之间的构造关系，或现浇楼板的构造和配筋，是现场安装或制作构件的施工依据。

二、楼层结构平面图的主要内容

楼层结构平面图图示的主要内容一般包括：

（1）图名、比例。

（2）定位轴线网及其编号。

（3）下层承重墙的布置，本层柱、梁、板等构件的位置及代号和编号。

（4）现浇板起止位置和钢筋配置及预留孔洞大小和位置。

（5）预制板的跨度方向、数量、型号或编号和预留洞的大小及位置。

（6）轴线尺寸及构件的定位尺寸。

（7）圈梁、过梁位置和编号。

（8）详图索引符号及剖切符号。

（9）文字说明等。

三、楼层结构平面图的表示方法

对于多层建筑，一般应分层绘制楼层结构平面图，但如各层构件的类型、大小、数量、布置相同时，可只画出标准层的楼层结构平面图。如平面对称可采用对称画法，一半画屋顶结构平面图，另一半画楼层结构平面图。楼梯间和电梯间因另有详图，可在平面图上用相交对角线表示。

当铺设预制楼板时，可用细实线分块画出板的铺设方向。当现浇板配筋简单时，直接在结构平面图中表明钢筋的弯曲及配置情况，注明编号、规格、直径、间距。当配筋复杂或不便表示时，用对角线表示现浇板的范围。

梁一般用粗单点长画线表示其中心位置，并注明梁的代号。圈梁、门窗过梁等应编号注出，若结构平面图中不能表达清楚时，则需另绘其平面布置图。

楼层、屋顶结构平面图的比例同建筑平面图，一般采用 1∶100 或 1∶200 的比例绘制。用中实线表示剖切到或可见的构件轮廓线，图中虚线表示不可见构件的轮廓线。

楼层结构平面图的尺寸，一般只注开间、进深、总尺寸及个别地方容易弄错的尺寸。定位轴线的画法、尺寸及编号应与建筑平面图一致。

四、楼层结构平面图的识读

（1）了解图名与比例。楼层结构平面布置图的比例一般与建筑平面图、基础平面图的比例一致。

（2）与建筑平面图对照，了解楼层结构平面图的定位轴线。

（3）通过结构构件代号了解该楼层中结构构件的位置与尺寸等。

（4）了解现浇板的配筋情况及板的厚度。

（5）了解各部位的标高情况，并与建筑标高对照，了解装修层的厚度。

（6）如有预制板，了解预制板的规格、数量、等级和布置情况。

五、楼层结构平面图的绘制

（1）画出与建筑平面图相一致的定位轴线。

（2）画出平面外轮廓、楼板下的墙身线和门窗洞的位置线以及梁的平面位置。

（3）对于预制板部分，注明预制板的数量、代号和编号。在图上还应注出梁、柱的代号。

（4）对于现浇板部分，画出板的钢筋详图，并标注钢筋的编号、规格、直径等。

（5）标注轴线和各部分尺寸。

（6）书写文字说明。

教学课件
楼层结构平面图的绘制

微课扫一扫
楼层结构平面图的绘制

■ 训练实例 ■

> **实例**　识读图 26-1 标准层结构平面图的主要内容。
>
> 【实例分析】
>
> （1）图名与比例：三、四层结构平面图，比例 1∶100。
> （2）定位轴线：纵向①~⑩号轴线；横向Ⓑ、Ⓒ、Ⓓ、Ⓔ轴线。
> （3）结构构件的位置与尺寸：梁的尺寸、孔洞的尺寸。
> （4）楼梯间的位置及尺寸。
> （5）墙体的厚度。

■ 课堂训练 ■

训练　识读图 26-2 结构平面图的内容。

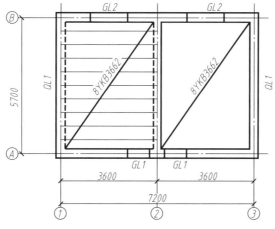

图 26-2　预制楼板的表示方法

■ 学习思考 ■

思考 1　楼层结构平面图的主要内容有哪些？

思考 2　试述绘制楼层结构平面图的主要步骤。

任务 26.2　现浇整体式楼层结构布置图

■ 任务引入与分析 ■

楼层结构分为预制装配式、装配整体式和现浇整体式，其中以现浇整体式楼层结构最为稳定可靠，应用也最为广泛。如何正确识读现浇整体式楼层结构布置图的各项内容？这对能否正确施工尤其重要，要准确地读现浇整体式楼层结构布置图的各项内容，进行正确施工，需清楚图中各图样表达的意思和内容。要解决这一学习任务，必须熟悉制图标准的相关规定。下面就相关知识进行具体的学习。

■ 相关知识 ■

教学课件
现浇整体式楼层结构平面图形成、主要内容及钢筋布置

微课扫一扫
形成、内容、钢筋布置

一、钢筋混凝土现浇整体式楼层结构平面图的形成

钢筋混凝土现浇楼板平面布置图：假想沿楼板面将建筑物剖开，画出该层楼板的梁、柱、墙的轮廓线（用中实线）以及板的钢筋详图（用粗实线，假设楼板为透明）；其中分布筋不必画出；配筋相同的板，可将其中一块板的配筋画出，并注明该板的代号，其余的板画一对角线并注明相同板的代号。

二、现浇整体式楼层结构平面图的主要内容

在钢筋混凝土现浇整体式楼层结构平面图中，应表示出楼板的厚度、配筋情况。板中的钢筋用粗实线表示，板下的墙用细线表示，梁、圈梁、过梁等用粗点画线表示。柱、构造柱用断面（涂黑）表示。

在楼层结构平面图中，未能完全表示清楚之处，需绘出结构剖面图。

三、现浇楼板钢筋布置图

现浇钢筋混凝土结构的梁、板、柱、剪力墙等构件的配筋图主要用平面整体表示法（简称"平法施工图"）绘制。现浇钢筋混凝土板一般要表明：支撑楼板的墙及其轴线，现浇梁的位置及其支撑情况，现浇梁的配筋情况。平面图上把每一种钢筋躺平画出，并注明间距。

钢筋的布置位置及弯钩的方向如图 26-3 所示。

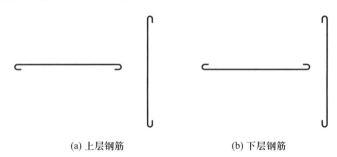

(a) 上层钢筋　　　　　(b) 下层钢筋

图 26-3　楼板的钢筋的布置方式

对于钢筋混凝土板，通常只用一个平面图表示其配筋情况。如图 26-4 所示
的现浇钢筋混凝土双向配筋板，便仅用了
一个配筋平面图来表达。图中①、②号钢
筋是支座处的构造筋，直径 8 mm，间距均
为 200 mm；布置在板的上层，90° 直钩向下
弯（平面图上弯向下方或右方表示钢筋位于顶
层）。③、④号钢筋是两端带有向上弯起的半
圆弯钩的Ⅰ级钢筋，③号钢筋直径为 8 mm，间
距 200 mm；④号钢筋直径 6 mm，间距 150 mm。
（平面图上弯向上方或左方表示钢筋位于底层）。

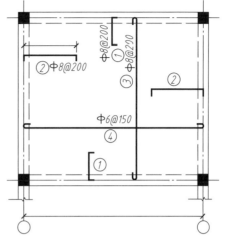

图 26-4　现浇钢筋混凝土双向配筋板

若是现浇钢筋混凝土单向板，习惯上，在
配筋平面图中不画出分布筋，原因是分布筋一
般为直筋，其作用主要是固定受力筋和构造筋
的位置，不需计算，施工时可根据具体情况放
置，一般是 Φ4 ~ Φ6@250 ~ 300。

四、现浇板的画法

教学课件
现浇板的画法

（1）画出板的配筋详图，每种规格只画一根，按其立面形状画在钢筋安放的位置。
（2）弯筋要注明弯点到轴线的距离以及伸入邻板的长度。
（3）配筋复杂时可以用简化方法。
（4）双层钢筋的表示：底层钢筋弯钩应向上或向左，顶层钢筋弯钩应向下或向右。
（5）分布筋可以不画，但应在附注或钢筋表中说明。
（6）配筋相同的板可以用代号简化。
（7）在平面图中用重合断面法画出梁、板的断面图（涂黑），并注明梁底标高。

微课扫一扫
现浇板的画法

■ 训练实例 ■

实例　识读图 26-5 现浇钢筋混凝土板的局部钢筋配置。

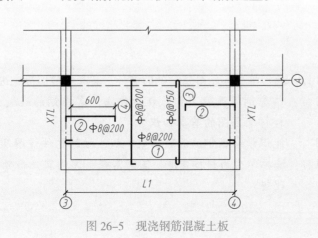

图 26-5　现浇钢筋混凝土板

【实例分析】

图中下层钢筋：①为直径 8 mm，间距 200 mm，带有向上弯起的半圆弯钩的 I 级钢筋；③为直径 8 mm，间距 150 mm，带有向上弯起的半圆弯钩的 I 级钢筋。

图中上层钢筋：②为支座处的构造筋，直径 8 mm，间距 200 mm，90°直钩向下弯；④为分布筋，直径 8 mm，间距 200 mm，90°直钩向下弯。

■ 课堂训练 ■

训练　为图 26-6 现浇钢筋混凝土板的钢筋编号，并识读钢筋。

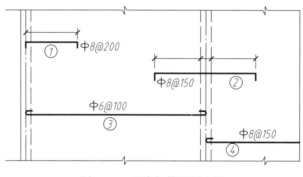

图 26-6　现浇钢筋混凝土板

■ 学习思考 ■

思考　现浇整体式楼层结构布置图的主要内容有哪些？

项目 27　钢筋混凝土构件结构详图

项目目标

思政目标：激励学生奋发图强、砥砺前行，具有赶超国际先进水平的使命感。

知识目标：熟悉钢筋混凝土构件表示方法，掌握钢筋混凝土梁、板、柱及楼梯配筋图的基本知识。

能力目标：能识读绘制钢筋混凝土梁、板、柱的构件详图及楼梯配筋图。

素质目标：培养学生为科技发展、国家富强、民族复兴而努力读书的决心与理想。

<h1 style="text-align:center">任务　钢筋混凝土构件结构详图</h1>

■任务引入与分析■

　　钢筋混凝土结构作为常见的建筑结构类型之一，其结构的承重构件是由混凝土与钢筋两种材料组成的。用钢筋混凝土制成的梁、板、柱、墙体和基础等构件称为钢筋混凝土构件。因此，了解钢筋混凝土的特性及钢筋混凝土构件的特点，有助于我们认知钢筋混凝土构件的组成，下面我们将学习钢筋混凝土构件的相关知识。

■相关知识■

一、钢筋混凝土构件的表示方法

　　为了便于明显地表示钢筋混凝土构件中的钢筋配置情况，在构件详图中，假想混凝土为透明体，用细实线画出外形轮廓，用粗实线表示主钢筋线，用中实线表示箍筋线、板钢筋线，用黑圆点表示钢筋的断面，并标注出钢筋种类的直径符号和大小、根数或间距等。当钢筋标注位置不够时，可采用引出线标注。在断面图上不画混凝土或钢筋混凝土的材料图例，而被剖切到的砖砌体或可见的砖砌体的轮廓线则用中实线表示，砖与钢筋混凝土构件在交接处的分界线则仍按钢筋混凝土构件的轮廓线画细实线，但在砖砌体的断面图上，应画出砖的材料图例。

二、钢筋混凝土梁

教学课件
钢筋混凝土梁

微课扫一扫
钢筋混凝土梁

　　钢筋混凝土梁按其施工方法可分为现浇梁、预制梁和预制现浇叠合梁；按其配筋类型可分为钢筋混凝土梁和预应力混凝土梁；按其截面形式可分为矩形梁、T 形梁、工字梁、槽形梁和箱形梁。

　　图 27-1 为钢筋混凝土梁的立面图和断面图，梁的两端搁置在砖墙上，从砖墙引出的细点画线和直径为 8～10 mm 的圆、编号是确定砖墙位置的定位轴线。从图中可以看出：梁的下部配置三根⊕16 受力钢筋，以承受下边的拉应力，所以在跨中的1-1 断面图的下部有三个黑圆点；支座处的 2-2 断面图的上部有三个黑圆点，其中间的一根⊕16 的钢筋是跨中在梁下部中间的那根钢筋于将近梁的两端支座处弯起 45°后引伸过来的，这样的钢筋称为弯起钢筋，在图中应注出弯起点的位置，如图中所注的尺寸 260。在梁的上部两侧各配置一根φ10 架立钢筋。

　　钢箍（即箍筋）在梁中一般是均匀分布的，在立面图中可采用简化画法，只画出三至四道钢箍，并注明钢箍的直径和间距即可，在图 27-1 中，钢箍的直径和间距已标注在断面图中。

　　为了方便钢筋工配筋和取料，要计算钢筋的长度，另画钢筋详图，通常可如图 27-1 所示，对钢筋编号，并列出钢筋表。图中未画钢筋详图，如需画出钢筋详图，可以按立面图同样的比例在立面图下方画出类似钢筋表中的钢筋简图的钢筋和钢箍的详图，并标明钢筋编号、直径符号与直径大小、长度尺寸、根数等。钢筋的编号，应按《房屋建筑制图统一标准》（GB/T 50001—2017）的规定，以直径为

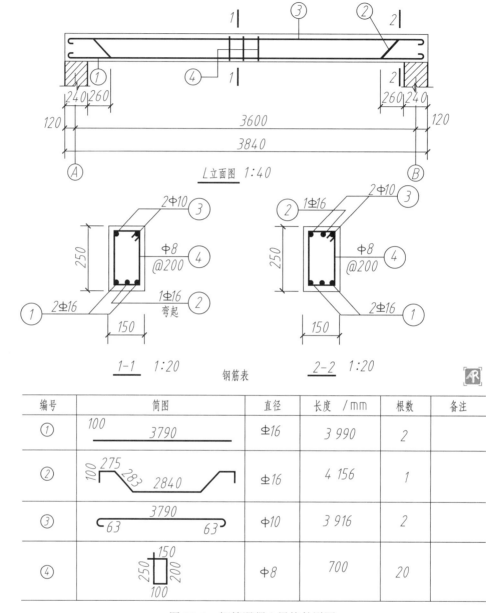

图 27-1　钢筋混凝土梁构件详图

编号	简图	直径	长度 /mm	根数	备注
①	100　　　3790	⊈16	3 990	2	
②	100　275　283　2840	⊈16	4 156	1	
③	3790　63　　　63	Φ10	3 916	2	
④	150　250　200　100	Φ8	700	20	

4～6 mm 的细实线圆表示，其编号应用阿拉伯数字按顺序编写。简单的构件，钢筋可不编号，也可不画钢筋详图或列钢筋表。计算钢筋的长度尺寸时，钢箍的尺寸指钢箍里皮尺寸，弯起钢筋的高度尺寸指钢筋外皮尺寸。如果梁采用的比例较大，画出的梁很长，则梁可用折断线表示。

三、钢筋混凝土板

钢筋混凝土板是房屋建筑和各种工程结构中的基本结构或构件，常用于屋盖、楼盖、平台、墙、挡土墙、基础、地坪、路面、水池等。钢筋混凝土板有预制板和现浇

教学课件
钢筋混凝土板

微课扫一扫
钢筋混凝土板

板。钢筋混凝土预制板有实心板、槽形板、多孔板等各种形式，通常在预制厂预制后运到工地吊装，也可在工地上就地预制。对定型的预制板，一般不必绘制详图，只要注出标准图集或有关设计院的通用图集的名称和型号。

　　钢筋混凝土现浇板的配筋可采用在平面图和立面图中的表示方法画出。图 27-2 是钢筋混凝土现浇板的钢筋配置图。现浇板的代号用 B 表示，编号用数字 1、2、3…表示，在代号 B 和数字之间加一短的横线，如 B-1、B-2 等。图 27-2 所示的板是楼梯的平台板 B-7，图中注出了编号 TL-5、TL-3 是楼梯梁，另有详图表达，这里只表明平台板中的配筋。在平面图中，板的顶层和底层都配置了钢筋。图中画出的编号为③的分布钢筋φ8@250 和编号为②的受力钢筋φ8@200，是板的底层钢筋；编号为④和①的钢筋都是板的顶层的构造钢筋。

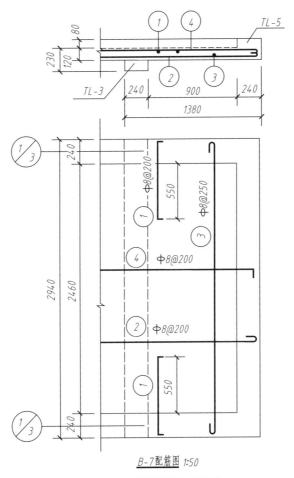

图 27-2　钢筋混凝土现浇板

　　若板中配置的是 HRB335 级带肋钢筋，在端部不做成弯钩，按建筑结构制图标准规定，无弯钩的钢筋端部可用 45° 短划表示，而在板的平面图中配置双层钢筋时，顶层和底层钢筋的 45° 短划的方向，与规定的有弯钩和钢筋的弯钩方向相同。

四、钢筋混凝土柱

钢筋混凝土柱是工程结构中最基本的承重构件，按照制造和施工方法分为现浇柱和预制柱。图 27-3 是带有牛腿的钢筋混凝土柱在牛腿附近一段的示意图。牛腿一般用于支承梁，在工业厂房中常用来支承吊车梁。在支承吊车梁的牛腿之上的柱称为上柱，主要是用来支承屋架的，断面较小；牛腿之下的柱称为下柱，因受力大，故断面较大。为了节省材料，减轻构件的重量，下层柱的断面也可设计成工字形或双肢柱等形式。

图 27-4 是一根带有牛腿的钢筋混凝土柱的配筋图、断面图和模板图。由配筋图和断面图 1-1 和 3-3 可知，上柱的断面为 400 mm×400 mm，下柱的断面为 400 mm×600 mm。上柱的受力筋为 4 根 ⊕18，分布在四角，下柱受力筋为 8 根 ⊕18，均匀分布在四周。从 Z-1 立面图的配筋图中可看出上、下柱的受力筋都伸入牛腿，使上下柱连成一体。如图中所示：长短钢筋投影重叠时，如果搭接的两条钢筋是无弯钩的带肋钢筋，则按前述的规定，在搭

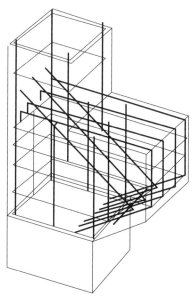

图 27-3 牛腿的示意图

接部分的带肋钢筋的端部画 45° 短划。上、下层柱的钢箍编号分别为 ⑨ 和 ⑦，均为 ⊕8@200。在牛腿部分，要承受吊车梁荷载，所以这一段编号为 ⑧ 的钢箍需加密，采用 ⊕8@100，形状随牛腿断面逐步变化。另外，还用编号为 ③ 和 ④ 的弯筋加强牛腿。在 Z-1 配筋图中，为了图形清晰起见，图形中省略绘制钢箍，但标注出了设置钢箍的高度范围的尺寸及钢箍的直径、间距，配合断面图就能看清这些钢箍。模板图主要表示柱的外形、尺寸、标高，以及预埋件的位置等，作为制作、安装模板和预埋件的依据。从图 27-4 的模板图中就可以看出这些内容，而且还标注了预埋件的代号和编号，根据预埋件的编号，可以对照查阅预埋件的详图，了解预埋件的形状和大小。例如，在模板图中的上柱顶部代号为 M-3（M 为预埋件的代号，3 为型号）的虚线是柱顶的螺杆预埋件埋入钢筋混凝土柱内的不可见投影。

图 27-5 是一个钢筋混凝土柱下独立基础的详图。从图中可看出，已画出了室内地面的位置，并完整地画出和标注了这个柱基础的形状、大小和配筋，下面的垫层中没有钢筋，是素混凝土垫层（在钢筋混凝土构件的配筋详图中的素混凝土垫层，可以不画材料图例，也可以画出材料图例），标注了显示垫层底面的埋置深度的标高。从图中还可看出，在这个柱基础中，配置在底部的受力钢筋是间距 150 mm 的 ⊕12 双向筋；基础中预放钢筋 4⊕22，是为了与柱内的钢筋搭接，在搭接区内要适当加密钢箍，如图中所示，在 800 mm 长度的搭接区内的钢箍及其间距为 ⊕8@100，比非搭接区的间距 200 缩小一半；在基础范围内的钢箍应至少配置两道。

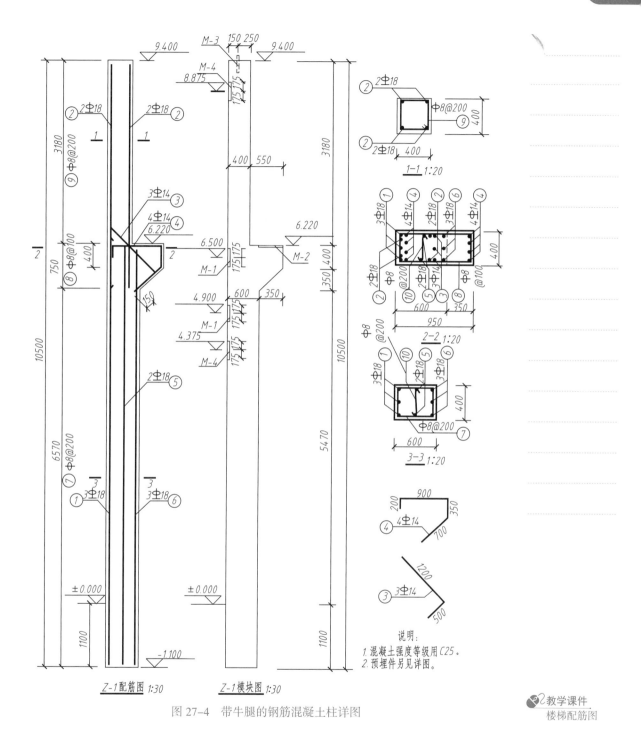

Z-1 配筋图 1:30　　Z-1 模块图 1:30

图 27-4　带牛腿的钢筋混凝土柱详图

说明：
1. 混凝土强度等级用 C25。
2. 预埋件另见详图。

教学课件
楼梯配筋图

五、楼梯配筋图

楼梯的配筋图一般采用比较大的比例来说明楼梯中梯板、梯梁的钢筋配筋情况。若配筋图中不能表示清楚钢筋的布置情况，则可以在配筋图外再增加钢筋详图。图 27-6 所示为房屋楼梯的楼梯板配筋图。

微课扫一扫
楼梯配筋图

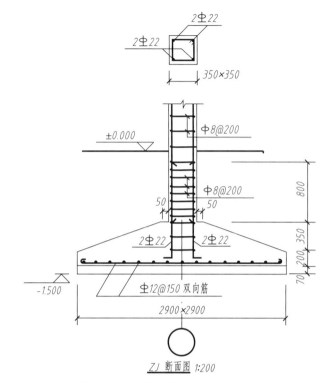

图27-5　钢筋混凝土柱下独立基础

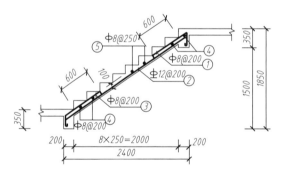

TB-3配筋图 1:25

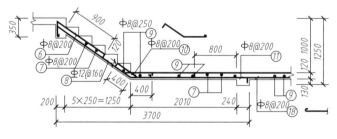

TB-2配筋图 1:25

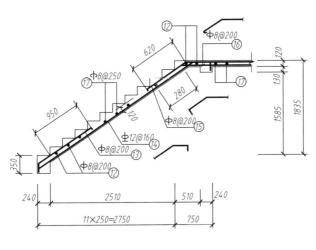

TB-1配筋图 1:25

图 27-6　楼梯板配筋图

从图 27-6 中的 TB-1 配筋图中可见，楼梯板下层的受力筋采用φ 12@160，分布筋采用φ 8@250。在楼梯板的端部上层配置构造筋φ 8@200、分布筋φ 8@200。若在配筋图中不能表示清楚钢筋布置，应在配筋图外面增加钢筋大样图（即钢筋详图），而在图 27-6 的 TB-1 配筋图中，上端的钢筋布置不能表示得非常清楚，但根据图面的布置又不可能画出这些钢筋的大样图，于是对看图时易产生混淆的钢筋，在标注钢筋代号、直径、间距及编号处的附近，按缩小比例画出了表示大致形状的钢筋的参考图。TB-2 和 TB-3 的配筋图请读者自行阅读。

作为示例，图 27-7 画出了梁底标高为 4.110 m、7.110 m 的楼梯梁 TB-4 的配筋图，用立面图和 1-1 剖面图表达。可以看出它搁置在砖墙上和与踏步、楼梯板浇筑在一起的情况。图中表明了梁内的配筋：梁内有下面两根受力筋φ 14、上面两根架立筋φ 12、用φ 8 间距为 200 的钢箍绑扎成的钢筋；也表明了梁的长度和断面尺寸、梁底标高。

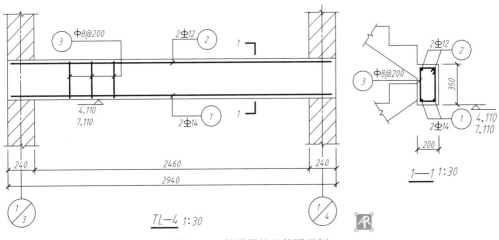

图 27-7　楼梯梁的配筋图示例

■ 训练实例 ■

实例　基本知识填空。

为了便于明显地表示钢筋混凝土构件中的_____配置情况，在构件详图中，假想混凝土为_____，用_____画出外形轮廓，用_____表示主钢筋线，用_____表示箍筋线、板钢筋线，用_____表示钢筋的断面，并标注出钢筋种类的_____和_____、_____或_____等。

解答：

为了便于明显地表示钢筋混凝土构件中的<u>钢筋</u>配置情况，在构件详图中，假想混凝土为<u>透明体</u>，用<u>细实线</u>画出外形轮廓，用<u>粗实线</u>表示主钢筋线，用<u>中实线</u>表示箍筋线、板钢筋线，用<u>黑圆点</u>表示钢筋的断面，并标注出钢筋种类的<u>直径符号</u>和<u>大小</u>、<u>根数</u>或间距等。

■ 课堂训练 ■

训练　基本知识填空。

钢筋混凝土板有_____和_____。钢筋混凝土预制板有_____、_____、_____等各种形式，通常在_____预制后运到工地吊装，也可在_____预制。

■ 学习思考 ■

思考　试述钢筋混凝土柱、板的构件详图表达内容与图示方法。

项目 28　钢筋混凝土结构平面整体表示方法

📍 项目目标

思政目标：培养学生尊重知识产权的精神。

知识目标：熟悉平法施工图基本知识，掌握柱平法施工图的基本知识及注写方式，掌握梁平法施工图的基本知识及注写方式。

能力目标：能识读绘制柱平法施工图及梁平法施工图。

素质目标：培养学生遵守日常行为准则及职业规范的素养与意识。

任务 28.1   平法施工图简介与柱平法施工图

■ 任务引入与分析 ■

随着国民经济的发展和建筑设计标准化水平的提高，近年来各设计单位采用了一些较为简便的图示方法，混凝土结构施工图平面整体表示方法（简称"平法"）是对我国混凝土结构施工图的设计表示方法的重大改革，被列为国家级推广的重点科技成果。那么什么是平法施工图？下面将学习平法施工图的相关知识。

■ 相关知识 ■

教学课件
平法简介

微课扫一扫
平法简介

一、平法简介

为了规范各地的图示方法，中华人民共和国建设部于 2003 年 1 月 20 日下发通知，批准《混凝土结构施工图平面整体表示方法制图规则和构造详图》作为国家建筑标准设计图集，简称"平法"图集，2016 年进行了修订，图集号为 16G101-1 ~ 3。

1. 平法表示方法与传统表示方法的区别

把结构构件的尺寸和配筋等，按照平面整体表示方法的制图规则，整体直接地表示在各类构件的结构布置平面图上，再与标准构造详图配合，就构成了一套新型完整的结构设计表示方法。改变了传统的那种将构件（柱、剪力墙、梁）从结构平面布置图中索引出来，再逐个绘制模板详图和配筋详图的繁琐方法。

平法适用的结构构件为柱、剪力墙、梁三种。内容包括两大部分，即平面整体表示图和标准构造详图。在平面布置图上标示各种构件尺寸和配筋方式。表示方法分平面注写方式、列表注写方式和截面注写方式三种。

2. 常用构件代号

在平法表示中，各种构件必须标明构件的代号，如表 28-1 所示。

表 28-1   平法施工图的常用构件代号

名称	代号	名称	代号
框架柱	KZ	约束边缘暗柱	YAZ
框支柱	KZZ	约束边缘翼墙柱	YYZ
芯柱	XZ	约束边缘转角墙柱	YJZ
梁上柱	LZ	构造边缘构件（墙柱）	GBZ
转换柱	ZHZ	构造边缘端柱	GDZ
剪力墙上柱	QZ	构造边缘暗柱	GAZ
约束边缘构件（墙柱）	YBZ	构造边缘翼墙柱	GYZ
约束边缘端柱	YDZ	构造边缘转角墙柱	GJZ

续表

名称	代号	名称	代号
非边缘暗柱	AZ	框架扁梁节点核心区	KBH
扶壁柱（墙柱）	FBZ	柱上板带	ZSB
连梁（无交叉暗撑、钢筋）	LL	跨中板带	KZB
连梁（对角暗撑配筋）	LL（JC）	楼面板	LB
连梁（交叉斜筋配筋）	LL（JX）	屋面板	WB
连梁（集中对角斜筋配筋）	LL（DX）	悬挑板	XB
连梁（跨高比不小于 5）	LLK	纵筋加强带	JQD
剪力墙墙身	Q	后浇带	HJD
连梁（有交叉暗撑）	LL（JA）	单倾角柱帽	ZMa
连梁（有交叉钢筋）	LL（JG）	托板柱帽	ZMb
暗梁	AL	变倾角柱帽	ZMc
边框梁	BKL	倾角托板柱帽	ZMab
地下室外墙	DWQ	局部升降板	SJB
矩形洞口	JD	板加腋	JY
楼层框架梁	KL	板开洞	BD
楼层框架扁梁	KBL	板翻边	FB
屋面框架梁	WKL	角部加强筋	Crs
框支梁	KZL	悬挑板阴角附加筋	Cis
托柱转换梁	TZL	悬挑板阳角放射筋	Ces
非框架梁	L	抗冲切箍筋	Rh
悬挑梁	XL	抗冲切弯起筋	Rb
井字梁	JZL	圆形洞口	YD

教学课件
柱平法施工图

微课扫一扫
柱平法施工图

二、柱平法施工图

柱平法施工图在柱平面布置图上采用列表注写方式或截面注写方式表达。它们的优点是省去了柱的竖、横剖面详图，缺点是增加了读图的难度。

柱平法施工图列表注写方式的主要内容如下：

柱平法施工图列表注写方式包括平面图、柱断面图类型、柱表、结构层楼面标高及结构层高等内容，如图 28-1 所示。

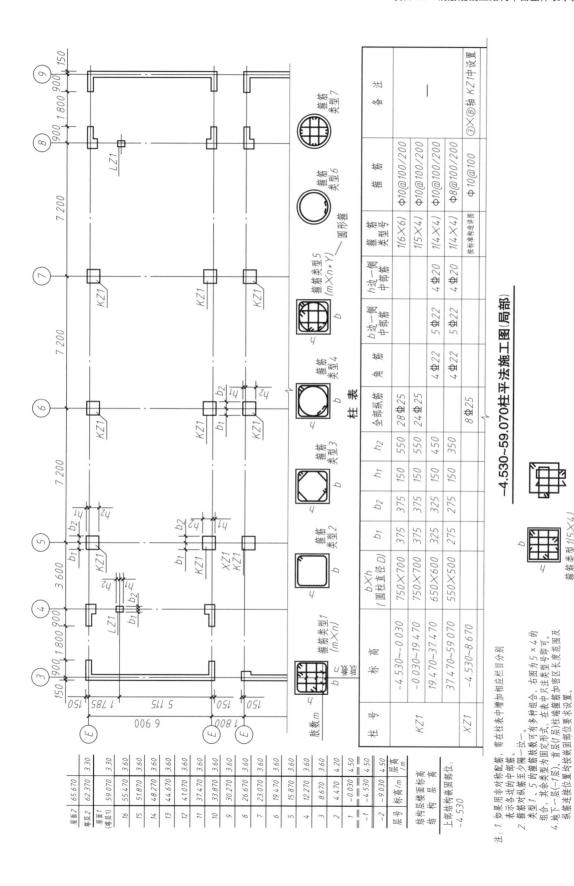

图 28-1 柱平法施工图列表注写方式示例

（1）平面图。平面图表明定位轴线、柱的代号、形状及与轴线的关系。如图中定位轴线的表示方法同建筑施工图。柱的代号为 KZ1、LZl 等。KZ1 为 1 号框架柱，LZ1 为 1 号梁上柱。

（2）柱的断面形状。柱的断面形状为矩形，与轴线的关系分为偏轴线和柱的中心线与轴线重合两种形式。

（3）柱的断面类型。在施工图中柱的断面图有不同的类型，在这些类型中，重点表示箍筋的形状特征，读图时应弄清某编号的柱采用哪一种断面类型。

（4）柱表。柱表中包括柱号、标高、断面尺寸与轴线的关系、全部纵筋、角筋、b 边一侧中部筋、h 边一侧中部筋、箍筋类型号、箍筋等。其中：

① 柱号。柱号为柱的编号，包括柱的名称和编号。

② 标高。在柱中不同的标高段，它的断面尺寸、配筋规格、数量等不同。

③ 断面尺寸。矩形柱的断面尺寸用 $b \times h$ 表示，b 方向为建筑物的纵向的尺寸，h 为建筑物的横向的尺寸，圆柱用 D 表示。与轴线的关系用 b_1、b_2 和 h_1、h_2 表示，目的在于表示柱与轴线的关系。

④ 全部纵筋。当柱子的四边配筋相同时，可以用标注全部纵筋的方法表示。

⑤ 角筋。角筋指柱四个大角的钢筋配置情况。

⑥ 中部筋。中部筋包括柱 b 边一侧和 h 边一侧两种，标注中写的数量只是 b 边一侧和 h 边一侧，不包括角筋的钢筋数量，读图时还要注意与 b 边和 h 边对应一侧的钢筋数量。

⑦ 箍筋类型号。箍筋类型号表示两个内容，一是箍筋类型编号 1、2、3…；二是箍筋的肢数，注写在括号里，前一个数字表示 b 方向的肢数，后一个数字表示 h 方向的肢数。

⑧ 箍筋。箍筋中需要标明钢筋的级别、直径、加密区的间距和非加密区的间距（加密区的范围详见相关的构造图）。

（5）结构层楼面标高及层高。结构层楼面标高及层高也用列表表示，列表一般同建筑物一致，由下向上排列，内容包括楼层编号（简称层号）、楼层标高、层高。楼层标高表示楼层结构构件上表面的高度，层高分别表示各层楼的高度，单位均用 m 表示。

三、柱平法施工图截面注写方式

柱平法施工图截面注写方式与柱平法施工图列表注写方式大同小异。不同的是在施工平面布置图中同一编号的柱选出一根柱为代表，在原位置上按比例放大到能清楚表示轴线位置和详尽的配筋为止。它代替了柱平法施工图列表注写方式的截面类型和柱表。如图 28-2 中的 KZ1 所示，从图中可以看出，在同一编号的框架柱 KZ1 中选择 1 个截面放大，直接注写截面尺寸和配筋数值。该图表示的是从 19.470 m ~ 37.470 m 的标高段，柱的断面尺寸及配筋情况。其他均与列表注写方式和常规的表示方法相同。

教学课件
柱平法施工图
截面注写方式

微课扫一扫
柱平法截面注
写方式

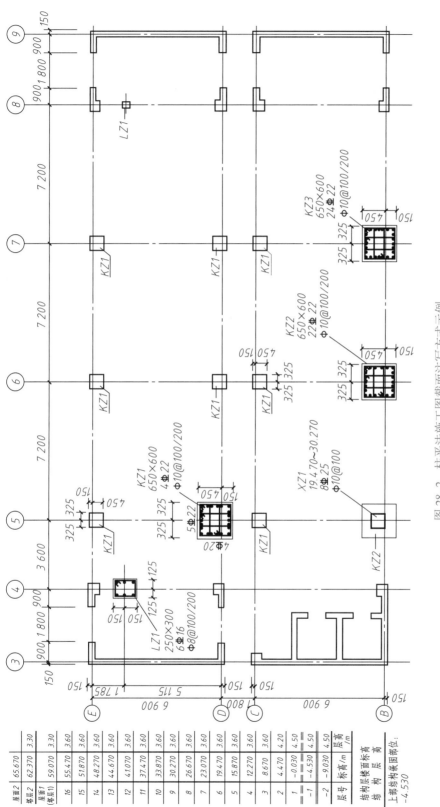

图 28-2　柱平法施工图截面注写方式示例

【读图步骤】

柱平法施工图列表注写方式的阅读要结合图、表进行。首先从图中查明柱 KZ1 的平面位置及与轴线的关系。然后结合图、表阅读，可以看出该柱分 4 个标高段，从 -4.530 ~ -0.030 m 为第 1 个标高段，柱的断面为 750 mm × 700 mm。b 方向中心线与轴线重合，左右都为 375 mm。h 方向偏心，h_1 为 150 mm，h_2 为 550 mm。全部纵筋为 28 根 $\pm$25 的 HRB400 钢筋。箍筋选用类型号 1（6×6），意思是箍筋类型编号为 1，箍筋肢数 b 方向为 6 肢，h 方向为 6 肢。加密区的箍筋为 A10@100，即直径为 ϕ10 mm 的 HPB300 钢筋，间隔 100 mm。非加密区为 ϕ10@ 200，即直径为 10 mm 的 HPB300 钢筋，间隔 200 mm。

从 19.470 ~ 37.470 m 为第 3 个标高段，柱的断面为 650 mm × 600 mm。b 方向中心线与轴线重合，左右都为 325 mm。h 方向偏心，h_1 为 150 mm，h_2 为 450 mm。四个角部钢筋为 4$\pm$22 的 HRB400 钢筋。b 边一侧中部钢筋为 5$\pm$22 的 HRB400 钢筋，即 b 边两侧中部钢筋共配 10 根直径为 22 mm 的钢筋。h 边一侧中部钢筋为 4$\pm$20 的 HRB400 钢筋，即 h 边两侧中部钢筋共配 8 根直径为 20 mm 的 HRB400 钢筋。故在 19.470~37.470 m 范围内一共配有 $\pm$22 的 HRB400 钢筋 14 根和 $\pm$20 的 HRB400 钢筋 8 根。箍筋选用类型号 1（4×4），意思是箍筋类型编号为 1，b 方向为 4 肢，h 方向为 4 肢。箍筋的配置同第一个标高段。

■ 训练实例 ■

实例　以图 28-1 中的 KZ1 为例，介绍柱平法施工图列表注写方式的阅读方法。

【读图步骤】

柱平法施工图列表注写方式的阅读要结合图、表进行。首先从图中查明柱 KZ1 的平面位置及与轴线的关系。其次结合图、表阅读，可以看出该柱分 3 个标高段，从 -0.030 ~ 19.470 m 为第 1 个标高段，柱的断面为 750 mm × 700 mm。b 方向中心线与轴线重合，左右都为 375 mm；h 方向偏心，h_1 为 150 mm，h_2 为 550 mm。全部纵筋为 24 根 $\pm$25 的 HRB335 钢筋。箍筋选用类型号 1（5×4），意思是箍筋类型编号为 1，箍筋肢数 b 方向为 5 肢，h 方向为 4 肢。加密区的箍筋为 ϕ10@100，即直径为 10 mm 的 HPB235 钢筋，间隔 100 mm。非加密区为 ϕ10@ 200，即直径为 10 mm 的 HPB235 钢筋，间隔 200 mm。

从 19.470 ~ 37.470 m 为第 2 个标高段，柱的断面为 650 mm × 600 mm。b 方向中心线与轴线重合，左右都为 325 mm；h 方向偏心，h_1 为 150 mm，h_2 为 450 mm。四个大角钢筋为 4$\pm$22 的 HRB335 钢筋。b 边一侧中部钢筋为 5$\pm$22 的 HRB335 钢筋，即 b 边两侧中部钢筋共配 10 根直径为 22 mm 的 HRB335 钢筋。h 边一侧中部钢筋为 4$\pm$20 的 HRB335 钢筋，即 h 边两侧中部钢筋共配 8 根直径为 20 mm 的 HRB335 钢筋。故在 19.470 ～ 37.470 m 范围内一共配有⌀22 的 HRB335 钢筋 14 根和⌀20 的 HRB335 钢筋 8 根。箍筋选用类型号 1（4×4），意思是箍筋类型编号为 1，b 方向为 4 肢，h 方向为 4 肢。箍筋的配置同第一个标高段。

其他信息请读者自行阅读。

■ 课堂训练 ■

训练 混凝土结构施工图平面整体表示方法简称_____，适用的结构构件为_____、_____、_____三种。内容包括两大部分，即_____和_____。柱平法施工图在柱平面布置图上采用_____或_____表达。

■ 学习思考 ■

思考 1 什么是平法施工图？平法表示方法与传统表示方法的区别是什么？
思考 2 什么是柱平法施工图？

任务 28.2 梁平法施工图

■ 任务引入与分析 ■

梁平法施工图在梁的平面布置图上采用平面注写方式和截面注写方式表示，下面将学习两种注写方式的相关知识。

■ 相关知识 ■

教学课件
梁平法施工图
平面注写方式

一、平面注写方式

梁平法施工图平面注写方式是在梁的平面布置图上，分别在不同编号的梁中各选一根梁为代表，在其上注写截面尺寸和配筋具体数值。平面注写包括集中注写和原位注写，集中注写表达梁的通用数值，原位注写表达梁的特殊数值。读图时，当集中注写与原位注写不一致时，原位注写取值在先。

从图 28-3 和图 28-4 中可以看出梁平法施工图平面注写方式与传统表示方式的区别，在施工图中没有绘制截面配筋图及截面编号。

梁平法施工图平面注写方式的内容包括平面图和结构层楼面标高及结构层高两部分。

平面图的内容包括轴线网、梁的投影轮廓线、梁的集中注写和原位注写等。轴线网和梁的投影轮廓线与常规表示方法相同。

梁的原位标注内容及含义，说明如下：

微课扫一扫
梁平法平面注
写方式

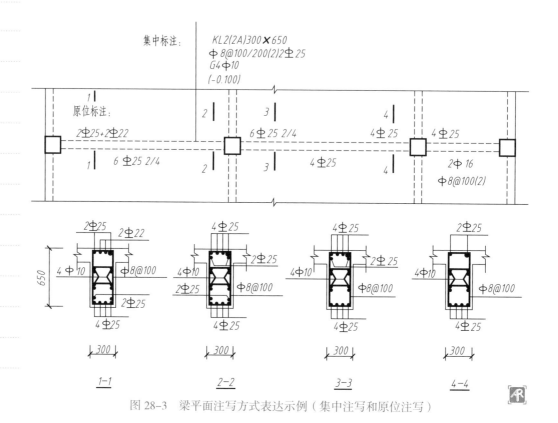

图 28-3　梁平面注写方式表达示例（集中注写和原位注写）

　　梁在原位标注时，要特别注意各种数字符号的注写位置。标注在纵向梁的后面表示梁的上部配筋，标注在纵向梁的前面表示梁的下部配筋。标注在横向梁的左边表示梁的上部配筋，标注在右边表示下部配筋。当上部或下部纵筋多于一排时，用斜线"/"将各排纵筋自上而下分开。

　　当同排纵筋有两种直径时，用"+"将两种直径的钢筋标注相连。例如，图 28-3 中的 2Φ25 +2Φ22，注写时将角筋标注写在"+"前。附加箍筋或吊筋，将其直接画在平面图中的主梁上，用引线标注总配筋值，如图 28-3 中的 Φ8 @100（2）、2Φ16 等。

二、截面注写方式

　　截面注写方式，是在梁的平面布置图上，分别在不同编号的梁中各选择一根梁用剖切符号引出截面配筋图，并在截面配筋图上注写截面尺寸和配筋数值。

　　截面注写方式与平面注写方式大同小异。梁的代号、各种数字符号的含义均相同，只是平面注写方式中的集中注写方式在截面注写方式中用截面图表示。截面图的绘制方法同常规方法一致。不再赘述。

教学课件
梁平法施工图
截面注写方式

微课扫一扫
梁平法截面注
写方式

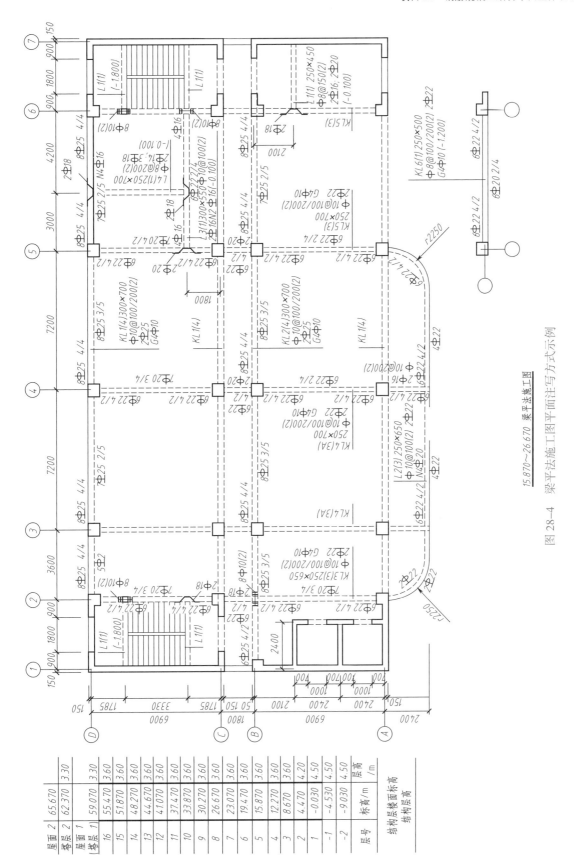

15.870~26.670 梁平法施工图

图 28-4 梁平法施工图平面注写方式示例

■ 训练实例 ■

实例 1　以图 28-3 中的 KL2 为例，请说明下面梁的集中注写内容的含义。

KL2（2A）300×650

Φ8@100/200（2）2Φ25

G4Φ10

（−0.100）

【实例分析】

其内容的含义是：第 1 行标注梁的名称及截面尺寸。KL 为梁的代号，表示为框架梁。2 为编号，即为 2 号框架梁。（2A）：括号中的数字表示 KL2 的跨数为 2 跨，字母 A 表示一端悬挑（若是 B 则表示两端悬挑）。300×650 表示梁的截面尺寸（若为 300×650/500 则表示变截面梁，高端为 650 mm，矮端为 500 mm；若为 Y500×200 则表示加腋梁，加腋长为 500 mm，加腋高为 200 mm）。

第 2 行表示箍筋配置情况。Φ8 表示直径为 8 mm 的 HPB235 钢筋。斜线 "／" 为区分加密区和非加密区而设置，斜线前面的 "100" 表示加密区箍筋间距，斜线后面的 "200" 表示非加密区的箍筋间距。（2）表示箍筋的肢数为 2 肢。2Φ25 表示箍筋所箍的角筋的规格。

第 3 行表示腰筋配置。用于高度 ≥ 450 mm 的梁，如 G4Φ10 中 G 表示是按构造要求配置的构造钢筋；此处若是 N 则表示是按计算配置的抗扭钢筋。若是有变化，则需要采用原位标注。

第 4 行数字表示梁的顶面标高高差。梁的顶面标高高差是指相对于结构层楼面标高的高差值。有高差时，须将其写入括号内，无高差时则不用标注。如（0.100）表示梁顶面标高比本层楼的结构层楼面标高高出 0.1 m；−0.100 则表示梁顶面标高比本层楼的结构层楼面标高低 0.1 m。

实例 2　以图 28-4 中框架梁 KL1 为例，说明梁的原位标注内容及含义。

【实例分析】

其内容的含义是：KL1 为纵向梁，梁的后面标注的 "8Φ25 4/4"，表示梁的上部配筋为 8 根直径为 25 mm 的 HRB335 钢筋，分两排布置，上面第一排 4 根，第二排 4 根。梁 KL1 的前面标注的 "7Φ25 2/5"，表示梁的下部纵筋为 7 根直径为 25 mm 的 HRB335 钢筋，分两排布置，下面第一排 5 根，第二排 2 根。

■ 课堂训练 ■

训练　基础知识填空

梁平法施工图平面注写方式是在梁的_____上，分别在不同编号的梁中各选一根梁为代表，在其上注写_____和_____。平面注写包括_____和_____，集中注写表达梁的_____，原位注写表达梁的_____。读图时，当集中注写与原位注写不一致时，_____取值在先。

■ 学习思考 ■

思考　什么是梁平法施工图？

任务 28.3　有梁楼盖平法施工图

■ 任务引入与分析 ■

有梁楼盖平法施工图的绘制是在楼面板和屋面板的平面布置图上采用平面注写的表达方式，有梁楼盖的平法施工图适用于以梁为支座的楼面与屋面板平法施工图设计与施工等相关业务。下面我们将学习这种注写方式的相关知识。

■ 相关知识 ■

有梁楼盖平法施工图平面注写主要包括板块集中标注和板支座原位标注，读图时当集中注写与原位注写不一致时，原位注写取值在先。

为方便设计表达和施工识图，规定结构平面的坐标方向为：当两向轴网正交布置时，图面从左至右为 X 向，从下至上为 Y 向；当轴网转折时，局部坐标方向顺轴网转折角度做相应转折；当轴网向心布置时，切向为 X 向，径向为 Y 向。

一、板块集中标注

板块集中标注的内容为：板块编号，板厚，上部贯通纵筋，下部纵筋，以及当板面标高不同时的标高高差，如图 28-5 所示。

对于普通楼面，两向均以一跨为一板块：对于密肋楼盖，两向主梁（如框架梁）均以一跨为一板块，非主梁密肋不计。所有板块应逐一编号，相同编号的板块可选择其中一个做集中标注，其他仅注写置于圆圈内的板编号以及当板面标高不同时的标高高差。

板厚注写为 $h=\times\times\times$（为垂直于板面的厚度）；当悬挑板的端部改变截面厚度时，用斜线分隔根部与端部的高度值，注写为 $h=\times\times\times/\times\times\times$；当设计已在图注中统一注明板厚时，此项可不注。

纵筋按板块的下部纵筋和上部贯通纵筋分别注写，当板块上部不设贯通纵筋时则不注，并以 B 代表下部纵筋，以 T 代表上部贯通纵筋，B&T 代表下部与上部；X 向纵筋以 X 打头，Y 向纵筋以 Y 打头，两向纵筋配置相同时则以 X&Y 打头。

当为单向板时，分布筋可不必注写，而在图中统一注明。

当在某些板内，例如在悬挑板 XB 的下部，配置有构造钢筋时，则 X 向以 Xc，Y 向以 Yc 打头注写。

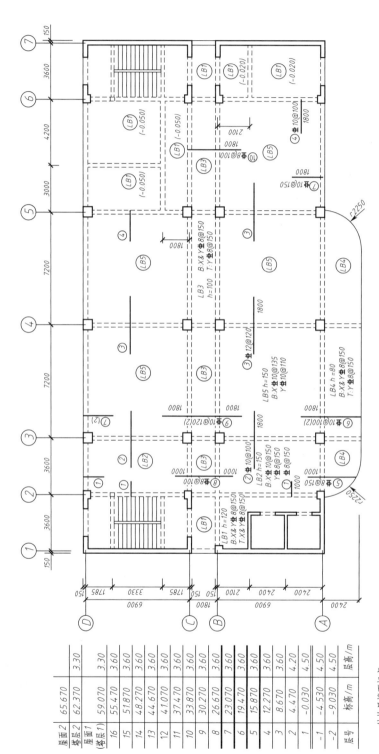

15.870~26.670 板平法施工图
（未注明分布筋为Φ8@250）

有梁楼盖平法施工图

图 28-5

当纵筋采用两种规格钢筋"隔一布一"方式时，表达为 xx/yy@×××，表示直径为 xx 的钢筋和直径为 yy 的钢筋两者之间间距为 ×××，直径 xx 的钢筋的间距为 ××× 的 2 倍，直径 yy 的钢筋的间距为 ××× 的 2 倍。

板面标高高差，是指相对于结构层楼面标高的高差，应将其注写在括号内，且有高差则注，无高差不注。

二、板支座原位标注

板支座原位标注的内容为：板支座上部非贯通纵筋和悬挑板上部受力钢筋。

板支座原位标注的钢筋，应在配置相同跨的第一跨表达（当在梁悬挑部位单独配置时则在原位表达）。在配置相同跨的第一跨（或梁悬挑部位），垂直于板支座（梁或墙）绘制一段适宜长度的中粗实线（当该筋通长设置在悬挑板或短跨板上部时，实线段应画至对边或贯通短跨），以该线段代表支座上部非贯通纵筋，并在线段上方注写钢筋编号（如①、②等）、配筋值、横向连续布置的跨数（注写在括号内，且当为一跨时可不注）以及是否横向布置到梁的悬挑端，如图 28-5 中⑥ 和⑨ 号钢筋的注写，表示均为横向布置 2 跨，两端无悬挑。

板支座上部非贯通筋自支座中线向跨内的伸出长度，注写在线段的下方位置。当中间支座上部非贯通纵筋向支座两侧对称伸出时，可仅在支座一侧线段下方标注伸出长度，另一侧不注，如图 28-6 所示。

当向支座两侧非对称伸出时，应分别在支座两侧线段下方注写伸出长度，如图 28-7 所示。

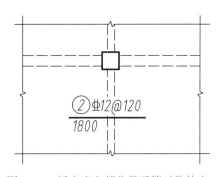

图 28-6　板支座上部非贯通筋对称伸出

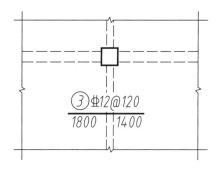

图 28-7　板支座上部非贯通筋非对称伸出

对线段画至对边贯通全跨或贯通全悬挑长度的上部通长纵筋，贯通全跨或伸出至全悬挑一侧的长度值不注，只注明非贯通筋另一侧的伸出长度值，如图 28-8 所示。

关于悬挑板的注写方式，如图 28-9 所示。当悬挑板端部厚度不小于 150 时，设计者应指定板端部封边构造方式。

当板的上部已配置有贯通纵筋，但需增配板支座上部非贯通纵筋时，应结合已配置的同向贯通纵筋的直径与间距采取"隔一布一"方式配置。

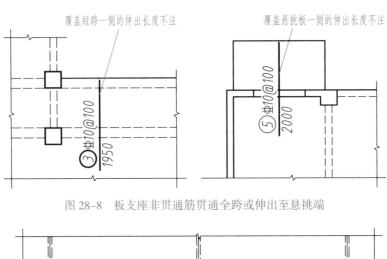

图 28-8　板支座非贯通筋贯通全跨或伸出至悬挑端

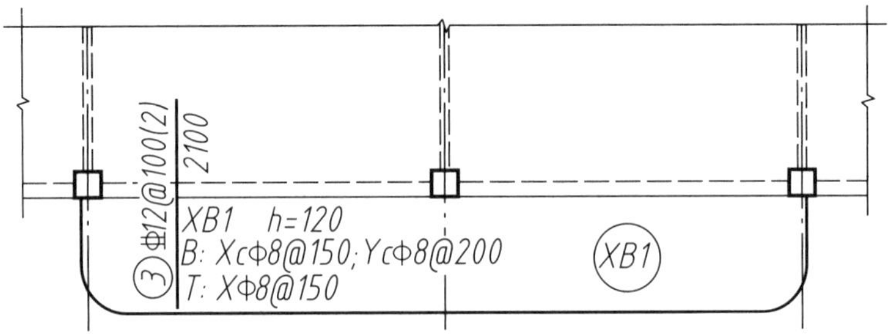

(a)

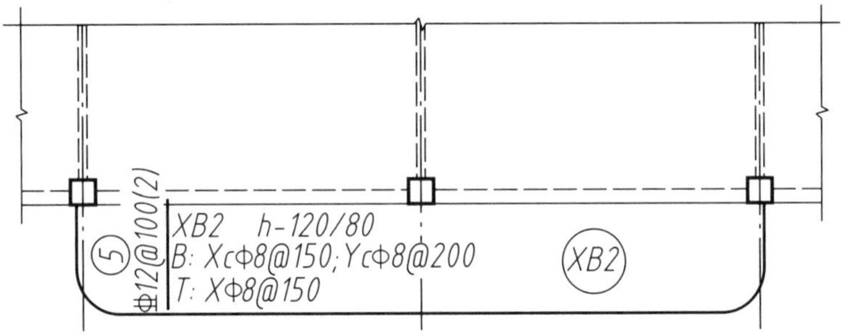

(b)

图 28-9　悬挑板支座非贯通筋

"隔一布一"方式，为非贯通纵筋的标注间距与贯通纵筋相同，两者组合后的实际间距为各自标注间距的 1/2。当设定贯通纵筋为纵筋总截面面积的 50% 时，两种钢筋应取相同直径；当设定贯通纵筋大于或小于总截面面积的 50% 时，两种钢筋则取不同直径。

■ 训练实例 ■

实例 1　有一楼面板块注写如下，请说明下面板块的集中注写内容的含义。

LB5　$h=110$

B: X ⸞ 12@120；Y ⸞ 10@110

【实例分析】

注写内容的含义是：表示 5 号楼面板，板厚 110 mm，板下部配置的纵筋 X 向为⬚12@120，Y 向为⬚10@110；板上部未配置贯通纵筋。

实例 2　有一楼面板块注写如下，请说明下面板块的集中注写内容的含义。

LB5　h=110
B：X ⬚10/12@100；Y ⬚10@110

【实例分析】

注写内容的含义是：表示 5 号楼面板，板厚 110 mm，板下部配置的纵筋 X 向为⬚10 和⬚12 且隔一布一，⬚10 与⬚12 之间间距为 100 mm；Y 向为⬚10@110；板上部未配置贯通纵筋。

实例 3　板上部已配置贯通纵筋⬚12@250，该跨同向配置的上部支座非贯通纵筋为⑤⬚12@250，请问该支座上部实际设置的纵筋如何？

【实例分析】

该题目考查"隔一布一"方式的含义，该支座上部实际设置的纵筋为：表示在该支座上部设置的纵筋实际为⬚12@125，其中 1/2 为贯通纵筋，1/2 为⑤号非贯通纵筋（伸出长度值略）。

实例 4　板上部已配置贯通纵筋⬚10@250，该跨配置的上部同向支座非贯通纵筋为③⬚12@250，请问该支座上部实际设置的纵筋如何？

【实例分析】

该题目考查"隔一布一"方式的含义，该支座上部实际设置的纵筋：表示该跨实际设置的上部纵筋为⬚10 和⬚12 间隔布置，二者之间间距为 125 mm，其中⬚10 的为贯通纵筋，⬚12 的为非贯通纵筋。

■ 课堂训练 ■

训练 1　基础知识填空

有梁楼盖平法施工图平面注写方式是在楼面板和屋面板的＿＿＿＿上，采用平面注写的方式，平面注写包括＿＿＿＿和＿＿＿＿，当集中注写与原位注写不一致时，＿＿＿＿取值在先。

训练 2　识读图 28-5，填写下列空白

楼板有＿＿＿＿种厚度，分别是＿＿＿＿＿＿＿＿。LB4 的 6 号钢筋长度是＿＿＿＿mm，其中的⬚10@100（2）的含义是＿＿＿＿＿＿＿，LB4 的顶部分布筋是＿＿＿＿＿＿＿＿。

LB5 有＿＿＿＿种类型钢筋，分别是＿＿＿＿＿＿＿＿＿＿＿＿＿＿＿。

■ 学习思考 ■

思考 1　什么是有梁楼盖和无梁楼盖？

思考 2　板位于同一层面的两向交叉纵筋哪个方向在下、哪个方向在上？

建筑故事

建 筑 事 故

哈尔滨建筑坍塌事故　2020 年 8 月 4 日上午 9 时，黑龙江省哈尔滨市道里区城安街 3 号北方金属交易市场一简易四层仓库发生坍塌，致 9 人遇难。事故由哈尔滨市某食品有限责任公司违法违规改扩建导致，在装修作业过程中，该公司向承租方提供错误信息，同意承租方提出的拆除作业范围和内容，致使承重墙体被拆除，导致了坍塌事故的发生。

东莞建筑坍塌事故　2016 年 4 月 13 日，广东省东莞市麻涌镇一预制构件厂工地一龙门式起重机架被大风吹倒，倾覆砸到住人集装箱组合房屋，导致附近约 200 m² 的工棚坍塌，共有 18 人死亡，4 人受重伤。

塔吊坍塌　2009 年 12 月 28 日，深圳市宝安区福永街道"凤凰花苑"建筑工地，塔吊坍塌，多名工人从 10 多层楼的高度直落下来，5 人当场死亡，1 人重伤。经专家初步分析：由于工人操作不规范，顶升系统发生意外，上部结构坠落，造成冲击，导致平衡臂拉杆连接处拉断，配重块撞击塔身，造成塔身弯折翻倒，上部结构平衡臂及配重坠落地面，顶升作业人员坠落。

大桥垮塌　2010 年 3 月 12 日，湖南娄底市一在建大桥垮塌，70 m 桥面下陷 5 m，事故没有造成人员伤亡。经初步调查，事故发生原因为施工单位违章作业，擅自拆除桥底部分支撑支架，导致桥面施工时荷载过重所致。这座桥全长 426 m，桥面宽 32 m，双向 6 车道，总造价约 1.08 亿元。

棚架坍塌　2010 年 5 月 8 日，广州市天河区黄村奥体南路的花花世界第五期工程工地浇筑混凝土过程中发生高支模倒塌事故，造成工人 4 死 4 伤。该坍塌属于典型的高支模坍塌事故，受力钢管间距过大（作业面下部用于承重的钢管间距不得超出 80 cm，但该工地承重钢管间距约 150 cm。间距越大，钢管用得越少，搭得更快，拆得也更快，但问题是钢管少了，承重能力下降，现有的钢管数量仅为安全数量的 1/3），其中 6 名临时工未经安全培训。

课程思政知识点：培养学生法制意识、安全意识、质量意识、责任意识、敬业精神和社会主义核心价值观。

模块 **9**

建筑给水排水施工图

项目 29　给水排水施工图基础

📍 项目目标

思政目标：培养学生艰苦奋斗的精神。

知识目标：熟悉给水排水施工图的分类组成及特点，掌握给水排水施工图中管道的表示与画法。

能力目标：能识读绘制给水排水施工图中管道图。

素质目标：培养学生注重细节、严谨负责的职业道德素养。

任务　建筑给水排水施工图

教学课件
给水排水工程
简介，施工图
的分类与组成

■ **任务引入与分析** ■

建筑给水排水施工图属于设备施工图的重要组成部分，是给水排水工程施工的重要技术依据。什么是给水排水工程？其施工图又分为哪些部分？给水排水施工图的图示特点是什么？有哪些规定？本任务将学习给水排水施工图的相关知识。

微课扫一扫
给水排水工程
简介及给排水
施工图分类与
组成

■ 相关知识 ■

一、给水排水工程简介

给水排水工程简称给排水工程，包括给水工程与排水工程两大部分。给水工程是指从水源取水，经过水质净化、输送，最后到达用户配水使用的工程；排水工程是指污水（生活污水与生产废水）排除、污水处理、处理后的污水排入江河等的工程。给水排水工程均包括室内与室外两部分。

二、给水排水施工图的分类与组成

给水排水施工图是表达给水排水工程设施的形状结构、大小位置及有关技术要求等的图样，一般由基本图和详图组成。基本图包括平面布置图、剖面图、系统轴测图、原理图及说明等；详图表明各局部的详细尺寸和施工要求。按照其表达的内容可分为：

（1）室内给水排水施工图。表达一幢建筑物室内的厨房、卫生器具、管道以及附件的大小、类型、安装位置，即从室外给水管网到建筑物内的给水管道、建筑物内部的给水与排水管道、自建筑物内排水到检查井之间的排水管道，以及相应的卫生器具和管道附件。其主要包括室内给水排水平面图、给水排水系统图、设备详图和施工说明等。

（2）室外给水排水施工图。表达一个区域或一个厂区的给水工程设施（水厂、给水管网等）及其排水工程设施（如排水管网、污水处理厂等）。它由室外给水排水平面图、管道纵断面图及附属设备等施工图组成。

（3）水处理设备构筑物工艺图。表示水厂、污水处理厂等各种水处理设备构筑物（澄清池、过滤池、蓄水池等）的施工图。

本任务根据实例介绍室内给水排水施工图、室外给水排水施工图、管道上构配件详图的图示特点和画法。

教学课件
给水排水施工
图特点

微课扫一扫
给水排水施工
图特点

三、给水排水施工图的特点

（1）因为给排水管道往往纵横交错，在平面上表达它们的空间走向比较复杂，所以，在给水排水工程图中一般采用轴测投影法画出管道系统的直观图，用于表明各层管道系统的空间关系和走向。这种直观图称为管道系统轴测图，简称系统图或轴测图。系统图根据各层平面布置图来绘制。读图时，两种图样对照识读可快速掌握图中所要表达的内容。

（2）给水排水施工图符合基本绘图方法和投影原理，同时又遵守《建筑给水排水制图标准》（GB/T 50106—2010）和《房屋建筑制图统一标准》（GB/T 50001—2017）。给水排水施工图常用各种线型应符合规定。线宽 b 可用：0.18 mm、0.25 mm、0.35 mm、0.5 mm、0.7 mm、1.0 mm、1.4 mm、2.0 mm，一般选用 0.7 mm、1.0 mm 较为合适，给水排水施工图的常用线型如表 29-1 所示。

给水排水施工图中所表示的各种设备、器件、管网、线路等一般均采用统一的图形符号，称为图例，在绘制或识读前，应查阅并掌握与图纸相关的图例及其表示的内容。常用的图例如表 29-2 所示。

表 29-1 给水排水施工图的常用线型

名称	线型	线宽	用途
粗实线	——————	b	新设计的各种排水和其他重力流管线
中粗实线	——————	$0.75b$	新设计的各种给水和其他压力流管线；原有的各种排水和其他重力流管线
中实线	——————	$0.50b$	给水排水设备、零（附）件的可见轮廓线；总图中新建的建筑物和构筑物的可见轮廓线；原有的各种给水和其他压力流管线
细实线	——————	$0.25b$	建筑的可见轮廓线；总图中原有的建筑物和构筑物的可见轮廓线；制图中的各种标注线
粗虚线	— — — —	b	新设计的各种排水和其他压力流管线的不可见轮廓线
中粗虚线	— — — —	$0.75b$	新设计的各种给水和其他重力流管线及原有的各种排水和其他重力流管线的不可见轮廓线
中虚线	— — — —	$0.50b$	给水排水设备、零（附）件的不可见轮廓线；总图中新建的建筑物和构筑物的不可见轮廓线；原有的各种给水和其他压力流管线不可见轮廓线
细虚线	— — — —	$0.25b$	建筑的不可见轮廓线；总图中原有的建筑物和构筑物的不可见轮廓线
单点长画线	—·—·—	$0.25b$	中心线、定位轴线
折断线	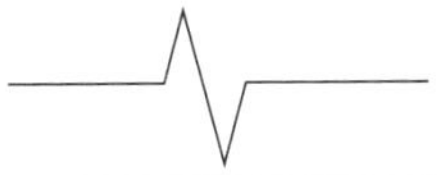 —／\—	$0.25b$	断开界线
波浪线	 ～～～	$0.25b$	平面图中水面线、局部构造层次范围线、保温范围示意线等

表 29-2 给水排水施工图的常用图例

序号	名称	图例	说明	序号	名称	图例	说明
1	生活给水管	 —J—	J：给水管	6	管道弯折	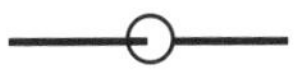 ⊸○	表示管道向后或向下弯折90°
2	污水管	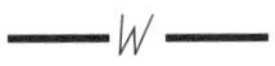 —W—	W：污水管	7	管道丁字上接	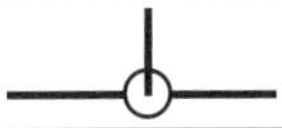	
3	管道交叉	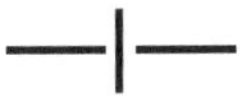		8	管道立管	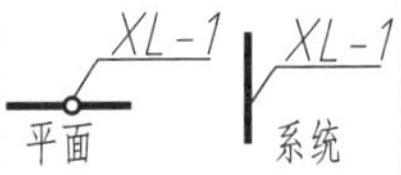 XL-1 平面 / XL-1 系统	X：管道的类别 L：立管 1：编号
4	三通连接			9	多孔管		
5	四通连接			10	清扫口	 平面 系统	

续表

序号	名称	图例	说明	序号	名称	图例	说明
11	立管检查口			25	盥洗槽		
12	通气帽	成品　铅丝球		26	污水池		
13	圆形地漏		通用，如无水封，地漏应加存水弯	27	坐式大便器		
14	自动冲洗水箱			28	小便槽		
15	管堵			29	法兰连接		
16	存水弯			30	活接头		
17	法拉堵盖			31	室外消火栓		
18	球阀			32	淋浴喷头		
19	闸阀			33	蹲式大便器		
20	截止阀	DN≥50　DN<50	DN：公称直径	34	化粪池	HC　　HC	HC 为化粪池代号
21	浮球阀	平面　系统		35	阀门井检查井		
22	放水龙头			36	水表井		
23	洗脸盆			37	室内消火栓（单口）	平面　系统	白色为开启面
24	浴盆			38	室内消火栓（双口）	平面　系统	

（3）给水排水工程中管道很多，通常分成给水系统和排水系统。它们都有各自的走向，按照一定方向通过干管、支管，最后与具体设备相连接。室内给水系统的流程为：房屋引入管→水表井→干管→支管→用水设备；室内排水系统的流程为：排水设备→支管→干管→排出管。按照顺序读图，设备系统便一目了然。

教学课件
给水排水施工
图中管道的表
示与画法

四、给水排水施工图中管道的表示与画法

1. 管道图

管道又称管线，是指液体或气体流动的通道。管道一般由管子、管件及其附属设备组成。如果按照投影制图的方法画管道，则应将上述各组成部分的规格、形式、大小、数量及连接方式都遵循正投影规律并按一定的比例画出来。但是在实际绘图时，却是根据管道图样的比例及其用途来决定管道图示的详细程度。在给水排水施工图中一般有下列三种管道表示方法。

微课扫一扫
给水排水施工
图中管道的表
示与画法

（1）单线管道图。在比例较小的图样中，无法按照投影关系画出细而长的各种管道，不论管道的粗细都只采用位于管道中心轴线上的线宽为 b 的单线图例来表示管道。管道的类别以汉语拼音字母表示。在给水排水施工图中最常用的就是用单粗线表示各种管道。在同一张图上的给水、排水管道，习惯上用粗实线表示给水管道，粗虚线表示排水管道。

（2）双线管道图。双线管道图就是用两条中粗实线表示管道，不画管道中心轴线，一般用于重力管道纵断面图，如室外排水管道纵断面图。

（3）三线管道图。三线管道图就是用两条粗实线画出管道轮廓线，用一条点画线画出管道中心轴线，同一张图纸中不同类别的管道常用文字注明。此种管道图广泛用于给水排水施工图中的各种详图，如室内卫生设备安装详图等。

2. 管道的标注

给水排水专业制图中，线型应按《房屋建筑制图统一标准》（GB/T 50001—2017）的规定选用。比例宜符合表 29-3 的规定，若在系统图中局部表达有困难，则此处可不按比例绘制。

表 29-3 给水排水专业图常用比例

名　称	比　例	备　注
区域规划图 区域位置图	1：50 000、1：25 000、1：10 000、 1：5 000、1：2 000	宜与总图专业一致
总平面图	1：1 000、1：500、1：300	宜与总图专业一致
管道纵断面图	纵向：1：200、1：100、1：50 横向：1：1 000、1：500、1：300	
水处理构筑物、设备间、卫生间、泵房平面图与剖面图	1：500、1：200、1：100	
建筑给水排水平面图	1：200、1：150、1：100	宜与建筑专业一致
建筑给水排水轴测图	1：150、1：100、1：50	宜与相应图纸一致
详图	1：50、1：30、1：20、1：10、1：5、1：2、 1：1、2：1	

室内工程应标注相对标高，室外标注绝对标高。平面图与系统图的标高标注宜采用图 29-1、图 29-2 的标注方法。

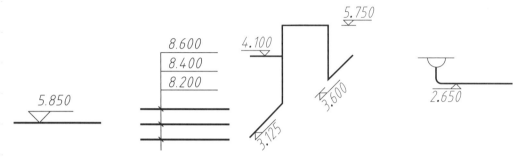

图 29-1 平面图管道标高标注方法　　　　图 29-2 系统图中管道标高标注方法

管径以 mm 为单位，对于水煤气输送钢管（镀锌或非镀锌）、铸铁管等管材，以公称直径 DN 表示。无缝钢管、焊接钢管、不锈钢管等管材，管径以外径 D × 壁厚表示（如 D100 × 4）。

通常，用 J 作为给水管的代号，用 W 作为污水管的代号，用 L 作为立管的代号。当建筑物的给水排水进出口管道数量多于一个时，用阿拉伯数字编号，以便查找和绘制轴测图，如图 29-3 所示。当给水引入管、排出管或者建筑物内穿越楼层的立管的数量为多根时，可采用图 29-4 所示的表示方法。

图 29-3 给水或排水管编号表示法　　　　图 29-4 立管编号表示法

3. 单线管道的画法

在给水排水施工图中，常采用正投影和轴测投影两种作图方法来绘制单线管道图。

（1）正投影作图方法。如前所述，若是一条直管道，则画成一条粗实线；若是 90° 弯管，则画成相互垂直、交接方整的两条直线。为了在平面图上表示管道的空间情况，一般将垂直于投影面的管道用直径 2 ~ 3 mm 的细线圆圈表示。图 29-5 为给水排水工程中常见管道组合方式的画法。注意，平面图上细线圆圈的含义及其与水平管线交接情况不同时画法的区别。

图 29-5 常见管道组合方式的画法

（2）轴测投影作图方法。管道轴测图能够反映管道在空间前后、左右、上下的走向。管道轴测图是按正面斜等轴测投影法绘制的，即轴向伸缩系数均为 1（$p=q=r=1$）。一般情况下取轴间角 $Z_1OX_1=90°$、$Z_1OY_1=X_1OY_1=135°$，如图 29-6a 所示。管道重叠或交叉太多时，可按图 29-6b 所示绘制。

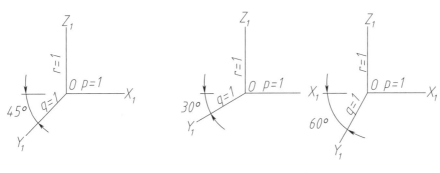

(a) 45° 轴测坐标系   (b) 30°、60° 轴测坐标系

图 29-6   管道轴测图坐标系

■ **训练实例** ■

实例 1   如图 29-7a 所示，根据管道的立面图与平面图，绘制管道的轴测图。

【作图步骤】

按 45° 轴测坐标系轴向伸缩系数均为 1 原理，从左至右完成作图，作图结果，如图 29-7b 所示。

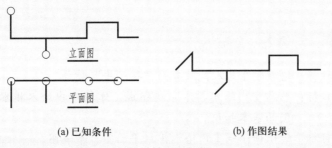

(a) 已知条件   (b) 作图结果

图 29-7   管道轴测图的作图（一）

实例 2   如图 29-8a 所示，根据管道平面图与标高，绘制管道轴测图，轴方向长度按照 1:50 绘制，方向长度从图上量取。

【作图步骤】

根据题意，按 45° 轴测坐标系轴向伸缩系数均为 1 原理，从左至右完成作图，作图结果如图 29-8b 所示。

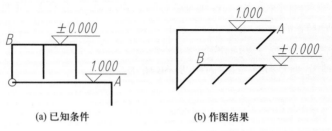

(a) 已知条件　　　　　　(b) 作图结果

图 29-8　管道轴测图的作图（二）

■ 课堂训练 ■

　　训练 1　给水排水工程图中，室内工程应标注_____标高，室外应标注_____标高。

　　训练 2　给水排水管径以_____为单位，常用公称直径_____表示。

　　训练 3　一般来讲，用____作为给水管的代号，用_____作为污水管的代号。

　　训练 4　在给水排水施工图中，管道系统图是按_____绘制的。

■ 学习思考 ■

　　思考 1　什么是给排水工程？分哪几个部分？

　　思考 2　给水排水施工图的分类都有哪些？

　　思考 3　给水排水施工图的特点是什么？应该按照怎么样的顺序读图？

项目 30　室内给水排水施工图

📍 项目目标

　　思政目标：培养学生为人民服务的"孺子牛"精神。

　　知识目标：熟悉室内给水排水系统组成，掌握室内给水排水平面图、系统图的基本知识。

　　能力目标：能识读绘制室内给水排水平面图、系统图。

　　素质目标：培养学生认真负责的工作态度和一丝不苟的工作作风。

任务　室内给水排水施工图

■ 任务引入与分析 ■

　　室内给水排水施工图表示一幢建筑物内的给水工程和排水工程，它主要显示建筑物内卫生器具的安装位置及其管道的布置情况，包括室内给水施工图和室内排水施工图。图 30-1 是室内给水排水系统的组成图，如何用平面图和系统图来表达室内给水排水施工图是本任务的重要内容。

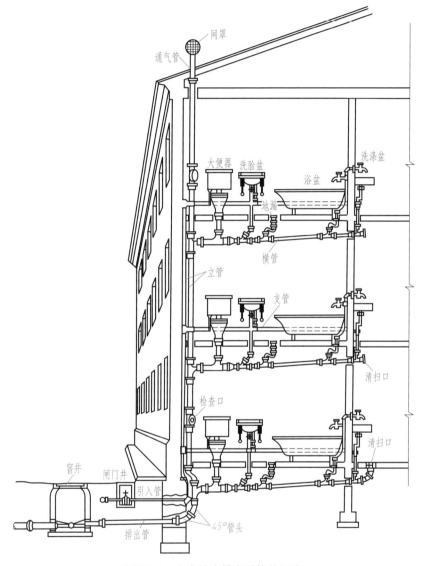

图 30-1　室内给水排水系统的组成

■ **相关知识** ■

一、室内给水排水系统组成

1. 室内给水系统的组成

室内给水系统是从室外给水管网引水到建筑物内部各种配水龙头、生产机组和消防设备等各用水点的给水管道系统。按用途可以分为生活给水系统、生产给水系统和消防给水系统三部分。**室内给水系统的组成如图 30-2 所示。**

教学课件
室内给水系统
的组成

微课扫一扫
室内给水系统
的组成

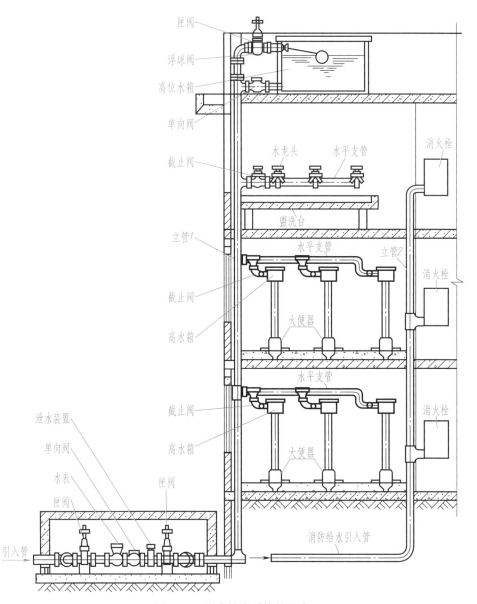

图 30-2 室内给水系统的组成

（1）引入管。自室外给水管网引入室内给水系统的一段水平管道，也称为进户管。引入管应有不小于 0.003 的坡度斜向室外给水管网。每条引入管应该安装闸阀，也可安装泄水装置。

（2）水表节点。水表节点是引入管上设置的水表及前后设置的闸阀、泄水装置的总称。水表节点在我国南方地区可设在室外水表井中，并距建筑外墙 2 m 以上；在寒冷地区常设于室内的供暖房间内。

（3）管道系统。管道系统是指室内给水水平或垂直干管、立管、支管等。

（4）给水附件及设备。给水附件及设备是指管道上的闸阀、止回阀及各式配水龙头和分户水表等。

（5）升压和储水设备。当用水量大、水压不足时，应设置水箱和水泵等设备。

（6）消防设备。按照建筑物的防火系统等级要求需要设置消防给水时，一般应设置消火栓等消防设备，有特殊要求时，另装设自动喷洒消防或水幕设备。

根据干管敷设位置不同，管网图可分为下行上给式和上行下给式两种布置（图 30-3）。下行上给式的干管敷设在地下室或第一层地面下，一般用于住宅、公共建筑以及水压能满足要求的建筑物。上行下给式的干管敷设在顶层的顶棚上或阁楼中，由于室外给水管网压力不足，建筑物上需设置蓄水箱（或高压水箱）和水泵，一般用于多层民用建筑、公共建筑或生产流程不允许在底层地面下敷设管道，以及地下水位高、敷设管道有困难的地方。

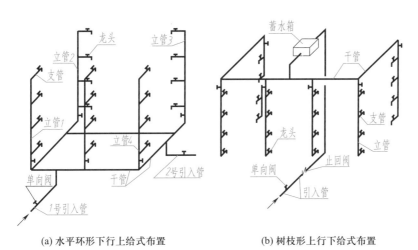

(a) 水平环形下行上给式布置　　　　　(b) 树枝形上行下给式布置

图 30-3　室内给水管网的组成及管网布置方式

2. 室内排水系统的组成

室内排水系统是指把室内各用水点的污水、废水及屋面雨水排出到建筑物外部的排水管道系统。民用建筑内排水系统通常排除生活污水。排除雨水的管道应单独设置，不与生活污水合流，如图 30-4 所示。

教学课件
室内排水系统的组成

室内排水系统主要由以下部分组成：

（1）卫生器具或生产设备受水器。

（2）排水横管。排水横管是指连接各卫生器具的水平横管，应有一定的坡度指向排水立管。当卫生器具较多时，应设置清扫口。

微课扫一扫
室内排水系统的组成

（3）排水立管。排水立管是指连接排水横管和排出管之间的竖向管道。立管在底层和顶层应设置检查口，多层房屋应每隔一层设置一个检查口，检查口距楼地面高 1 m。

（4）排出管。排出管是指连接排水立管将污水排出室外检查井的水平管道。排出管到检查井方向应有一定坡度。

（5）通气管。通气管是指设置在顶层检查口以上的一段立管，用来排出臭气，平衡气压，防止卫生器具水封破坏，使室内配水管道中散发的臭气和有害的气体排到大气中去。通气管应高出屋面 0.3 m 以上，并大于积雪厚度，通气管顶端应装置通气帽。

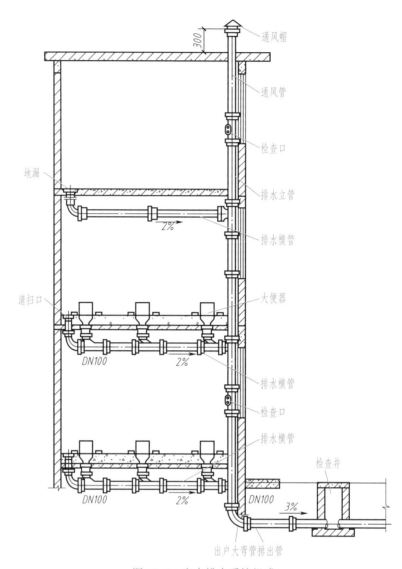

图 30-4 室内排水系统组成

（6）检查井与化粪池。生活污水由排出管引向室外排水系统之前，应设置检查井或化粪池，以便将污水进行初步处理。

二、室内给水排水平面图

室内给水排水平面图（图 30-5）主要表达给水管和排水管的平面布置情况及其编号，以及各立管、干管、支管的平面布置及立管的编号。在建筑物内，凡需用水的房间均需配以卫生器具、管道和附件等，所以平面图还应反映卫生器具、管道及附件等在房屋中的平面位置。

给水平面图和排水平面图可以合并画出，也可分别表示。

1. 室内给水排水平面图的图示特点

（1）比例。《建筑给水排水制图标准》（GB/T 50106—2010）规定，室内给水排水平面图选用的比例一般与建筑平面图中的比例相同。常用比例可选用 1∶100、1∶50，同时应注意给水排水平面图在图纸上的布图方向应与相关建筑平面一致。

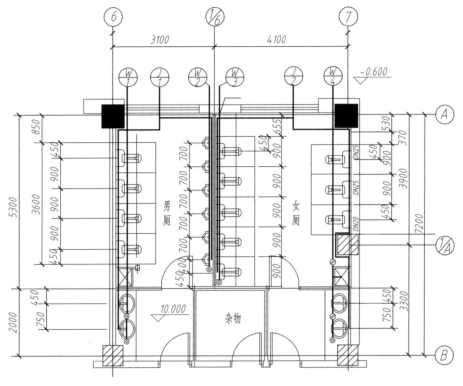

底层厕所给水排水平面图详图 *1:50*

图 30-5　室内某底层给水排水平面图

（2）画法要求。给水排水平面图主要反映管道系统各组成部分的平面位置，因此建筑物的轮廓线、轴线号、房间名称、绘图比例等均应与建筑施工图一致，用细实线绘制。

建筑平面图的内容一般只抄绘墙身、柱、门、窗洞、楼梯等主要构配件，对于房屋的细部、门窗代号等均可略去。另外，底层平面图中的室内管道需与户外管道相连，所以应单独画出一个完整的底层平面图，其他楼层平面图只需抄绘与卫生器具和管道布置相关的平面图，不需画出整个楼层的平面图，但需要注明定位轴线的编号和轴间尺寸等。

给水排水平面图中需要注明管道的管径，底层给水排水平面图中还要画出给水引入管、污水排出管的位置和管径。立管应按照管道的类别和代号自左向右分别编号，且各楼层一致；消火栓可按照需要分层按顺序编号。±0.000 标高层平面图应在右上方绘制指北针。

对于给水管道，以中粗实线表示水平管，以小圆圈表示立管。底层平面图中要画出引入管。对于排水管道以粗实线表示水平管道，以小圆圈表示排水立管，底层平面图中要画出排出管。给水排水管径尺寸以 mm 为单位，其中，DN 是最常用的公称直径。

　　安装在下层空间或埋没在地面下而为本层使用的管道，可绘制于本层平面图上。如有地下层，排出管、引入管、汇集横干管可绘制于地下层内。

　　（3）尺寸与标高。房屋的水平方向尺寸，一般在底层管道平面图中只需注出其轴线间尺寸，标高只需标注室外地面的整平标高和各层的地面标高。卫生器具和管道一般都是沿着墙柱设置的，不必标注定位尺寸，卫生器具的规格可用文字标注在引出线上，或在施工说明中写明。

　　管道的长度在备料时，只需从图中近似地量出，在安装时则以实际尺寸为依据，所以图中均不标注管道长度。因管道平面图不能充分反映管道在空间的具体布置、管路的连接情况等，所以平面图中一般不标注管道的坡度、管径和标高，而在管道系统图中予以标注。

　　（4）图例和施工说明。为了方便施工人员施工，无论是否采用标准图例，图中最好都绘出各种管道及卫生设备等的图例，并用文字说明对施工的要求等。通常图例和施工说明，均列在底层给水排水平面图后。

　　2. 室内给水排水平面图的绘图步骤

　　绘图时，应先绘制底层给水排水平面图，再绘制各楼层和屋顶的给水排水平面图。现以底层给水排水平面图为例，说明画图步骤：

　　（1）抄绘建筑施工图中的底层平面图。

　　（2）在底层平面图中，画出管道布置平面图，并按照规定的线型进行加深。一般先画立管，再按照水流方向画出分支管和附件，以及引入管和排出管。给水管一般画至设备的放水龙头或者冲洗水箱的支管接口，排水管一般画至各设备的污水排泄口。

　　（3）绘制图例、标注尺寸、符号、标高和注写文字说明。

三、室内给水排水系统图

　　如图 30-6、图 30-7 所示，室内给水排水系统图采用 45° 正面斜轴测的投影规则绘制，可以表示管道系统在空间三个方向的转折、交叉重叠等复杂情况，也能反映各管道附件在管道上的位置，因此系统图是室内给水排水施工图的重要组成部分。

　　室内给水排水系统图分为给水与排水两部分。给水部分包括给水管道系统在室内的具体走向，干管的敷设形式，各管段的管径及变化情况，引入管、干管、各支管的标高与各种附件在管道上的位置等内容；排水部分应有排水管道系统在室内的具体走向，管路的分支情况、管径尺寸、横管坡度、存水弯形式、清通设备设置情况等。

　　1. 室内给水排水系统图的图示特点

　　（1）比例。系统图的比例选用应与平面图一致，但当局部管道按比例不易表示清楚时，此处局部管道可不按比例绘制。

　　（2）轴向选择。通常把房屋的高度方向作为 OZ 轴，OX 和 OY 轴的选择则以能使图上管道简单明了、避免管道过多交错为原则。

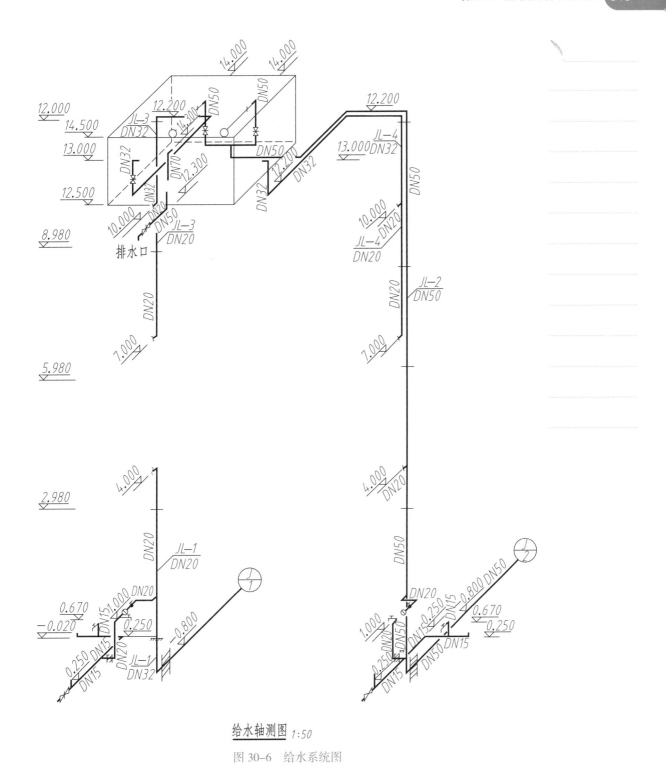

<u>给水轴测图</u> 1:50

图 30–6　给水系统图

　　根据正面斜等测的性质，系统图中与轴向或与 XOZ 坐标面平行的管道反映实长。OX、OY 向的尺寸可直接从平面图中量取，OZ 向的尺寸根据房屋的层高和配水龙头的习惯安装高度尺寸决定。

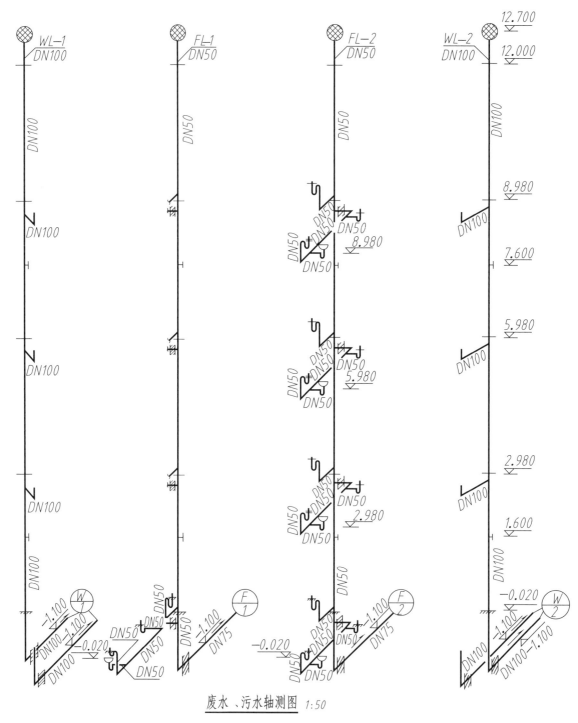

废水、污水轴测图 1:50

图 30-7 排水系统图

与轴向或与 XOZ 坐标面不平行的管道因不反映实长，这些管路可用坐标定位，即将管段起止两端点的位置按空间坐标在轴测图上先一一定位，然后连接端点即可。

（3）管道。管道可以不区分线型，统一用粗实线表示，但其他图例和线宽仍按原规定。管道穿越过的墙、楼面等的位置用细实线画出，用图例表示。

管道系统中的水表、放水龙头等配水器可用图例画出，用水设备可不画。若各层管道布置情况完全相同，则中间楼层的管道可以省略，仅在立管分出的支管折断处注写"同某层"即可。一般应完整绘出底层和顶层的管道。

在平面图中进出口编号已经分好的管道系统，为避免重叠与交叉可分别绘制轴测图，编号应与平面图一致。

管道交叉时，应在鉴别可见性后，将可见部分画成延续，不可见则断开画。管道过于集中时，可将部分管道断开，移至合适位置绘出，断开部位用相同大写字母表示连接编号。

（4）标注。管径直接注写在相应的管道旁边。应注意系统图中所有管段均需标注管径，当连续几段管段的管径相同时，可仅标注两端管段的管径，省略中间管段的管径标注。

标高应标相对标高，一般要标注出横管、阀门、水龙头和水箱各部分的标高。同时要标注室内地面、室外地面、各楼层和屋面标高。

横管有坡度应标注坡度，一般给水横管没有坡度，排水管有坡度。

2. 给水排水轴测图的作图步骤

通常先画好给水排水平面图后，再按照平面图与标高画出轴测图。轴测图底稿的画图步骤如下：

（1）首先画出轴测轴，再将立管所穿过的地面画在同一水平线上。管线长度在平面图上直接量取，高度如前所述。

（2）画立管或者引入管、排出管。

（3）画立管上的各地面、楼面。

（4）画各层平面上的横管。

（5）画管道轴测图上相应附件、器具等图例。

教学课件
给水排水轴测图的作图步骤

微课扫一扫
给水排水轴测图的作图步骤

■ **训练实例** ■

实例　如图 30-8 ~ 图 30-11 所示，是某楼给水排水平面图和系统图。从图 30-8 可知，给水管自房屋轴线①和轴线 *E* 相交处的墙角北面入口，通过底层水平干管分三路送到用水处：第一路通过立管 1（标记为 JL-1）送入大便器和盥洗槽；第二路通过立管 2（标记为 JL-2）送入小便槽多孔冲洗管和洗涤池（拖布盆）；第三路通过立管 3（标记为 JL-3）进入淋浴间的淋浴喷头。

图 30-9 是根据给水管道平面图画出来的给水管网系统。如图所示，由于室内卫生设备多沿房屋横向布置，所以应以横向作为 *OX* 轴，纵向作为 *OY* 轴。从图中也可以看出，为了表达清楚，系统图上立管 1 和立管 2 画出，第二层的管路没有画出。

图 30-10 是排水管网平面图，图 30-11 是室内排水系统图，为了靠近室外排水管道，将排出管布置在西南角。同时，为了便于粪便的处理，将粪便排出管与淋浴、盥洗排出管分开，把后者的排出管布置在房屋的前墙面（南面），直接排到室外排水管道。也可先排到室外雨水沟，再由雨水沟排入室外排水管道。

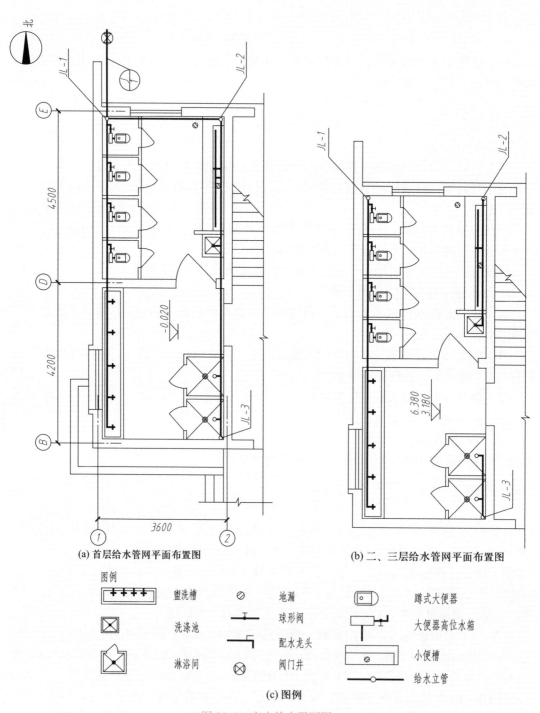

(a) 首层给水管网平面布置图　　　　　　(b) 二、三层给水管网平面布置图

图例

	盥洗槽	⊘ 地漏		蹲式大便器
⊠	洗涤池	球形阀		大便器高位水箱
⊠	淋浴间	配水龙头		小便槽
		⊗ 阀门井		给水立管

(c) 图例

图 30-8　室内给水平面图

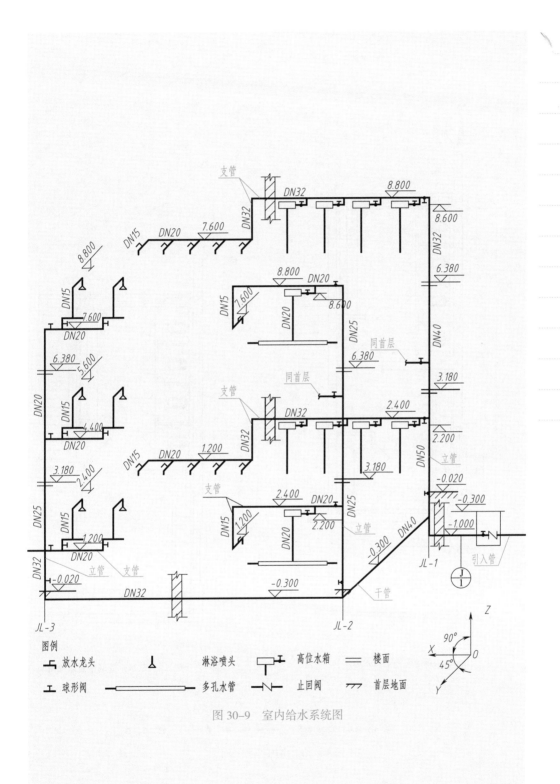

图 30-9 室内给水系统图

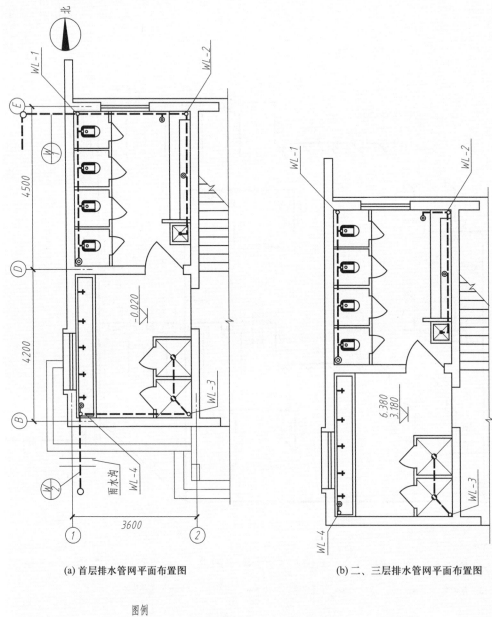

(a) 首层排水管网平面布置图

(b) 二、三层排水管网平面布置图

图例

——○—— 排水立管   ———— 排水管   ◎ 清扫口

图 30–10 室内排水平面图

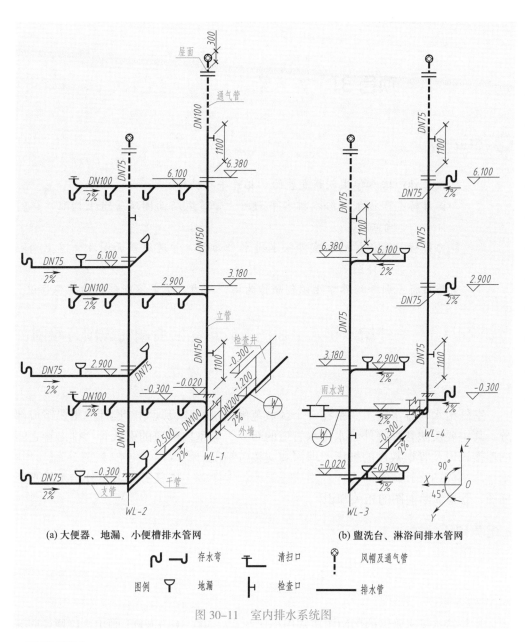

(a) 大便器、地漏、小便槽排水管网　　(b) 盥洗台、淋浴间排水管网

图 30-11　室内排水系统图

■ 课堂训练 ■

　　训练　试进一步分析和阅读图 30-8 ~ 图 30-11 某楼给水排水平面图和系统图。

■ 学习思考 ■

　　思考 1　室内给水排水施工图表示哪些内容?
　　思考 2　室内给水系统由哪几部分组成?
　　思考 3　室内排水系统由哪几部分组成?
　　思考 4　室内给水排水平面图的绘图步骤有哪些?

思考5　室内给水排水系统图的绘图步骤有哪些?

项目 31　室外给水排水施工图

📍 项目目标

思政目标：培养学生创新发展的"拓荒牛"精神。

知识目标：掌握室外给水排水平面图、管道纵断面图及管道上构配件详图等知识。

能力目标：能识读绘制室外给水排水平面图、管道纵断面图及管道上构配件详图。

素质目标：引导培养学生以创新作为第一动力，形成不断创新的思想意识。

任务 31.1　室外给水排水平面图及管道纵断面图的识图与绘制

📀 教学课件
室外给水排水
平面图概述与
绘图步骤

📱 微课扫一扫
室外给水排水
平面图概述与
绘图步骤

■ 任务引入与分析 ■

　　室外给水与排水施工图是在一个区域范围内进行建设规划、设计的重要组成部分，其主要反映各种室外给水排水管道的布置，与室内管道的引入管、排出管之间的连接，以及管道敷设的坡度、埋深和交接等情况。室外给水与排水施工图包括给水排水平面图、管道纵断面图、附属设备的施工图等。本任务学习室外给水排水平面图、管道纵断面图的相关知识。

■ 相关知识 ■

一、室外给水排水平面图

（一）概述

　　室外给水排水管网的平面图通常用小比例（1∶500、1∶1 000）画出，以便说明新建房屋室内给水排水管道与室外管网的连接情况。一般只画出局部室外管网的干管，以能说明与给水引入管和排水排出管的连接情况即可。用中实线画出建筑物外墙轮廓线，用粗实线表示给水管道，用粗虚线表示排水管道。一般把各种管道，如给水管、排水管、雨水管，以及水表、检查井、化粪池等附属设备，都画在同一张图纸上。

　　给水管道宜标注管中心标高，由于给水管是压力管，且无坡度，往往沿地面敷设，如敷设时为统一埋深，可在说明中列出给水管中心标高。排水管道（包括雨水管和污水管）应注出起讫点、转角点、连接点、交叉点、变坡点的标高，排水管道宜注管内底标高。为简便起见，可在检查井处引一指引线，在指引线的水平线上面标以井底标高，水平线下面标注用管道种类及编号组成的检查井编号。

在室外给水排水平面图中，一般在右上角画出指北针，标明图例，书写必要的说明，以便于读图和按图施工。

（二）绘图步骤

（1）将对建筑总平面图中各建筑物、道路等的布置进行抄绘，同时画出指北针。

（2）按照新建房屋的室内给水排水底层平面图，将有关房屋中相应的给水引入管、废水排出管、污水排出管、雨水连接管等的位置在图中画出。

（3）画出室外给水和排水的各种管道与附属设备。

（4）标注管道管径、检查井的编号和标高，以及有关尺寸。最后，标绘图例和注写说明。

二、室外给水排水管道纵断面图

教学课件
室外给水排水
管道纵断面图

微课扫一扫
室外给水排水
管道纵断面图

因建设区域内管道种类繁多，布置复杂，应按照管道的种类分别绘出每一条街道的管道纵断面图总平面图和管道纵剖面图，管道不太复杂时，也可合并绘制在一张图纸中，但也只画干管、检查井和交叉管道的位置，以便与断面图对应。室外给水排水管道纵断面图主要表达地面起伏、管道敷设的埋深和管道交接等情况。

技术设计或施工图设计阶段要绘制管道的纵断面图。图上用细单实线表示原地面标高线和设计地面标高线，用粗双实线表示管道标高线，用细双竖线表示检查井。图中应标出沿线支管接入处的位置、管径、标高；与其他地下管线、构筑物或障碍物交叉点的位置和标高；沿线地质钻孔位置和地质情况等。在剖面图下方有一表格，表中注明检查井编号、管段长度、管径、坡度、地面标高、管内底标高、埋深、管道材料、接口形式、基础类型等。有时也将流量、流速和充满度等数据注明。比例尺的采用一般横向与平面图一致，纵向为 $1:50 \sim 1:200$，这种组合比例是因管道的长度方向往往比直径方向大许多所致。

管道纵断面图中往往还要列表说明干管的干管的有关情况和设计数据，以及与在该干管附近的管道、设施和建筑物的情况。

■ 训练实例 ■

实例 1　如图 31–1 所示，请识读某学校宿舍附近小区的室外给水排水平面图。

从图中可以看出，从大门外引入的 DN100 给水管，沿西墙 5 m 处和沿北墙 1 m 处敷设，中间接水表，分两根引入管接入屋内。污水干管在房屋中部离北墙处沿北墙敷设，污水自室内排出管排出户外，用支管分别接入标高为 3.55 m、3.50 m、3.46 m 的污水检查井中，检查井用污水干管 d150 连接，接入化粪池。化粪池用图例表示。雨水干管沿北墙、南墙、西墙在离墙 2 m 处敷设。

自房屋的东端起有两根雨水和废水干管（雨水和废水用同一根排水管）：一根 d150 的干管沿南墙敷设，雨水通过支管流入东端的检查井 Y6（标高 3.55 m），经这根干管，流向检查井 Y7（标高 3.40 m），其上又接入一支管；干管（d150）继续向西，与检查井 Y8（标高 3.37 m）连接，在 Y8 处再接入一支管。

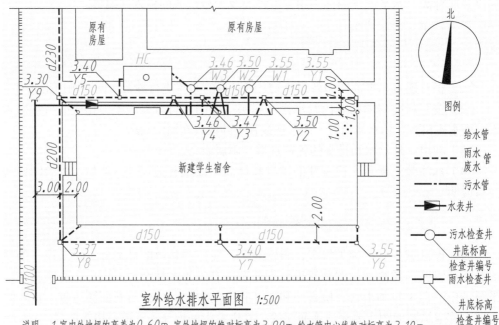

室外给水排水平面图 1:500

说明：1.室内外地坪的高差为0.60 m，室外地坪的绝对标高为3.90 m，给水管中心线绝对标高为3.10 m。

　　　2.雨水和废水管坡度：d150、d200为0.5%；d230为0.4%，污水管坡度为1%。

　　　3.检查井尺寸：d150、d200为480 mm×480 mm；d230为600 mm×600 mm。

图 31-1　室外给水排水平面图

实例 2　如图 31-2 所示，为某一街道给水排水平面图和污水管道纵断面图，请识读该室外给水排水管道纵断面图的图示内容和表达方法。

【读图步骤】

（1）比例。由于管道的长度方向比直径方向大得多，为了说明地面起伏情况，在纵断面图中，通常采用横向和纵向不同的组合比例，例如纵向比例常用1:200、1:100、1:50，横向比例常用1:1 000、1:500、1:300等。

（2）断面轮廓线的线型。管道纵断面图是沿干管轴线铅垂剖切后画出的断面图，压力流管道用单粗实线绘制，重力流管道用双中粗实线绘制（如图中所示的污水管、雨水管）；地面、检查井、其他管道的横断面（不按比例，用小圆圈表示）等，用细实线绘制。

（3）表达干管的有关情况和设计数据，以及与在该干管附近的管道、设施和建筑物的情况。如图 31-2 所示，图中所表达的污水干管纵断面、剖切到的检查井、地面，以及其他管道的横断面，都用断面图的形式表示，图中还在其他管道的横断面处，标注了管道类型的代号、定位尺寸和标高。在断面图下方，用表格分项列出该干管的各项设计数据，例如：设计地面标高、设计管内底标高（这里是指重力管）、管径、水平距离、编号、管道基础等内容。此外，还常在最下方画出管道的平面图，与管纵断面图对应，便可补充表达出该污水干管附近的管道、设施和建筑物等情况，除了画出在纵断面中已表达的这根污水干管以及沿途的检查井外，图中还画出：这条街道下面的给水干管、雨水干管，并标注了这三根干管的管径，它们之间以及与街道的中心线，人行道之间的水平距离；各类管道的支管和检查井，以及街道两侧的雨水井；街道两侧的人行道，建筑物和支弄道口等。

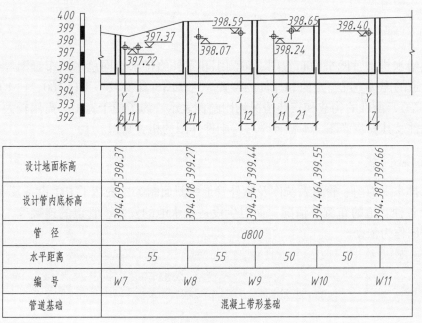

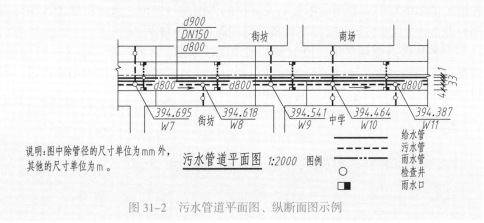

说明：图中除管径的尺寸单位为mm外，其他的尺寸单位为m。

污水管道平面图 1:2000　图例

图 31-2　污水管道平面图、纵断面图示例

■ 课堂训练 ■

训练 1　室外给水与排水施工图包括_____、_____、附属设备的施工图等。

训练 2　室外给水排水管网的平面图通常用_____比例画出。管道纵断面图中用_____表示管道高程线，用_____表示检查井。

▪ 学习思考 ▪

思考 1　室外给水排水平面图的绘图步骤有哪些？

思考 2　室外给水排水纵断面图一般包括哪些内容？

任务 31.2　管道上的构配件详图

▪ 任务引入与分析 ▪

室内给水排水管网平面布置图、轴测图和室外给排水管网总平面布置图等，只表示了管道的连接情况、走向和配件的位置。这些图样比例较小（1∶100、1∶1 000、1∶1 500 等），配件的构造和安装情况均用图例表示。为了便于施工，需用较大比例画出构配件及其安装详图，本任务学习构配件详图的相关知识。

▪ 相关知识 ▪

给水排水平面图、管道系统图及室外管道纵断面图等，表达了卫生设备及水池、地漏以及各种管道的布置等情况，而卫生设备及水池的安装、管道的连接等，还需有施工详图作为依据。

管道构配件详图一般采用的比例较大，为了按施工安装的需要，安装详图表达必须详尽、具体、明确，一般采用正投影法绘制，可以简化画出设备的外形，管道用双线表示，安装尺寸也应注写完整和清晰，主要材料表和有关说明都要表达清楚。

常用的卫生设备安装详图，通常套用标准图集中的图样，不必另行绘制，只要在施工说明中写明所套用的图集名及其中的详图图号即可。对无标准设计图可供选用的设备、器具安装图及非标准设备制造图需自行绘制详图。

当各种管道穿越基础、地下室、楼地面、屋面、水箱、梁、墙等建筑构件时，需预留孔洞和埋置预埋件的位置尺寸，均应在建筑或结构施工图中明确表示，而管道穿越构件的具体做法，以安装详图表示。

▪ 训练实例 ▪

实例　如图 31-3 所示，试识读洗涤池安装详图。

【实例分析】

从图 31-3 可知，放水龙头的安装高度为 1 m，洗涤池的安装高度为 0.8 m，1-1 和 2-2 剖面没有剖切到排水栓，应画成虚线，但为了清晰地表明排水栓以及排水管道的整体情况，图中用实线画出。在设计和绘制给排水平面图和管道轴测图时，各种卫生器具的进出水管的平面位置和安装高度，必须与安装详图一致。

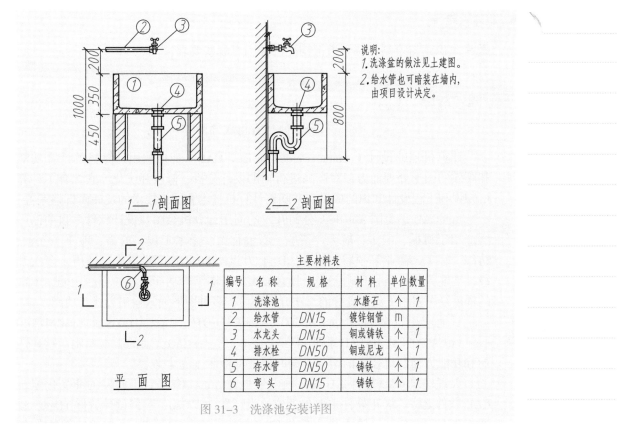

说明:
1.洗涤盆的做法见土建图。
2.给水管也可暗装在墙内,由项目设计决定。

编号	名 称	规 格	材 料	单位	数量
1	洗涤池		水磨石	个	1
2	给水管	DN15	镀锌钢管	m	
3	水龙头	DN15	铜或铸铁	个	1
4	排水栓	DN50	铜或尼龙	个	1
5	存水管	DN50	铸铁	个	1
6	弯头	DN15	铸铁	个	1

主要材料表

图 31-3　洗涤池安装详图

■ 课堂训练 ■

　　训练　如图 31-4 所示,试识读某管道在构筑物穿壁处的刚性防水套管的部分安装详图。

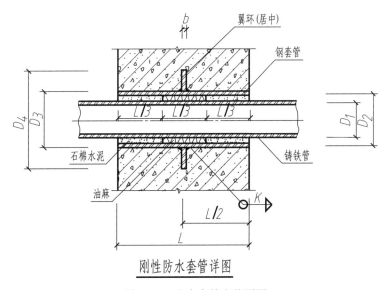

刚性防水套管详图

图 31-4　防水套管安装详图

■ 学习思考 ■

思考 识读与绘制安装管道上构配件详图有哪些要求？

建筑故事

建筑 CAD 常用软件简介

计算机辅助设计（computer aided design，CAD）是指利用计算机的计算功能和高效的图形处理能力，对产品进行辅助设计分析、修改和优化。它综合了计算机知识和工程设计知识的成果，并随着计算机技术和网络技术的发展而日趋完善。

AutoCAD 是美国 Autodesk 公司开发的通用计算机绘图与设计软件。目前已广泛应用于机械、电子、航天、造船、石油化工、土木工程、冶金、地质、气象、纺织、轻工、商业等领域。AutoCAD 自 20 世纪 80 年代问世以来，经历十多次升级，功能愈益增强、日趋完善。具有强大的绘图编辑功能、尺寸标注功能、丰富的辅助绘图实用工具、良好的二次开发环境、多种图形输入输出方式等功能。

目前应用较多的是 AutoCAD2004、AutoCAD2007 、AutoCAD2008 及 AutoCAD2010版。AutoCAD2014 是 AutoCAD 系列软件最新版本。与 AutoCAD 先前的版本相比，它在性能和功能方面都有较大的增强，同时保证与低版本完全兼容。

天正建筑 CAD 软件 TArch 是国内最早在 AutoCAD 平台上开发的商品化建筑CAD 软件之一，天正软件主要包括建筑设计软件 TArch、装修设计软件 TDec、暖通空调软件 THvac、给水排水软件 TWT、建筑电气软件 TElec 与建筑结构软件TAsd 等多项专业的系列软件。天正建筑软件采用分布式工具集的建筑 CAD 软件设计思想，彻底摒弃流程式的工作方式，提供了一系列独立的、高效智能的绘图工具，使用起来更加灵活、方便。天正软件运行中不限制 AutoCAD 命令的使用。天正软件的主要作用就是使 AutoCAD 由通用绘图软件变成了专业化的建筑 CAD软件，从 TArch3 到 TArch2014，天正建筑软件在中国用户的陪伴下走过了十几年。

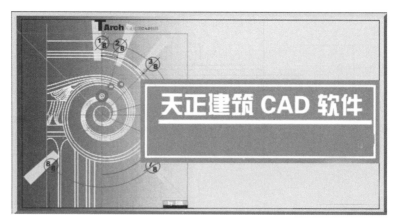

课程思政知识点：培养学生空间想象能力、分析表达能力和主动掌握信息技术的意识；培养学生使用计算机与应用软件绘制图样的能力；培养学生认真细致、一丝不苟的工作作风。

参考文献

［1］中华人民共和国住房和城乡建设部.房屋建筑制图统一标准:GB/T 50001—2017［S］.北京：中国计划出版社，2017.

［2］中华人民共和国住房和城乡建设部.总图制图标准:GB/T 50103—2010［S］.北京：中国计划出版社，2010.

［3］中华人民共和国住房和城乡建设部.建筑制图标准:GB/T 50104—2010［S］.北京：中国计划出版社，2010.

［4］中华人民共和国住房和城乡建设部.建筑结构制图标准:GB/T 50105—2010［S］.北京：中国计划出版社，2010.

［5］中华人民共和国住房和城乡建设部.建筑给水排水制图标准:GB/T 50106—2010［S］.北京：中国计划出版社，2010.

［6］何铭新，郎宝敏，陈星铭.建筑工程制图［M］.5版.北京:高等教育出版社，2013.

［7］龚伟.建筑制图与识图［M］.西安:陕西科学技术出版社，2002.

［8］游普元.建筑制图技术［M］.北京:化学工业出版社，2007.

［9］张郁.土木工程制图［M］.北京:北京理工大学出版社，2009.

［10］李社生，曲玉凤.建筑制图与识图［M］.北京:科学出版社，2010.

［11］曹雪梅.建筑制图与识图［M］.北京:北京大学出版社，2011.

［12］乐颖辉，詹凤程.建筑工程制图［M］.青岛:中国海洋大学出版社，2010.

［13］白丽红.建筑工程制图与识图［M］.北京:北京大学出版社，2009.

［14］王虹，刘雁宁，常玲玲.土木工程制图［M］.北京:北京理工大学出版社，2010.

［15］刘志麟.建筑制图［M］.北京:机械工业出版社，2008.

读者意见反馈

为收集对教材的意见建议，进一步完善教材编写并做好服务工作，读者可将对本教材的意见建议通过如下渠道反馈至我社。

咨询电话 400-810-0598

反馈邮箱 gjdzfwb@pub.hep.cn

通信地址 北京市朝阳区惠新东街 4 号富盛大厦 1 座

　　　　　　高等教育出版社总编辑办公室

邮政编码 100029

高等职业教育土木建筑类专业群
新专业标准课程体系

- 体系化设计　　　● 模块化课程　　　● 项目化资源

土建施工方向专业

建筑工程技术　装配式建筑工程技术
建筑钢结构工程技术　智能建造技术

工程岩土　建筑施工技术　建筑设备与安装
建筑施工组织　建筑工程质量与安全管理
建筑工程计量与计价　建筑工程资料管理
装配式混凝土建筑构件生产与管理
装配式混凝土建筑施工技术
钢结构工程施工
智能建造技术导论
智能建造施工技术

建设工程
管理方向专业

工程造价　建设工程管理　建设工程监理

建设工程定额原理与实务　建筑工程计量与计价
工程招投标与合同管理　工程造价控制
建设工程项目管理　数字造价技术应用
建筑工程质量检验与安全管理
工程监理实务

建筑设计方向专业

建筑装饰工程技术　建筑室内设计

建筑装饰表现技法　建筑装饰设计
建筑装饰施工图绘制　建筑装饰构造与施工
装配式建筑装饰装修技术
建筑装饰工程计量与计价
建筑装饰工程项目管理
室内陈设制作与安装

专业群模块课

专业群平台课

建筑制图　建筑力学　建筑 CAD　建筑工程测量　建筑识图与构造
建筑结构　BIM 建模技术　建筑信息模型应用　建设工程法律法规